第一級アマチュア無線技士

合格精選400題

試験問題集

吉川忠久 著

TDU 東京電機大学出版局

はじめに

合格をめざして

第一級アマチュア無線技士（一アマ）の資格の操作範囲は，電波法施行令で次のように定められています．

「アマチュア無線局の無線設備の操作」

電力や周波数の範囲は規定されていませんので，アマチュア無線局のすべての無線設備を操作することができる資格です．そこで，国家試験に合格すれば必要な知識を持っていることが証明されるわけです．

国家試験に効率よく合格するために！！

国家試験ではこれまでに出題された問題が繰り返し出題されています．そこで，既出問題が解けるように学習することが，効率よく合格する近道です．

本書は国家試験の問題集です．最近出題された問題を網羅していますので，本書を繰り返し学習すれば，合格点をとる力は十分つきます．

いくつもの本を勉強するより，

本書を繰り返し学習して，同じ問題が出たときに失敗しないこと！！

このことが試験に合格するために，最も重要なことです．

本書によって，一人でも多くの方がアマチュア無線技士の最高峰の資格である一アマの国家試験に合格し，資格を取得することのお役に立てれば幸いです．

2012年10月

筆者しるす

もくじ

合格のための本書の使い方

無線従事者国家試験の出題の形式は，マークシートによる選択式の試験問題です．学習の方法も問題形式に合わせて対応していかなければなりません．

国家試験問題を解く際に，特に注意が必要なことをあげると，

1　どのような範囲から出題されるかを知る．
2　問題の中でどこがポイントかを知る．
3　計算問題は必要な公式を覚える．
4　問題文をよく読んで問題の構成を知る．
5　わかりにくい問題は繰り返し学習する．

本書は，これらのポイントに基づいて，効率よく学習できるように構成されています．

ページの表に問題・裏に解答解説

まず，問題を解いてみましょう．

次に，問題のすぐ次のページに解答が，必要に応じて解説（ミニ解説もあります．）も収録されていますので，答を確かめてください．間違った問題は問題文と解説をよく読んで，内容をよく理解してから次の問題に進んでください．また，問題を解くための「ヒント」が問題の下に掲載されているものもあります．

国家試験の傾向に沿った問題をセレクト

問題は，国家試験の既出問題およびその類題をセレクトし，各項目別にまとめてあります．

また，国家試験の出題に合わせて各項目の問題数を決めてありますので，出題される範囲をバランスよく効率的に学習することができます．

チェックボックスを活用しよう

各問題には，チェックボックスがあります．正解した問題をチェックするか，あるいは正解できなかった問題をチェックするなど，工夫して活用してください．

チェックボックスを活用して，不得意な問題が確実にできるようになるまで，繰り返し学習してください．

問題をよく読んで

解答がわかりにくい問題では，問題文をよく読んで問題の意味を理解してください．何を問われているのかが理解できれば，選択肢もおのずと絞られてきます．すべての

問題について正解するために必要な知識がなくても，ある程度正解に近づくことができます．

また，穴埋め式の問題では，問題以外の部分も穴埋めになって出題されることがありますので，穴埋めの部分のみを覚えるのではなく，それ以外のところも理解し，覚えてください．特に，他の試験問題で異なる部分が穴埋め問題として出題された用語については，**太字**で示してあります．それらの用語も合わせて学習してください．

解説をよく読んで

問題の解説では，その問題に必要な知識を取り上げるとともに，類問が出題されたときにも対応できるように，必要な内容を説明してありますので，合わせて学習してください．

計算問題では，必要な公式を示してあります．公式は覚えておいて，類問に対応できるようにしてください．

法規では必要に応じて条文を示してあります．その問題以外の部分が穴埋めになって出題されることがありますので，穴埋めの部分のみを覚えるのではなく，それ以外のところもよく読んで，覚えてください．

いつでも・どこでも・繰り返し

学習の基本は，何度も繰り返し学習して覚えることです．

いつでも本書を持ち歩いて，すこしでも時間があれば本書を取り出して学習してください．案外，短時間でも集中して学習すると効果が上がるものです．

本書は，すべての分野を完璧に学習できることを目指して構成されているわけではありません．したがって，新しい傾向の問題もすべて解答できる実力がつくとはいえないでしょう．しかし，本書を活用することによって国家試験で合格点（70%）をとる力は十分につきます．

やみくもにいくつもの本を読みあさるより，本書の内容を繰り返し学習することが効率よく合格するこつです．

傾向と対策

試験問題の形式と合格点

科目		問題の形式	問題数		配点*	満点	合格点
無線工学	A	4または5肢択一式	25	30	1問 5点	150点	105点以上
	B	正誤式または穴埋め補完式	5				
法規	A	4または5肢択一式	24	30	1問 5点	150点	105点以上
	B	正誤式または穴埋め補完式	6				

＊A問題は1問5点，B問題は1問が5つの選択肢に分かれていて，各1点で合わせて5点.

無線工学および法現の試験時間は，いずれも2時間30分です．問題用紙はB4サイズ，答案用紙はA4サイズでマークシート形式です．なお，問題用紙は持ち帰ることができます.

各項目ごとの問題数

効率よく合格するには，どの項目から何問出題されるかを把握しておき，確実に合格ライン（70%）に到達できるように学習しなければなりません.

各試験科目で出題される項目と，各項目ごとの標準的な問題数を次表に示します．各項目の問題数は，試験期によってそれぞれ1問程度増減することがありますが，合計の問題数は変わりません.

無線工学

項目	問題数
電気物理	3
電気回路	3
半導体・電子管	3
電子回路	4
送信機	3
受信機	3
電源	2
空中線および給電線	3
電波伝搬	3
測定	3
合計	30

法規

項目	問題数
目的・定義／無線局の免許	5
無線設備	5
無線従事者	1
運用	9
監督／電波利用料／罰則	4
業務書類	1
無線通信規則	5
合計	30

試験問題の実際

試験問題の例を次に示します.

答案用紙記入上の注意：答案用紙のマーク欄には、正答と判断したものを一つだけマークすること。

第一級アマチュア無線技士「無線工学」試験問題

30問　2時間30分

A － 1　次の記述は、図に示す棒状の物質に巻かれたコイルの自己インダクタンスについて述べたものである。［　　］内に入れるべき字句の正しい組合せを下の番号から選べ。

コイルの自己インダクタンスは、コイルの［ A ］に比例して大きくなる。巻数が同じ場合には、コイルの長さ l を短くすると大きくなり、コイルの半径 r を小さくすると［ B ］なる。また、コイルが巻かれている棒状の物質の［ C ］に比例して大きくなる。

	A	B	C
1	巻数	大きく	誘電率
2	巻数	小さく	透磁率
3	巻数の二乗	大きく	誘電率
4	巻数の二乗	大きく	透磁率
5	巻数の二乗	小さく	透磁率

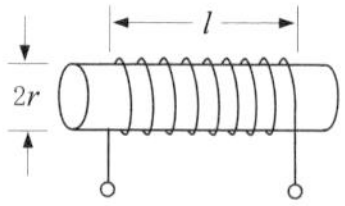

A － 2　次の記述は、図に示す回路について述べたものである。［　　］内に入れるべき字句の正しい組合せを下の番号から選べ。ただし、コンデンサ C_1、C_2 の静電容量は、それぞれ、10〔μF〕及び20〔μF〕とする。

(1)　スイッチSが断(OFF)のとき、C_1 の電圧は、［ A ］である。
(2)　スイッチSが断(OFF)のとき、C_2 に蓄えられる電荷の量は、［ B ］である。
(3)　スイッチSが接(ON)のとき、C_1 に蓄えられる電荷の量は、［ C ］である。

	A	B	C
1	2〔V〕	40〔μC〕	30〔μC〕
2	2〔V〕	80〔μC〕	60〔μC〕
3	3〔V〕	60〔μC〕	30〔μC〕
4	4〔V〕	40〔μC〕	60〔μC〕
5	4〔V〕	80〔μC〕	80〔μC〕

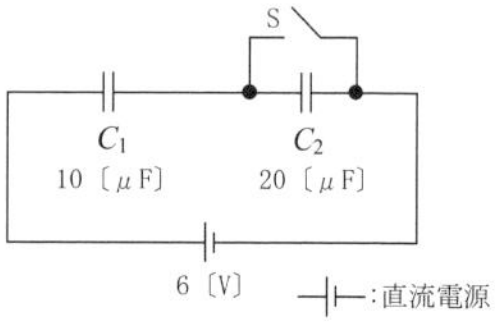

A － 3　図に示す RLC 並列回路において、抵抗 R の値が20〔Ω〕、コイル L のリアクタンスが100〔Ω〕、コンデンサ C のリアクタンスが25〔Ω〕のとき、電流 $\dot{I}$ の値として、正しいものを下の番号から選べ。

1　5 + j3〔A〕
2　5 + j4〔A〕
3　5 － j4〔A〕
4　4 + j4〔A〕
5　4 － j3〔A〕

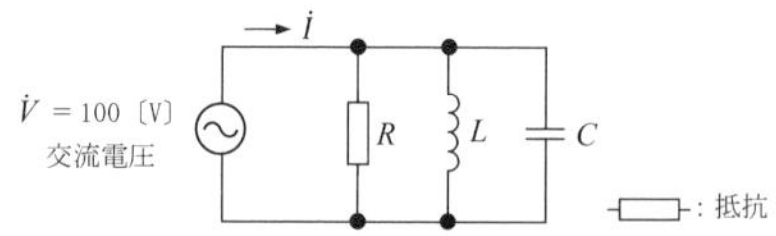

A － 4　図に示す回路において、スイッチSを接(ON)にして直流電源 E から抵抗 R とコイル L に電流を流した。このときの時定数 τ を表す式として、正しいものを下の番号から選べ。ただし、抵抗の値を R〔Ω〕、コイルの自己インダクタンスを L〔H〕とする。

1　LR
2　$1/(LR)$
3　L/R
4　R/L
5　$1/\sqrt{LR}$

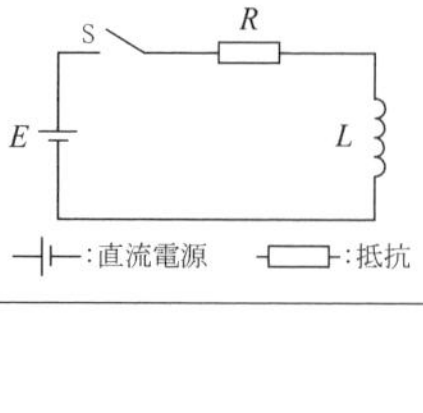

試験問題の例（無線工学のA問題）（B4判）

B－3　次の記述は、モールス無線通信に使用するQ符号及びその意義の組合せを掲げたものである。無線局運用規則（第１３条及び別表第２号）の規定に照らし、Q符号及びその意義が適合するものを１、適合しないものを２として解答せよ。

	Q符号	意義
ア	ＱＲＡ？	貴局名は、何ですか。
イ	ＱＲＫ？	こちらの伝送は、混信を受けていますか。
ウ	ＱＲＭ？	そちらは、空電に妨げられていますか。
エ	ＱＲＯ？	こちらは、送信機の電力を増加しましょうか。
オ	ＱＴＨ？	緯度及び経度で示す（又は他の表示による。）そちらの位置は、何ですか。

B－4　次の記述は、アルファベットの字句及びモールス符号の組合せを掲げたものである。無線局運用規則（第１２条及び別表第１号）の規定に照らし、アルファベットの字句及びそのモールス符号が適合するものを１、適合しないものを２として解答せよ。

	字句	モールス符号
ア	ＢＲＡＶＯ	－・・・　・－・・　・－　・・・－　－－－
イ	ＣＨＡＲＬＩＥ	－・－・　・・・・　・－　・－・　・・－・　・・　・
ウ	ＸＲＡＹ	－・・－　・－・　・－　－・－－
エ	ＮＯＶＥＭＢＥＲ	－・　－－－　・・・－　・　－・　－・・・　・　・－・
オ	ＷＨＩＳＫＥＹ	・－－　・・・・　・・　・・・　－・－・　・　－・－－

注　モールス符号の点、線の長さ及び間隔は、簡略化してある。

B－5　次に掲げる場合のうち、無線従事者規則（第５１条）の規定に照らし、無線従事者の免許証を総務大臣又は総合通信局長（沖縄総合通信事務所長を含む。）に返納しなければならない場合に該当するものを１、該当しないものを２として解答せよ。

ア　無線従事者がその免許取得後５年を経過したとき。
イ　無線従事者がその免許の取消しの処分を受けたとき。
ウ　無線従事者が刑法の罪を犯し懲役に処せられたとき。
エ　無線従事者が無線設備の操作に引き続き１０年以上従事しなかったとき。
オ　無線従事者がその免許証の再交付を受けた後失った免許証を発見したとき。

B－6　次の記述は、許可書について述べたものである。無線通信規則（第１８条）の規定に照らし、［　　］内に入れるべき最も適切な字句を下の１から１０までのうちからそれぞれ一つ選べ。

①　送信局は、その属する国の政府が適当な様式で、かつ、［ア］許可書がなければ、個人又はいかなる団体においても、［イ］ことができない。ただし、無線通信規則に定める例外の場合を除く。
②　許可書を有する者は、［ウ］に従い、［エ］を守ることを要する。更に許可書には、局が受信機を有する場合には、受信することを許可された無線通信以外の通信の傍受を禁止すること及びこのような通信を偶然に受信した場合には、これを再生し、［オ］に通知し、又はいかなる目的にも使用してはならず、その存在さえも漏らしてはならないことを明示又は参照の方法により記載していなければならない。

１　第三者　　２　無線通信の規律　　３　無線設備を所有する　　４　無線通信規則に従って発給する
５　その属する国の法令　　６　利害関係者　　７　電気通信の秘密　　８　設置し、又は運用する
９　その属する国の法令に従って発給し、又は承認した
１０　国際電気通信連合憲章及び国際電気通信連合条約の関連規定

試験問題の例（法規のB問題）（B4判）

受験の手引き

実施時期　毎年4月，8月，12月

申請時期　4月の試験は，2月1日頃から2月20日頃まで
8月の試験は，6月1日頃から6月20日頃まで
12月の試験は，10月1日頃から10月20日頃まで

試験手数料　8,962円

提出書類　公益財団法人日本無線協会（以下，「協会」といいます．）の定める様式による試験申請書により申請します．

申請書などの頒布　協会の事務所などで（郵送などにより）入手することができます．試験の申請時期になったら，協会のテレホンサービス，ホームページなどで確認してください．

インターネットによる申請　申請書類によらないで，インターネットを利用して申請手続きを行うことができます．次に申請までの流れを示します．

① 協会のホームページから「無線従事者国家試験申請システム」にアクセスします．

② 「試験情報」画面から申請する国家試験の資格を選択します．

③ 「試験申請書作成」画面から住所，氏名などを入力し送信します．

④ 「申請完了」画面が表示されるので，「整理番号」と「申請日」を記録（プリントアウト）します．

⑤ 郵便局に備え付けてある郵便振替用紙を使用し，試験手数料を振り込みます．このとき，所定の欄の住所，氏名および通信欄に④の「整理番号」を記入します．申請期限日までに試験申請手数料の振込を済ませてください．

受験時に提出する写真　試験申請書を提出すると，試験の行われる月の前月の中旬頃に，協会から「受験票・受験整理票」が送られてきます．これに写真を貼って受験の際に提出します．このため，あらかじめ写真を手元に用意してください．写真の規格は，無帽，正面，上3分身，無背景，白枠のない試験日前6か月以内に撮影した縦3.0cm，横2.4cmのものです．なお，裏面に氏名，生年月日を記入してから写真を貼ってください．

試験結果の通知　試験終了後1か月を目安に，無線従事者国家試験結果通知書が郵送されます．また，協会のホームページにも一定の期間，合格者速報が掲載されます．

最新の国家試験問題

最近行われた国家試験問題と解答（直近の過去3回分）は，協会のホームページからダウンロードすることができます．試験の実施前に，前回出題された試験問題をチェックすることができます．

また，受験した国家試験問題は持ち帰れますので，試験終了後に発表されるホームページの解答によって，自己採点して合否をあらかじめ確認することができます．

無線従事者免許の申請

国家試験に合格したときは，無線従事者免許を申請します．定められた様式の申請書，氏名および生年月日を証する書類（住民票の写しなど，ただし，申請書に住民票コードまたは現に有する無線従事者の免許の番号などを記載すれば添付しなくてもよい.），写真が必要になります．協会から申請書類一式を入手し，それにより申請します．

（公財）日本無線協会　http://www.nichimu.or.jp/

事務所の名称	事務用
（公財）日本無線協会 本部	(03) 3533-6022
（公財）日本無線協会 北海道支部	(011) 271-6060
（公財）日本無線協会 東北支部	(022) 265-0575
（公財）日本無線協会 信越支部	(026) 234-1377
（公財）日本無線協会 北陸支部	(076) 222-7121
（公財）日本無線協会 東海支部	(052) 951-2589
（公財）日本無線協会 近畿支部	(06) 6942-0420
（公財）日本無線協会 中国支部	(082) 227-5253
（公財）日本無線協会 四国支部	(089) 946-4431
（公財）日本無線協会 九州支部	(096) 356-7902
（公財）日本無線協会 沖縄支部	(098) 840-1816

無線工学試験の図記号について

2014年4月以降の無線工学試験において，図中の図記号がJIS規格のものに変更になりましたので，本書では下記対応表の新図記号で表記しています．

名　称	新図記号	旧図記号
抵抗	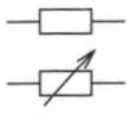	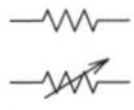
コンデンサ		
トランジスタ（接合形）	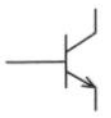	
電界効果トランジスタ（接合形）		
電界効果トランジスタ（MOS形）	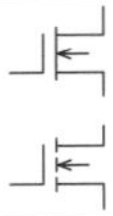	
直流電源（電池）		
直流		
定電流源（理想定電流源）	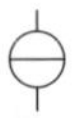	
定電圧源（理想定電圧源）		
スイッチ		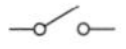
アンテナ（空中線）		

チェックボックスの使い方

問題には，下の図のようなチェックボックスが設けられています．

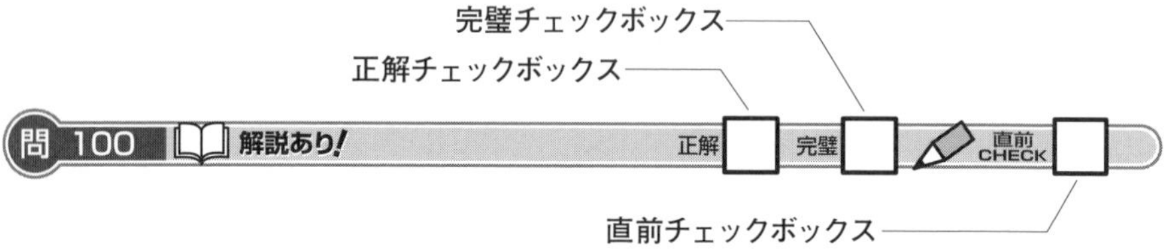

正解チェックボックス

まず，一通りすべての問題を解いてみて，正解した問題は正解チェックボックスにチェックをします．このとき，あやふやな理解で正解したとしてもチェックしておきます．

完璧チェックボックス

すべての問題の正解チェックが済んだら，次にもう一度すべての問題に解答します．今度は，問題および解説の内容を完全に理解したら，完璧チェックボックスにチェックをします．

直前チェックボックス

すべての完璧チェックができたら，ほぼこの問題集はマスターしたことになりますが，試験の直前に確認しておきたい問題，たとえば計算に公式を使ったものや専門的な用語，法規の表現などで間違いやすいものがあれば，直前チェックボックスにチェックをしておきます．そして，試験会場での試験直前の見直しに利用します．

直前に何を見直すかの内容，あるいは重要度などに対応したチェックの種類や色を自分で決めて，下のチェック表に記入してください．試験直前に，チェックの種類を確認して見直しをすることができます．

（例）

◪	**重要な公式**	◩	**重要な用語**
□		□	
□		□	

問題

問 1　解説あり!　正解 □　完璧 □　直前CHECK □

次の記述は，静電気について述べたものである．このうち誤っているものを下の番号から選べ．

1　摩擦によって両物体に生じた正負の電荷は等量である．
2　電荷の単位には，クーロン〔C〕を用いる．
3　二つの電荷の間に働く力の関係は，クーロンの法則で表される．
4　ガラス棒を絹布でこすると，絹布は正，ガラス棒は負に帯電する．
5　正に帯電している物体aに，帯電していない物体bを近づけると，bのaに近い端には負，bのaから遠い端には正の電荷が現れる．

問 2　解説あり!　正解 □　完璧 □　直前CHECK □

図に示すように，空気中において点Aに＋4〔μC〕，点Bに＋36〔μC〕の点電荷があるとき，AB間の点Pにおいて電界の強さが零になった．このときの点Pから点Aまでの距離の値として，正しいものを下の番号から選べ．ただし，AB間の距離は1〔m〕とする．

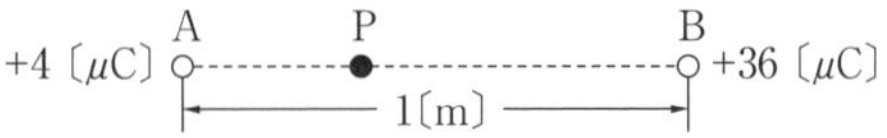

1　0.15〔m〕
2　0.25〔m〕
3　0.36〔m〕
4　0.38〔m〕
5　0.42〔m〕

解説 → 問1

ガラス棒を絹布でこすると，絹布は負，ガラス棒は正に帯電する．

物質に静電気の性質が表れることを帯電という．次に示す物質どうしで静電気が生じるときは，左側の物質が正，右側が負に帯電する．

＋ ←――――――――――――→ －

毛皮　　ガラス　　絹　　ゴム　　エボナイト

解説 → 問2

クーロンの法則より，電界E〔V/m〕は次式で表される．

$$E = K\frac{Q}{r^2} \qquad ただし, \qquad K = \frac{1}{4\pi\varepsilon_0} \fallingdotseq 9\times10^9$$

電界は電荷に比例して，距離の2乗に反比例するので，点Aの電荷Q_1による電界と点Bの電荷Q_2による電界の大きさが等しいときは，次式が成り立つ．

$$K\frac{Q_1}{{r_1}^2} = K\frac{Q_2}{{r_2}^2} \qquad よって, \qquad \frac{Q_1}{{r_1}^2} = \frac{Q_2}{{r_2}^2}$$

式を変形して，

$$\frac{{r_2}^2}{{r_1}^2} = \frac{Q_2}{Q_1}$$

$Q_1 = 4$〔μC〕，$Q_2 = 36$〔μC〕だから，

$$\frac{{r_2}^2}{{r_1}^2} = \frac{36}{4} = 9$$

両辺の$\sqrt{\ }$をとれば，

$$\frac{r_2}{r_1} = \sqrt{9} = \sqrt{3\times3} \qquad したがって, \qquad \frac{r_2}{r_1} = 3$$

r_1はr_2の1/3なので，全体の長さ（1〔m〕）に対するr_1の比は1/4になるから，

$$r_1 = \frac{1}{4} = 0.25〔m〕$$ のとき，電界がつり合って零になる．

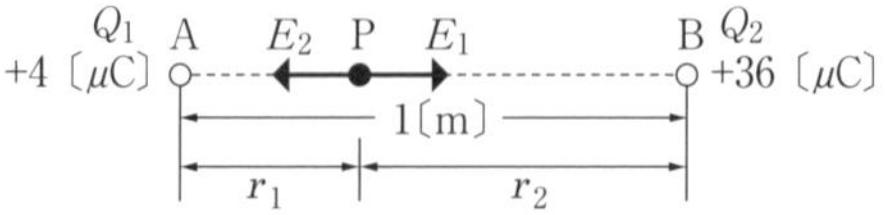

解答 問1 → 4　問2 → 2

問題

問 3

正解 □ 完璧 □ 直前CHECK □

次の記述は，静電気の現象について述べたものである．□内に入れるべき字句を下の番号から選べ．

(1) 図に示すように，スイッチSを開いた状態で正（+）に帯電している物体aを中空の導体bで包むと，bの内面には［ア］の電荷が現れ，bの外側の表面には［イ］の電荷が現れる．この現象を［ウ］という．
(2) 次に，Sを閉じて導体bを接地すると，bの外側の表面の電荷は大地へ逃げ，bの外側に帯電していない物体cを近づけると物体cは物体aの影響を［エ］．これを［オ］という．

1	負	2	自己誘導
3	正	4	誘電分極
5	静電遮へい	6	静電誘導
7	磁気遮へい	8	受けない
9	電磁誘導	10	受ける

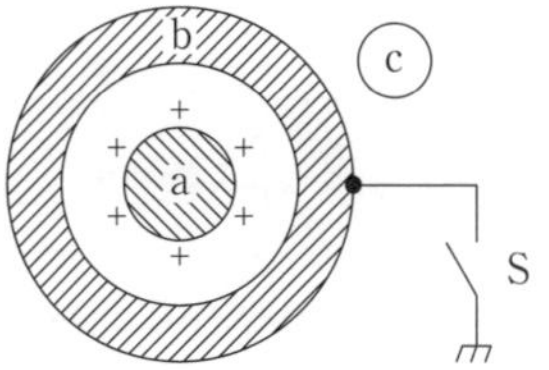

問 4

正解 □ 完璧 □ 直前CHECK □

次の記述は，電界の強さがE〔V/m〕の均一な電界について述べたものである．□内に入れるべき字句の正しい組合せを下の番号から選べ．

(1) 点電荷Q〔C〕を電界中に置いたとき，Qに働く力の大きさは，［A］〔N〕である．
(2) 電界中で，電界の方向にr〔m〕離れた2点間の電位差は，［B］〔V〕である．

	A	B
1	E/Q	E/r
2	E/Q	Er
3	QE	E/r
4	QE	Er

ヒント： 電位差V〔V〕は，電界E〔V/m〕と距離r〔m〕の単位から，これらの積であることがわかる．

問題

問 5 解説あり! 正解 □ 完璧 □ 直前CHECK □

静電容量が40〔pF〕である平行板コンデンサの電極間の距離を3分の1とし，電極間の誘電体の比誘電率を3倍にしたときの静電容量の値として，正しいものを下の番号から選べ.

1　80〔pF〕　2　120〔pF〕　3　360〔pF〕　4　480〔pF〕　5　520〔pF〕

ヒント： 面積S，電極間の距離d，比誘電率ε_S，真空の誘電率ε_0の静電容量Cは，次式で表される.

$$C = \varepsilon_S \varepsilon_0 \frac{S}{d} \text{〔F〕}$$

問 6 解説あり! 正解 □ 完璧 □ 直前CHECK □

図に示す，真空中に置かれた二つの平行板電極間に，電極間隔の1/2の厚さの誘電体(ガラス板)を入れたときの静電容量の値として，最も近いものを下の番号から選べ.ただし，電極の面積：$S = 20$〔cm^2〕，電極間の距離：$d = 4$〔mm〕，誘電体の比誘電率：$\varepsilon_S = 5$および真空の誘電率：$\varepsilon_0 = 8.855 \times 10^{-12}$〔F/m〕とする.

1　4.4〔pF〕
2　7.4〔pF〕
3　30.2〔pF〕
4　1.5〔μF〕
5　3　〔μF〕

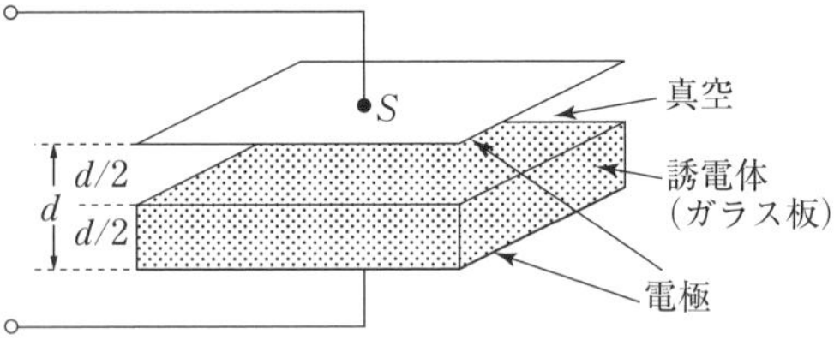

ヒント： C_1，C_2のコンデンサを直列接続したときの合成静電容量C_Sは，次式で表される.

$$C_S = \frac{C_1 \times C_2}{C_1 + C_2} \text{〔F〕}$$

解答　問3→ア−1　イ−3　ウ−6　エ−8　オ−5　　問4→4

問 7

正解 □　完璧 □　直前CHECK □

次の記述は，コンデンサの構造や用途について述べたものである．□内に入れるべき字句を下の番号から選べ．

(1) コンデンサは構造や材質などによっていろいろな種類に分類され，誘電体に紙を利用したものを［ア］コンデンサといい，主に低周波用に用いられる．

(2) 雲母の薄片にすずまたはアルミニウムはくを電極として付けたものを［イ］コンデンサといい，絶縁性がよく，温度および周波数特性ともに優れている．

(3) アルミニウムの表面に作られた，極めて薄い酸化被膜を誘電体としたものは［ウ］コンデンサといい，大容量のものが作れるが，極性があるので［エ］として用いられる．

(4) 円板または円筒状の磁器に銀を焼き付けて電極にしたものを［オ］コンデンサといい，比誘電率が大きいため，コンデンサの形状を小さくすることができる．

1　フィルム	2　マイカ	3　シルバー	4　紙（ペーパー）	5　直流用
6　高周波用	7　セラミック	8　電解	9　シリコン	10　ポリエステル

問 8

正解 □　完璧 □　直前CHECK □

コンデンサに電圧V〔V〕を加えたとき，Q〔C〕の電荷が蓄えられた．このときコンデンサに蓄えられるエネルギーWを表す式として，正しいものを下の番号から選べ．

1　$W=QV^2$〔J〕

2　$W=QV$〔J〕

3　$W=\frac{1}{2}Q^2V$〔J〕

4　$W=\frac{1}{2}QV$〔J〕

5　$W=\frac{1}{2}QV^2$〔J〕

解説 → 問5

電極の面積をS〔m^2〕，電極間の距離をd〔m〕，誘電体の比誘電率をε_S，真空の誘電率をε_0とすると，静電容量C〔F〕は次式で表される．

$$C=\varepsilon_S\varepsilon_0\frac{S}{d}\text{〔F〕}$$

面積S〔m^2〕は変わらないので，変化後の距離を$\frac{d}{3}$〔m〕，誘電体の比誘電率を$3\varepsilon_S$とすると，静電容量C_x〔F〕は次式で表される．

$$C_x=3\varepsilon_S\varepsilon_0\frac{S}{\frac{d}{3}}=3\varepsilon_S\varepsilon_0\frac{S\times 3}{\frac{d}{3}\times 3}$$

$$=9\varepsilon_S\varepsilon_0\frac{S}{d}=9C$$

よって，元の値の静電容量Cの9倍になる．ここで$C=40$〔pF〕を代入すると，

$$C_x=9\times 40=360\text{〔pF〕}$$

解説 → 問6

問題の図において，真空の部分のコンデンサの静電容量C_1〔F〕は，次式で表される．

$$C_1=\varepsilon_S\varepsilon_0\frac{S}{\frac{d}{2}}$$

$$=1\times 8.855\times 10^{-12}\times\frac{20\times 10^{-4}}{2\times 10^{-3}}$$

$$\fallingdotseq 8.855\times 10\times 10^{-12-4-(-3)}$$

$$\fallingdotseq 8.9\times 10^{-12}\text{〔F〕}=8.9\text{〔pF〕}$$

真空の比誘電率 $\varepsilon_S=1$
1〔cm^2〕は10^{-4}〔m^2〕
1〔pF〕は10^{-12}〔F〕

ガラスの部分の比誘電率$\varepsilon_S=5$だから，この部分の静電容量C_2〔F〕は，真空のコンデンサC_1に比較して，$C_2=5\times C_1$となる．これらのコンデンサは直列に接続されていると考えられるので，合成静電容量C_S〔F〕は，次式で表される．

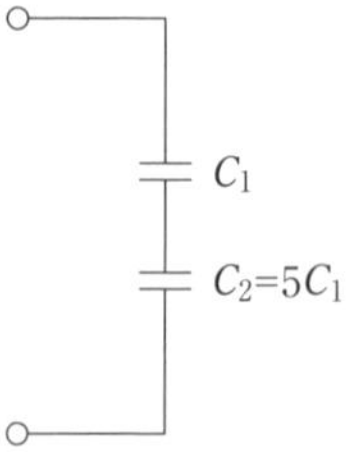

$$C_S=\frac{C_1\times C_2}{C_1+C_2}=\frac{C_1\times 5C_1}{C_1+5C_1}$$

$$=\frac{5}{6}C_1=\frac{5}{6}\times 8.9\fallingdotseq 7.4\text{〔pF〕}$$

解答 問5 → 3　問6 → 2　問7 → ア－4　イ－2　ウ－8　エ－5　オ－7　問8 → 4

問 9 解説あり!

正解 □ 完璧 □ 直前CHECK □

コンデンサに電圧3〔V〕を加えたとき，2〔μC〕の電荷が蓄えられた．このときコンデンサに蓄えられるエネルギーの値として，正しいものを下の番号から選べ．

1　3〔μJ〕
2　6〔μJ〕
3　9〔μJ〕
4　12〔μJ〕
5　18〔μJ〕

ヒント： 電圧V，電荷Q，静電容量C，エネルギーWは，次式で表される．

$$W=\frac{1}{2}QV=\frac{1}{2}CV^2 \text{〔J〕}$$

問 10 解説あり!

正解 □ 完璧 □ 直前CHECK □

次の記述は，図に示す回路について述べたものである．□内に入れるべき字句の正しい組合せを下の番号から選べ．ただし，コンデンサC_1，C_2の静電容量は，いずれも8〔μF〕とする．

(1) スイッチSが断（OFF）のとき，C_1の電圧は，□A□である．
(2) スイッチSが断（OFF）のとき，C_2に蓄えられる電荷の量は，□B□である．
(3) スイッチSが接（ON）のとき，C_1に蓄えられる電荷の量は，□C□である．

	A	B	C
1	5〔V〕	40〔μC〕	40〔μC〕
2	5〔V〕	80〔μC〕	80〔μC〕
3	5〔V〕	40〔μC〕	80〔μC〕
4	10〔V〕	80〔μC〕	80〔μC〕
5	10〔V〕	40〔μC〕	40〔μC〕

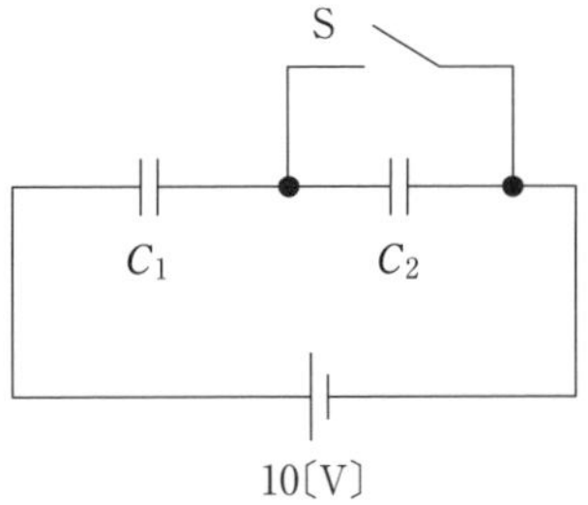

解説 → 問9

コンデンサに加える電圧をV〔V〕，電荷をQ〔C〕とすると，コンデンサに蓄えられるエネルギーW〔J〕は，次式で表される．

$$W=\frac{1}{2}QV$$

$$=\frac{1}{2}\times 2\times 10^{-6}\times 3$$

$$=3\times 10^{-6}〔J〕=3〔\mu J〕$$

μは，10^{-6}

▼解答

解説 → 問10

二つのコンデンサC_1，C_2の静電容量が同じ値なので，スイッチSが断（OFF）のときにそれぞれに加わる電圧V_1，V_2は，電源電圧$E=10$〔V〕の1/2になるので$V_1=5$〔V〕（Aの答），$V_2=5$〔V〕となる．このとき，$C_2=8$〔μF〕に加わる電圧は$V_2=5$〔V〕なので，電荷Q_2〔C〕は，次式で表される．

$$Q_2=C_2V_2$$

$$=8\times 10^{-6}\times 5$$

$$=40\times 10^{-6}〔C〕=40〔\mu C〕$$　（Bの答）

スイッチSが接（ON）のとき，$C_1=8$〔μF〕に加わる電圧は電源電圧と同じになるので，$V_1=E=10$〔V〕だから，電荷Q_1〔C〕は，次式で表される．

$$Q_1=C_1V_1$$

$$=8\times 10^{-6}\times 10$$

$$=80\times 10^{-6}〔C〕=80〔\mu C〕$$　（Cの答）

解答　問9→1　問10→3

問 11 解説あり! 正解 完璧 直前CHECK

耐電圧がすべて80〔V〕で，静電容量が5〔μF〕，20〔μF〕および40〔μF〕の3個のコンデンサを直列に接続したとき，その両端に加えることのできる最大電圧の値として，正しいものを下の番号から選べ．

1　50〔V〕
2　80〔V〕
3　110〔V〕
4　170〔V〕
5　240〔V〕

問 12 解説あり! 正解 完璧 直前CHECK

図に示すように，対地間静電容量が$C_1 = 3$〔μF〕，$C_2 = 6$〔μF〕の2個の導体球AおよびBに，それぞれ$Q_1 = 4$〔μC〕および$Q_2 = 14$〔μC〕の電荷を与えた後，スイッチSを接(ON)にしたところ，C_2からC_1に電荷が移動して電気的つり合いの状態となった．このとき，移動した電気量の値として，正しいものを下の番号から選べ．ただし，導線およびスイッチの影響は無視するものとする．

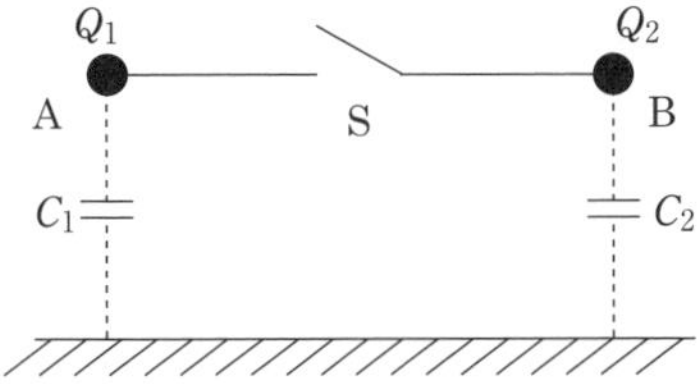

1　2〔μC〕
2　3〔μC〕
3　4〔μC〕
4　5〔μC〕
5　6〔μC〕

問 13 正解 完璧 直前CHECK

次の記述は，電気機器に使用される絶縁材料について述べたものである．このうち誤っているものを下の番号から選べ．

1　絶縁材料は電気の絶縁に利用されるほか，一部はコンデンサの誘電体としても用いられる．
2　絶縁材料に必要な性質は，絶縁抵抗が大きく，絶縁耐力が高いことである．
3　一般に非電離気体の抵抗率は，ほとんど無限大で，空気も優れた絶縁材料である．
4　絶縁材料に必要な性質は，吸湿性がなく，使用温度に十分耐えることである．
5　絶縁材料に必要な性質は，誘電体損失が大きく，電気的損失が少ないことである．

解説→問11

コンデンサの静電容量をC〔F〕，加える電圧をV〔V〕，電荷をQ〔C〕とすると，次式が成り立つ．

$$V=\frac{Q}{C} \quad \cdots\cdots (1)$$

直列接続されたコンデンサの静電容量を$C_1=5$〔μF〕，$C_2=20$〔μF〕，$C_3=40$〔μF〕とすると，これらに蓄えられる電荷は同じ値だから，それぞれの電圧は式(1)より，静電容量に反比例する．よって，C_1に耐電圧$V_1=80$〔V〕が加わったときが，直列接続したコンデンサに加えることができる最大電圧V〔V〕となる．

このときの電荷Q〔C〕を求めると，

> **10^{-6}のまま計算するとあとの計算が楽になる**

$$Q=C_1V_1=5\times10^{-6}\times80=400\times10^{-6}\text{〔C〕}$$

C_2，C_3の電圧をV_2，V_3〔V〕とすると，最大電圧V〔V〕は，

$$V=V_1+V_2+V_3$$
$$=V_1+\frac{Q}{C_2}+\frac{Q}{C_3}=80+\frac{400\times10^{-6}}{20\times10^{-6}}+\frac{400\times10^{-6}}{40\times10^{-6}}$$
$$=80+20+10=110\text{〔V〕}$$

解説→問12

スイッチSを接続する前と後では，C_1とC_2に蓄えられている合計の電荷Q_0〔μC〕は変わらないので，次式で表される．

$$Q_0=Q_1+Q_2=4+14=18\text{〔μC〕} \quad \cdots\cdots (1)$$

並列接続された合成静電容量をC_0〔μF〕とすると，

$$C_0=C_1+C_2=3+6=9\text{〔μF〕} \quad \cdots\cdots (2)$$

接続後の電圧V_0〔V〕は，式(1)および式(2)より，

$$V_0=\frac{Q_0}{C_0}=\frac{18\times10^{-6}}{9\times10^{-6}}=2\text{〔V〕}$$

接続後のC_2の電荷Q_{20}〔C〕は，

$$Q_{20}=C_2V_0=6\times10^{-6}\times2=12\times10^{-6}\text{〔C〕}=12\text{〔μC〕}$$

よって，C_2からC_1に移動した電荷の量Q_{21}〔μC〕は，

$$Q_{21}=Q_2-Q_{20}=14-12=2\text{〔μC〕}$$

解答 問11→3　問12→1　問13→5

問 14 解説あり！   正解 □ 完璧 □ 直前CHECK □

図に示す回路において，最初スイッチS_1およびスイッチS_2は開いた状態にあり，コンデンサC_1およびコンデンサC_2に電荷は蓄えられていなかった．次にS_2を開いたままS_1を閉じてC_1を120〔V〕の電圧で充電し，更に，S_1を開きS_2を閉じたとき，C_2の端子電圧が90〔V〕になった．C_1の静電容量が3〔μF〕のとき，C_2の静電容量の値として，正しいものを下の番号から選べ．

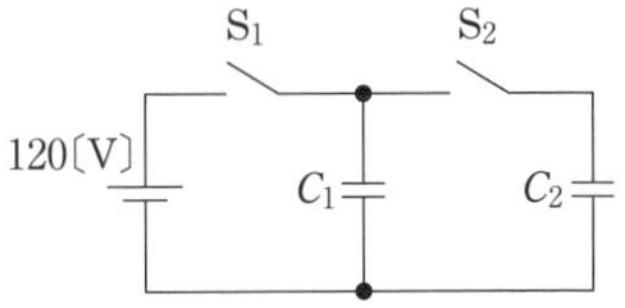

1　1〔μF〕
2　2〔μF〕
3　3〔μF〕
4　4〔μF〕

問 15   正解 □ 完璧 □ 直前CHECK □

次の記述は，磁界について述べたものである．□内に入れるべき字句の正しい組合せを下の番号から選べ．

(1) 磁界は，□ア□の働く空間をいい，□イ□とも呼ばれる．
(2) 磁界の中に＋1〔Wb〕の単位□ウ□を置いたとき，これに作用する力の大きさが1〔N〕であるとすると，その点における磁界の大きさは，□エ□であり，その力の方向が磁界の方向である．
(3) 磁界の強さは，大きさと方向をもつ□オ□である．

1　電気力線　　2　1〔T〕　　3　磁場　　4　磁力　　5　スカラ量
6　ベクトル量　7　1〔A/m〕　8　電界　　9　正磁極　10　正電荷

問 16 解説あり！   正解 □ 完璧 □ 直前CHECK □

空気中において，磁極の強さ16〔Wb〕の磁極から距離1〔m〕離れた点の磁束密度Bの値として，正しいものを下の番号から選べ．

1　$B = \dfrac{1}{2\pi}$〔T〕　　2　$B = \dfrac{1}{\pi}$〔T〕　　3　$B = \dfrac{2}{\pi}$〔T〕

4　$B = \dfrac{4}{\pi}$〔T〕　　5　$B = \dfrac{8}{\pi}$〔T〕

解説 → 問14

$C_1=3$〔μF〕のコンデンサを$V_1=120$〔V〕の電圧で充電したときに蓄えられる電荷Q_1〔C〕は，次式で表される．

$$Q_1=C_1V_1$$
$$=3\times10^{-6}\times120=360\times10^{-6}\text{〔C〕}$$

スイッチを切り替えて，コンデンサを並列に接続したときの端子電圧は$V_2=90$〔V〕だから，C_1に蓄えられる電荷Q_2〔C〕は，次式で表される．

$$Q_2=C_1V_2$$
$$=3\times10^{-6}\times90=270\times10^{-6}\text{〔C〕}$$

切り替えの前後で，最初に電源から供給された全電荷の量は変化しないので，Q_1-Q_2がC_2に蓄えられる電荷の量となる．よって，C_2を求めると，

$$C_2=\frac{Q_1-Q_2}{V_2}$$
$$=\frac{360\times10^{-6}-270\times10^{-6}}{90}$$
$$=\frac{(360-270)\times10^{-6}}{90}=1\times10^{-6}\text{〔F〕}=1\text{〔}\mu\text{F〕}$$

解説 → 問16

空気中（透磁率は真空中とほぼ等しい）において，磁極の強さ$m=16$〔Wb〕の磁極から距離$r=1$〔m〕離れた点の磁界の強さH〔A/m〕は，真空の透磁率をμ_0とすると，次式で表される．

$$H=\frac{m}{4\pi\mu_0r^2}=\frac{16}{4\pi\mu_0}=\frac{4}{\pi\mu_0}$$

磁界の強さH〔A/m〕と磁束密度B〔T〕には，次式の関係がある．

$$B=\mu_0H$$

よって，

$$B=\mu_0\times\frac{4}{\pi\mu_0}=\frac{4}{\pi}\text{〔T〕}$$

解答 問14→1　問15→ア－4　イ－3　ウ－9　エ－7　オ－6　問16→4

問 17

正解 完璧 直前CHECK

図に示すように，直流電流I〔A〕が流れている直線導線の微小部分$\Delta\ell$〔m〕から90度の方向でr〔m〕の距離にある点Pに生ずる磁界の強さΔH〔A/m〕を表す式として，正しいものを下の番号から選べ．

1　$\Delta H = \dfrac{I\Delta\ell}{2\pi r}$

2　$\Delta H = \dfrac{I\Delta\ell}{2\pi r^2}$

3　$\Delta H = \dfrac{I\Delta\ell}{4\pi r}$

4　$\Delta H = \dfrac{I\Delta\ell}{4\pi r^2}$

5　$\Delta H = \dfrac{I\Delta\ell}{8\pi r^2}$

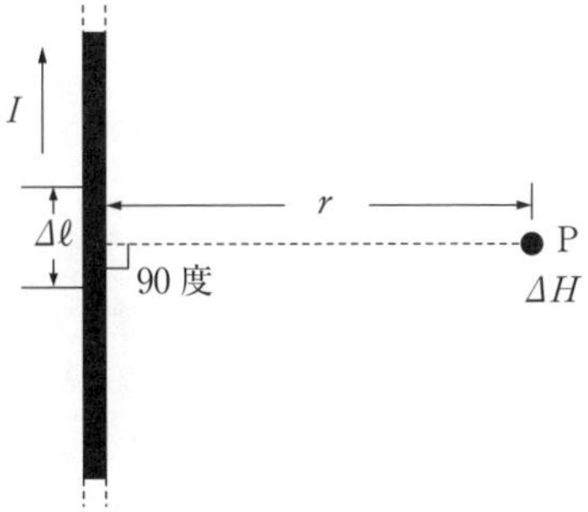

ヒント： 磁界の強さ ΔH〔A/m〕は，電流I〔A〕，長さ$\Delta\ell$〔m〕，距離r〔m〕の単位より$I\Delta\ell/r^2$の関係であることがわかる．

問 18

正解 完璧 直前CHECK

次の記述は，電流および磁界の間に働く力について述べたものである．[　　]内に入れるべき字句の正しい組合せを下の番号から選べ．ただし，同じ記号の[　　]内には，同じ字句が入るものとする．

磁界中に置かれた導体に電流を流すと，導体に[A]が働く．このとき，磁界の方向，電流の方向および[A]の方向の関係は，[B]の法則で表される．

	A	B
1	起電力	フレミングの右手
2	起電力	フレミングの左手
3	電磁力	フレミングの左手
4	電磁力	フレミングの右手

問 19 解説あり! 正解 完璧 直前CHECK

次の記述は，導線の電気抵抗について述べたものである．このうち正しいものを1，誤っているものを2として解答せよ．

ア　断面積に比例する．
イ　長さに比例する．
ウ　抵抗率に反比例する．
エ　一般に温度によって変化する．
オ　一般に導体の抵抗率は半導体の抵抗率よりも小さい．

問 20 解説あり! 正解 完璧 直前CHECK

次の記述は，図に示す磁性材料のヒステリシス曲線について述べたものである．このうち正しいものを1，誤っているものを2として解答せよ．

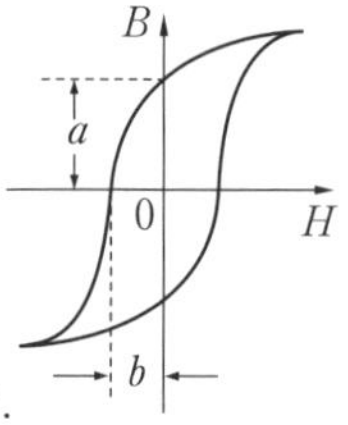

ア　ヒステリシス曲線は磁化曲線ともいう．
イ　横軸は磁束密度，縦軸は磁界を示す．
ウ　aは残留磁気を示す．
エ　ヒステリシス曲線の面積が小さい材料ほどヒステリシス損が大きい．
オ　bは保磁力を示す．

問 21 解説あり! 正解 完璧 直前CHECK

図に示す回路において，コイルAの自己インダクタンスが60〔mH〕およびコイルBの自己インダクタンスが15〔mH〕であるとき，端子ab間の合成インダクタンスの値として，正しいものを下の番号から選べ．ただし，直列に接続されているコイルAおよびコイルBの間の結合係数を0.6とする．

1　39〔mH〕
2　48〔mH〕
3　56〔mH〕
4　64〔mH〕
5　72〔mH〕

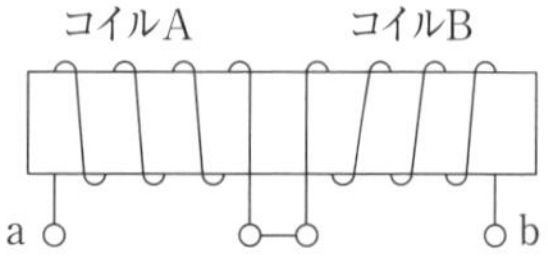

解答　問17→4　問18→3

問題

問 22

正解 □ 完璧 □ 直前CHECK □

次の記述は，電磁誘導について述べたものである．□内に入れるべき字句を下の番号から選べ．

(1) コイルと鎖交する磁束が変化すると，コイルに誘導起電力が生じ，その誘導起電力の大きさは，鎖交する磁束の時間に対する変化の割合に［ア］する．これを電磁誘導に関する［イ］の法則という．そのときの誘導起電力の方向は，起電力による誘導電流の作る磁束が，もとの磁束の変化を［ウ］ような方向となる．これを［エ］の法則という．
(2) 運動している導体が磁束を横切っても，導体に起電力が誘導され，誘導起電力の方向は，フレミングの［オ］の法則で示される．

1	磁界	2	妨げる	3	レンツ	4	右手	5	左手
6	反比例	7	比例	8	促進する	9	ファラデー	10	クーロン

問 23

正解 □ 完璧 □ 直前CHECK □

次の記述は，電気と磁気に関する法則について述べたものである．□内に入れるべき字句の正しい組合せを下の番号から選べ．

(1) 電磁誘導によってコイルに誘起される起電力の大きさは，コイルと鎖交する磁束の時間に対する変化の割合に比例する．これを電磁誘導に関する［A］の法則という．
(2) 電磁誘導によって生ずる誘導起電力の方向は，その起電力による誘導電流の作る磁束が，もとの磁束の変化を妨げるような方向である．これを［B］の法則をいう．
(3) 運動している導体が磁束を横切ると，導体に**起電力**が発生する．磁界の方向，磁界中の導体の運動の方向および導体に発生する誘導**起電力**の方向の三者の関係を表したものを**フレミングの**［C］の法則という．

	A	B	C
1	ファラデー	レンツ	右手
2	ファラデー	アンペア	左手
3	ビオ・サバール	レンツ	左手
4	ビオ・サバール	アンペア	右手

注：**太字**は，ほかの試験問題で穴あきになった用語を示す．

▼解答

解説→問19

導線の断面積をS〔m^2〕，長さをℓ〔m〕，抵抗率をρ〔Ω・m〕とすると，導線の電気抵抗R〔Ω〕は，次式で表される．

$$R=\rho\frac{\ell}{S}〔\Omega〕$$

誤っている選択肢を正しくすると，次のようになる．

ア　断面積に反比例する．

ウ　抵抗率に比例する．

解説→問20

誤っている選択肢を正しくすると，次のようになる．

イ　横軸は磁界（H），縦軸は磁束密度（B）を示す．

エ　ヒステリシス曲線の面積が大きい材料ほどヒステリシス損が大きい．

解説→問21

二つのコイルの自己インダクタンスを$L_1=60$〔mH〕，$L_2=15$〔mH〕，結合係数をkとすると，相互インダクタンスM〔mH〕は，次式で表される．

$$\begin{aligned}M&=k\sqrt{L_1L_2}\\&=0.6\times\sqrt{60\times15}=0.6\times\sqrt{2\times2\times15\times15}\\&=0.6\times2\times15=18〔\mathrm{mH}〕\end{aligned}$$

問題の図よりコイルが巻いている向きは反対なので，コイルの磁束が互いに打ち消し合う差動接続となり，合成インダクタンスL〔mH〕は，次式で表される．

$$\begin{aligned}L&=L_1+L_2-2M\\&=60+15-2\times18=39〔\mathrm{mH}〕\end{aligned}$$

> 和動接続のときは
> 次式によって求める
> $L=L_1+L_2+2M$

解答
問19→ア−2　イ−1　ウ−2　エ−1　オ−1
問20→ア−1　イ−2　ウ−1　エ−2　オ−1　問21→1
問22→ア−7　イ−9　ウ−2　エ−3　オ−4　問23→1

問題

問 24

正解 □　完璧 □　直前CHECK □

次の記述は，図に示す棒状の物質に巻かれたコイルの自己インダクタンスについて述べたものである．□内に入れるべき字句の正しい組合せを下の番号から選べ．

コイルの自己インダクタンスは，コイルの巻数の2乗に比例して大きくなる．巻数が同じ場合には，コイルの長さℓを短くすると［A］なり，コイルの半径rを小さくすると［B］なる．また，コイルが巻かれている棒状の物質の［C］に比例して大きくなる．

	A	B	C
1	小さく	小さく	透磁率
2	小さく	大きく	誘電率
3	大きく	大きく	透磁率
4	大きく	小さく	誘電率
5	大きく	小さく	透磁率

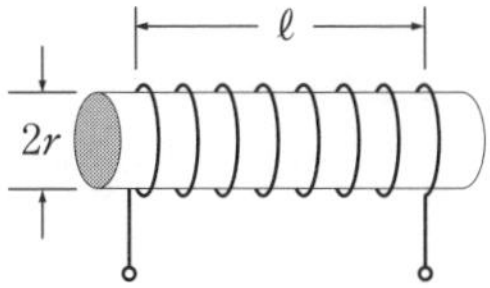

問 25

正解 □　完璧 □　直前CHECK □

次の記述は，コイルの電気的性質について述べたものである．□内に入れるべき字句の正しい組合せを下の番号から選べ．

(1) コイルの自己インダクタンスは，コイルの［A］に比例する．
(2) コイルのリアクタンスは，コイルを流れる電流の［B］に**比例**する．
(3) コイルに流れる電流の位相は，加えた電圧の位相に対し90度［C］．

	A	B	C
1	巻数	周波数	遅れる
2	巻数	周波数の2乗	進む
3	巻数	周波数の2乗	遅れる
4	巻数の2乗	周波数の2乗	進む
5	巻数の2乗	周波数	遅れる

注：**太字**は，ほかの試験問題で穴あきになった用語を示す．

問 26

正解 □ 完璧 □ 直前CHECK □

次の記述は，電磁界の誘導の低減またはこれによる妨害の低減について述べたものである．このうち正しいものを下の番号から選べ．

1　高圧線からの電磁誘導を低減するため，通信ケーブルの敷設は，高圧線となるべく平行になるようにし，かつ，グランド面から遠ざける．
2　静電誘導による妨害を低減するため，通信ケーブルには金属シースを被(かぶ)せない．
3　有害な電磁誘導を低減するため，無線機器の線路構成には平行2線を使用し同軸線路や導波管は使用しない．
4　変圧器の1次側と2次側の静電誘導を低減するため，1次巻線と2次巻線の間に金属薄板等を挿入する．
5　高圧線等からの電磁誘導による妨害を低減するため，平行2線ケーブルは，なるべく捩(よじ)らないように平行に配線する．

問 27

正解 □ 完璧 □ 直前CHECK □

次の記述は，各種の電気現象等について述べたものである．このうち正しいものを1，誤っているものを2として解答せよ．

ア　結晶体に圧力や張力を加えると，結晶体の両面に正負の電荷が現れる．この現象をピンチ効果という．
イ　電流の流れている半導体に，電流と直角に磁界を加えると，両者に直角の方向に起電力が現れる．この現象をペルチェ効果という．
ウ　高周波電流が導体を流れる場合，表面近くに密集して流れる．この現象をホール効果という．
エ　磁性体に力を加えると，ひずみによってその磁化の強さが変化し，逆に磁性体の磁化の強さが変化すると，ひずみが現れる．この現象を総称して磁気ひずみ現象という．
オ　2種の金属線の両端を接合して閉回路をつくり，二つの接合点に温度差を与えると，起電力が発生して電流が流れる．この現象をゼーベック効果という．

解答　問24→5　問25→5

問題

問 28　正解 □　完璧 □　直前CHECK □

次の記述は，表皮効果について述べたものである．□内に入れるべき字句の正しい組合せを下の番号から選べ．

1本の導線に交流電流を流すとき，この電流の周波数が高くなるにつれて導線の[ア]部分には電流が流れにくくなり，導線の[イ]部分に多く流れるようになる．この現象を表皮効果といい，高周波では直流を流したときに比べて，実効的に導線の断面積が[ウ]なり，抵抗の値が[エ]なる．この影響を少なくするために，送信機では終段の[オ]に中空の太い銅のパイプを用いることがある．

1	広く	2	両端	3	高く	4	入力回路	5	中心
6	狭く	7	表面	8	低く	9	出力回路	10	終端

問 29　正解 □　完璧 □　直前CHECK □

次のうち，ゼーベック効果についての記述として，正しいものを下の番号から選べ．

1　水晶などの結晶体に，圧力や張力を加えると，結晶体の両面に電荷が現れる現象をいう．
2　異種の金属を接合して一つの閉回路を作り，両接合点を異なる温度に保つと，起電力が生じて電流が流れる現象をいう．
3　磁性体に外部から磁界を加えるとひずみが生じ，また，磁化された状態でひずみを与えると磁化に変化が起こる現象をいう．
4　電流の流れている導体または半導体に，電流と直角な方向に磁界を加えると，電流および磁界に直角な方向に起電力が生じる現象をいう．

問題

問 30

正解 □ 完璧 □ 直前CHECK □

次の記述は，圧電現象（ピエゾ電気効果）について述べたものである．このうち正しいものを下の番号から選べ．

1　磁性体に圧力を加えると，その磁化の強さが変化する．
2　磁性体の磁化の強さが変化すると，ひずみが現れる．
3　1個の金属で2点の温度が異なるとき，その間に電流を流すと熱を吸収または発生する．
4　高周波電流が導体を流れる場合，表面近くに密集して流れる．
5　水晶などの結晶体から切り出した板に圧力や張力を加えると，圧力や張力に比例した電荷が現れる．

問 31

正解 □ 完璧 □ 直前CHECK □

次の表は，電気磁気等に関する国際単位系（SI）からの抜粋である．□内に入れるべき字句を下の番号から選べ．

1　アンペア毎メートル〔A/m〕
2　ラジアン毎秒〔rad/s〕
3　ヘンリー毎メートル〔H/m〕
4　ジュール〔J〕
5　オーム・メートル〔Ω・m〕
6　ウェーバ〔Wb〕
7　ファラド毎メートル〔F/m〕
8　テスラ〔T〕
9　クーロン毎平方メートル〔C/m^2〕
10　ジーメンス〔S〕

量	単位名称および単位記号
抵抗率	ア
誘電率	イ
磁束密度	ウ
磁界の強さ	エ
アドミタンス	オ

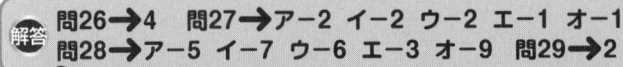

解答　**問26→4　問27→ア−2　イ−2　ウ−2　エ−1　オ−1**
問28→ア−5　イ−7　ウ−6　エ−3　オ−9　問29→2

ミニ解説　**問27**　ア：ピエゾ効果，イ：ホール効果，ウ：表皮効果

問題

問 32 解説あり！ 正解 完璧 直前CHECK

図に示す回路において，端子ab間の合成抵抗の値を10〔Ω〕とするための抵抗Rの値として，正しいものを下の番号から選べ．

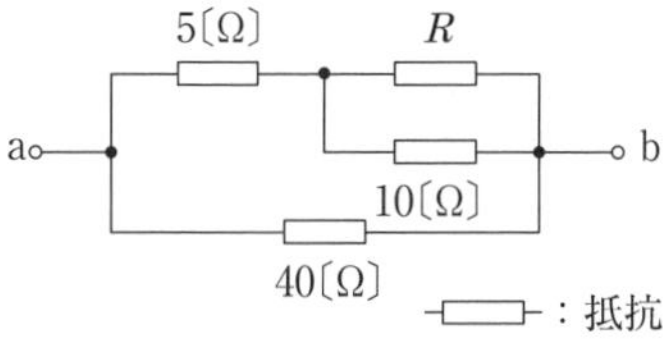

1　10〔Ω〕
2　20〔Ω〕
3　30〔Ω〕
4　40〔Ω〕
5　50〔Ω〕

ヒント：R_1とR_2と並列合成抵抗R_tは，$\dfrac{1}{R_t}=\dfrac{1}{R_1}+\dfrac{1}{R_2}$で求める．

問 33 解説あり！ 正解 完璧 直前CHECK

図に示す回路において，端子ab間の合成抵抗の値として，正しいものを下の番号から選べ．

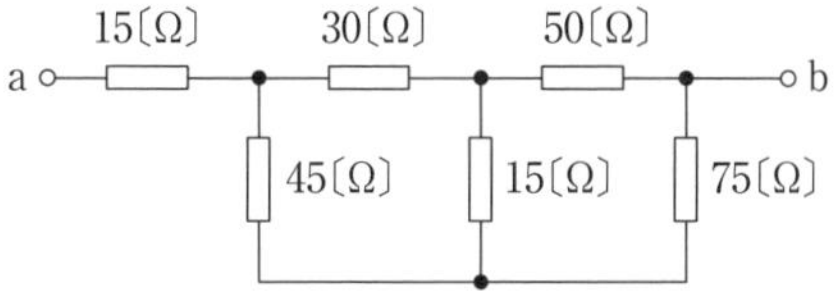

1　30〔Ω〕
2　45〔Ω〕
3　50〔Ω〕
4　63〔Ω〕

ヒント：ブリッジ回路が平衡しているときは，まん中の抵抗は，取って計算してよい．

解説 → 問32

解説図より，R_yとR_1の合成抵抗をR_x，全合成抵抗をR_tとすると，

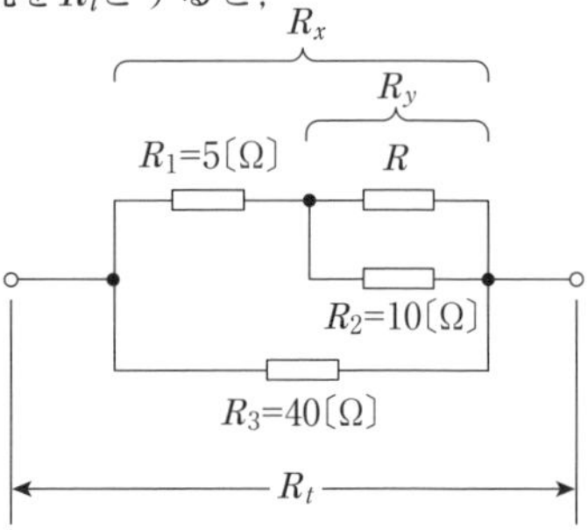

$$\frac{1}{R_x}+\frac{1}{R_3}=\frac{1}{R_t}$$

$$\frac{1}{R_x}+\frac{1}{40}=\frac{1}{10}$$

$$\frac{1}{R_x}=\frac{1}{10}-\frac{1}{40}=\frac{4}{40}-\frac{1}{40}=\frac{3}{40}$$

よって，

$$R_x=\frac{40}{3}〔\Omega〕$$

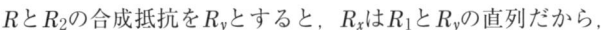

RとR_2の合成抵抗をR_yとすると，R_xはR_1とR_yの直列だから，

$$R_x=R_1+R_y$$

$$R_y=R_x-R_1=\frac{40}{3}-5=\frac{40-15}{3}=\frac{25}{3}〔\Omega〕$$

ここで，

$$\frac{1}{R}+\frac{1}{R_2}=\frac{1}{R_y}$$ だから， $$\frac{1}{R}=\frac{1}{R_y}-\frac{1}{R_2}=\frac{3}{25}-\frac{1}{10}=\frac{30}{250}-\frac{25}{250}=\frac{5}{250}$$

よって，$R=\frac{250}{5}=50$〔Ω〕

解説 → 問33

解説図より，$\frac{R_1}{R_2}=\frac{R_3}{R_4}$の関係から，ブリッジは平衡するので，抵抗$R_5$を取り外した回路として合成抵抗を計算すればよいので，

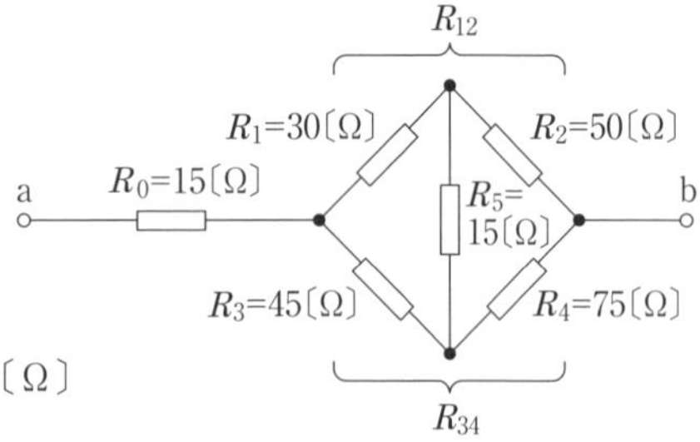

$$R_{12}=R_1+R_2=30+50=80〔\Omega〕$$

$$R_{34}=R_3+R_4=45+75=120〔\Omega〕$$

これらの並列合成抵抗R_Pは，

$$R_P=\frac{R_{12}R_{34}}{R_{12}+R_{34}}=\frac{80\times120}{80+120}=\frac{9,600}{200}=48〔\Omega〕$$

よって，$R_0=15$〔Ω〕と$R_P=48$〔Ω〕による端子ab間の合成抵抗R_{ab}は，

$$R_{ab}=R_0+R_P=15+48=63〔\Omega〕$$

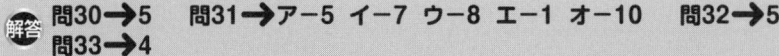

解答 問30→5　問31→ア−5 イ−7 ウ−8 エ−1 オ−10　問32→5
問33→4

問 34　解説あり!　正解 □　完璧 □　直前CHECK □

図に示す直流回路において，電源から流れる電流Iの大きさの値として，正しいものを下の番号から選べ．ただし，電源の内部抵抗は，無視するものとする．

1　2.4〔A〕
2　4.5〔A〕
3　5.8〔A〕
4　7.2〔A〕
5　9.6〔A〕

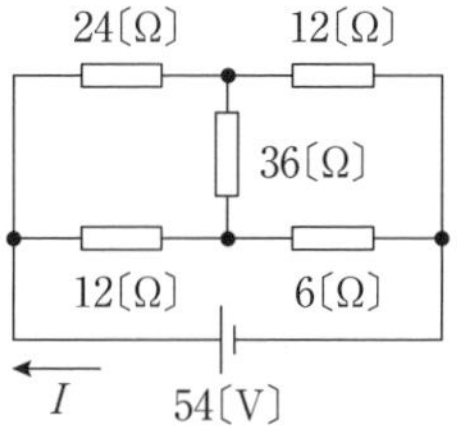

ヒント：ブリッジ回路が平衡しているときは，まん中の抵抗は，取って計算してよい．

問 35　解説あり!　正解 □　完璧 □　直前CHECK □

図に示す回路において，負荷R_Lを接続して100〔V〕の直流電圧を加えたとき，R_Lを流れる電流が5〔A〕でR_Lの両端の電圧が12〔V〕であった．このときのBC間の抵抗の値として，正しいものを下の番号から選べ．ただし，R_Lを接続しないときのAC間の抵抗を10〔Ω〕とする．

1　8〔Ω〕
2　6〔Ω〕
3　4〔Ω〕
4　2〔Ω〕
5　1〔Ω〕

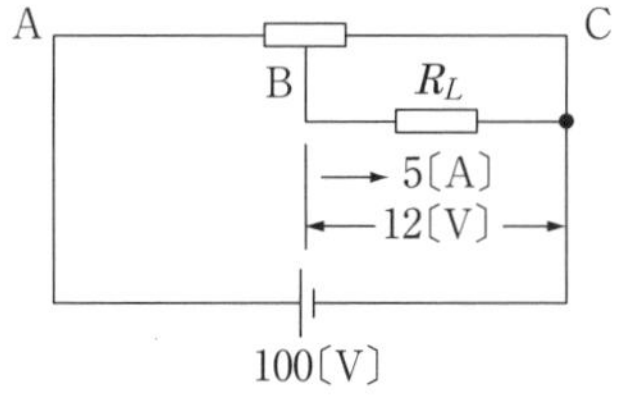

ヒント：電源電圧からBC間の電圧を引くと，AB間の電圧を求めることができる．

解説 → 問34

解説図のように，$\dfrac{R_1}{R_2} = \dfrac{R_3}{R_4}$ の関係があるとブリッジ回路が平衡するので，中央の抵抗を取って合成抵抗を求めることができる．R_1とR_2の直列合成抵抗$R_{12} = 24 + 12 = 36$〔Ω〕，R_3とR_4の直列合成抵抗$R_{34} = 12 + 6 = 18$〔Ω〕の並列合成抵抗R_P〔Ω〕は，

$$R_P = \frac{R_{12} \times R_{34}}{R_{12} + R_{34}} = \frac{36 \times 18}{36 + 18} = 12 \text{〔Ω〕}$$

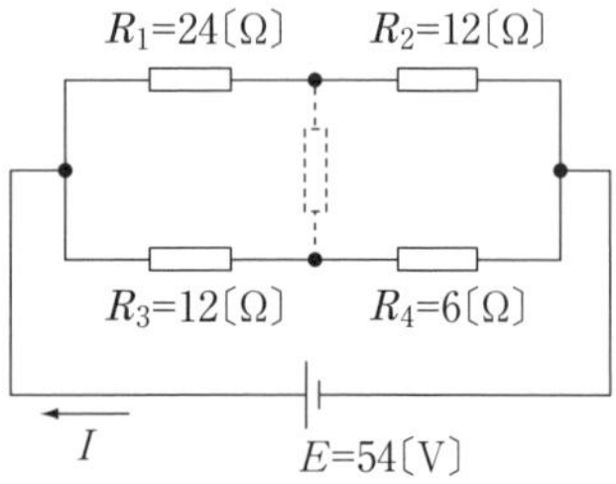

よって，回路を流れる電流I〔A〕は，

$$I = \frac{E}{R_P} = \frac{54}{12} = 4.5 \text{〔A〕}$$

解説 → 問35

AC，AB，BC間の電圧をV_{AC}，V_{AB}，V_{BC}とすると，

$$V_{AB} = V_{AC} - V_{BC} = 100 - V_{BC} = 100 - 12 = 88 \text{〔V〕}$$

AB間の抵抗R_{AB}は，$R_{AC} = 10$〔Ω〕より，

$$R_{AB} = R_{AC} - R_{BC} = 10 - R_{BC} \quad \cdots\cdots (1)$$

R_{AB}に流れる電流I_{AB}が，R_{BC}を流れる電流I_{BC}とR_Lを流れる電流I_Lに分流するので，

$$I_{AB} = I_{BC} + I_L$$

$$\frac{88}{R_{AB}} = \frac{12}{R_{BC}} + 5$$

$$88R_{BC} = 12R_{AB} + 5R_{AB}R_{BC} \quad \cdots\cdots (2)$$

式 (1) を式 (2) 代入すると，

$$88R_{BC} - 12 \times (10 - R_{BC}) - 5 \times (10 - R_{BC})R_{BC} = 0$$

$$5R_{BC}^2 + 50R_{BC} - 120 = 0$$

$$R_{BC}^2 + 10R_{BC} - 24 = 0$$

$$(R_{BC} - 2)(R_{BC} + 12) = 0$$

方程式の解は，$R_{BC} = 2$または-12となるが，抵抗の値は正だから，$R_{BC} = 2$〔Ω〕

解答 問34 → 2　問35 → 4

問 36 解説あり！

正解 完璧 直前CHECK

図に示す直流回路において，スイッチSを開いたとき，直流電源からI〔A〕の電流が流れた．Sを閉じたとき直流電源から$1.5I$〔A〕の電流を流すための抵抗R_xの値として，正しいものを下の番号から選べ．

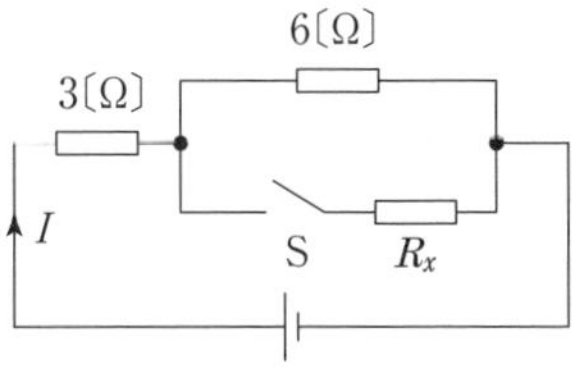

1　2〔Ω〕
2　4〔Ω〕
3　5〔Ω〕
4　6〔Ω〕
5　8〔Ω〕

問 37 解説あり！

正解 完璧 直前CHECK

図に示す回路において，抵抗R_3に2〔mA〕の電流を流したい．端子ab間に加えるべき電圧の値として正しいものを下の番号から選べ．ただし，$R_1=4$〔kΩ〕，$R_2=6$〔kΩ〕，$R_3=10$〔kΩ〕，$R_4=2$〔kΩ〕，$R_5=8$〔kΩ〕とする．

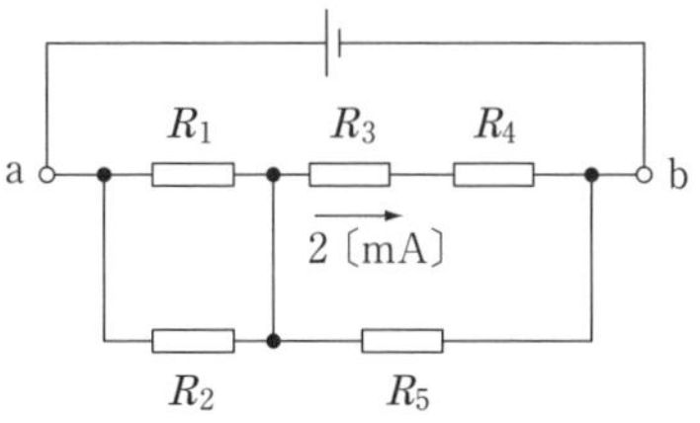

1　24〔V〕
2　32〔V〕
3　36〔V〕
4　40〔V〕
5　48〔V〕

解説→問36

電源電圧をE〔V〕，抵抗を$R_1=3$〔Ω〕，$R_2=6$〔Ω〕とすると，Sを開いたときに回路に流れる電流I〔A〕は，次式で表される．

$$I=\frac{E}{R_1+R_2}=\frac{E}{3+6}=\frac{E}{9}$$

Sを閉じたときに，$1.5I$〔A〕を流すには，合成抵抗をR_t〔Ω〕とすると，次式が成り立つ．

$$1.5I=\frac{E}{R_t} \qquad 1.5\times\frac{E}{9}=\frac{E}{R_t} \qquad R_t=\frac{9}{1.5}=6〔\Omega〕$$

R_2とR_xの並列合成抵抗をR_y〔Ω〕とすると，

$$R_y=R_t-R_1=6-3=3〔\Omega〕$$

$$\frac{1}{R_y}=\frac{1}{R_2}+\frac{1}{R_x} \qquad \frac{1}{3}=\frac{1}{6}+\frac{1}{R_x} \qquad \frac{1}{R_x}=\frac{2}{6}-\frac{1}{6}=\frac{1}{6}$$

よって，$R_x=6$〔Ω〕

解説→問37

R_3とR_4には電流$I=2$〔mA〕が流れていて，R_3とR_4の両端の電圧はR_5の両端の電圧と同じになるので，この電圧V_5〔V〕は，

$$V_5=I(R_3+R_4)=2\times10^{-3}\times(10+2)\times10^3=24〔V〕$$

R_5に流れる電流I_5〔mA〕は，

$$I_5=\frac{V_5}{R_5}=\frac{24}{8\times10^3}=3\times10^{-3}=3〔mA〕$$

R_1とR_2の並列合成抵抗をR_{12}〔kΩ〕とすると，

$$R_{12}=\frac{R_1R_2}{R_1+R_2}=\frac{6\times4}{6+4}=2.4〔k\Omega〕$$

R_1とR_2の並列回路に$I_{ab}=I+I_5=2+3=5$〔mA〕が流れるので，この間の電圧V_{12}は，

$$V_{12}=IR_{12}=5\times10^{-3}\times2.4\times10^3=12〔V〕$$

したがって，端子abに加えるべき電圧V_{ab}〔V〕は，

$$V_{ab}=V_5+V_{12}=24+12=36〔V〕$$

となる．

解答 問36→4　問37→3

問 38　解説あり!　正解□　完璧□　直前CHECK□

図に示す直流回路において，直流電流$I_1=2$〔A〕および$I_2=4$〔A〕がそれぞれ矢印の方向に流れているとき，抵抗R_3〔Ω〕に流れる電流I_3および端子ab間の電圧V_{ab}の大きさの値の組合せとして，正しいものを下の番号から選べ．

	I_3	V_{ab}
1	6〔A〕	2〔V〕
2	6〔A〕	4〔V〕
3	2〔A〕	2〔V〕
4	2〔A〕	3〔V〕
5	2〔A〕	4〔V〕

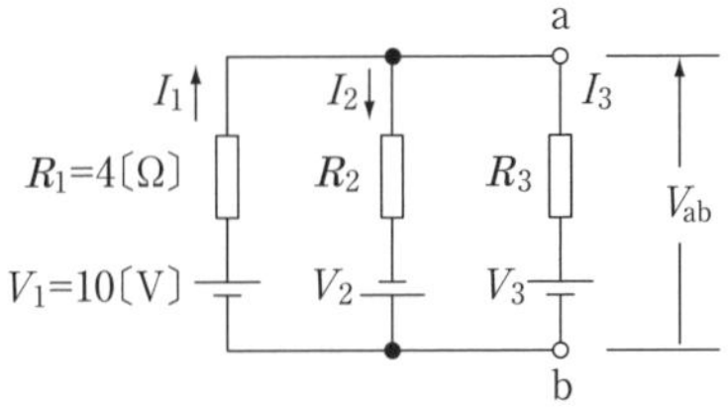

V_1，V_2，V_3：直流電源〔V〕
R_1，R_2，R_3：抵抗〔Ω〕

ヒント：I_1とR_1の値より，R_1の電圧を求めることができる．

問 39　解説あり!　正解□　完璧□　直前CHECK□

図に示す回路において，スイッチSWをa，b，cの順に切り替えたところ，直流電流計は，それぞれ2〔mA〕，0.5〔mA〕および0.4〔mA〕を指示した．このときの抵抗R_xの値として，正しいものを下の番号から選べ．ただし，直流電流計の内部抵抗は零とする．

1　4〔kΩ〕
2　5〔kΩ〕
3　6〔kΩ〕
4　8〔kΩ〕
5　12〔kΩ〕

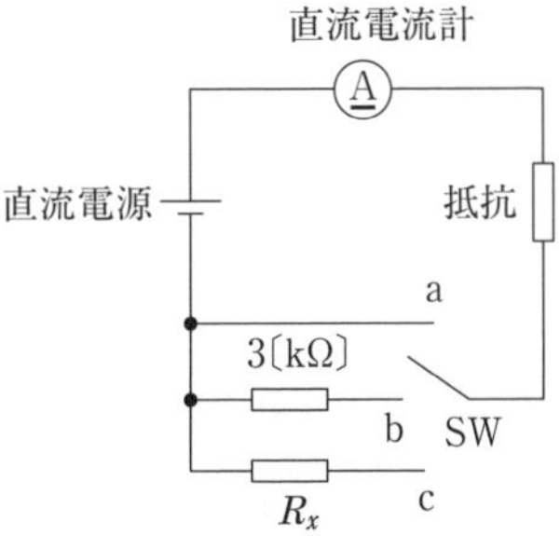

ヒント：最初にSWがaのときの電圧と電流より抵抗の値を求める．

解説 → 問38

抵抗R_1の両端の電圧V_{R1}は，次式で表される．

$V_{R1} = R_1 I_1 = 4 \times 2 = 8$〔V〕

端子ab間の電圧V_{ab}は，

$V_{ab} = V_1 - V_{R1} = 10 - 8 = 2$〔V〕（$V_{ab}$の答）

また，電流I_2はI_1より大きいので，

$I_2 = I_1 + I_3$

よって，I_3〔A〕は，次式で求めることができる．

$I_3 = I_2 - I_1 = 4 - 2 = 2$〔A〕（$I_3$の答）

解説 → 問39

直流電源の電圧をE〔V〕，抵抗の値をR〔Ω〕とすると，スイッチSWをaに切り替えたときに，2〔mA〕の電流が流れるので，

$$\frac{E}{R} = 2 \times 10^{-3} \quad よって， \quad E = 2R \times 10^{-3} \quad \cdots\cdots (1)$$

スイッチSWをbに切り替えたときは，0.5〔mA〕の電流が流れるので，

$$\frac{E}{R+3\times 10^3} = 0.5 \times 10^{-3} \quad \cdots\cdots (2)$$

式(2)に式(1)を代入すれば，

$$\frac{2R \times 10^{-3}}{R + 3 \times 10^3} = 0.5 \times 10^{-3} \qquad 2R = 0.5R + 1.5 \times 10^3$$

$$1.5R = 1.5 \times 10^3 \qquad R = 1 \times 10^3〔Ω〕= 1〔kΩ〕 \quad \cdots\cdots (3)$$

式(3)を式(1)に代入すれば，

$E = 2R \times 10^{-3} = 2 \times 1 \times 10^3 \times 10^{-3} = 2$〔V〕

スイッチSWをcに切り替えたときには，0.4〔mA〕の電流が流れるので，

$$\frac{E}{R+R_x} = 0.4 \times 10^{-3}$$

$$R + R_x = \frac{E}{0.4 \times 10^{-3}} = \frac{2}{0.4} \times 10^3 = 5 \times 10^3〔Ω〕$$

$R = 1$〔kΩ〕だから，

$R_x = (5-1) \times 10^3$〔Ω〕$= 4$〔kΩ〕

解答 問38 → 3　問39 → 1

問 40 解説あり! 正解 完璧 直前CHECK

図に示す直流回路において，3〔kΩ〕の抵抗に流れる電流の値として，正しいものを下の番号から選べ.

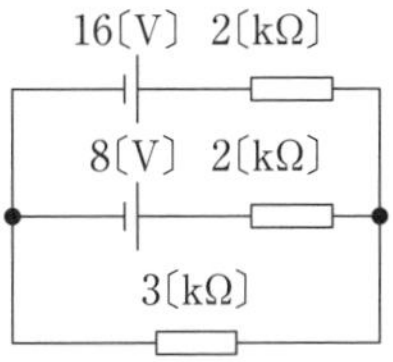

1　1〔mA〕
2　2〔mA〕
3　3〔mA〕
4　5〔mA〕
5　8〔mA〕

問 41 解説あり! 正解 完璧 直前CHECK

図に示す回路において，5〔Ω〕の抵抗に流れる電流の値として，正しいものを下の番号から選べ.

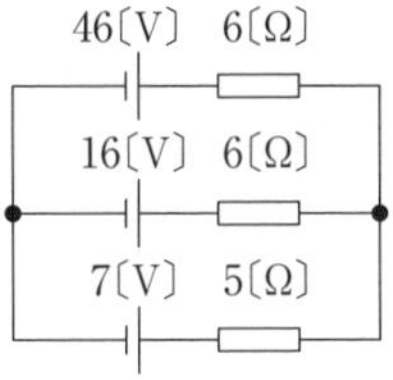

1　3〔A〕
2　4〔A〕
3　5〔A〕
4　6〔A〕
5　7〔A〕

解説 → 問40

解説図のように，いくつかの起電力E〔V〕と抵抗R〔Ω〕の枝路が並列に接続されているとき，端子電圧V〔V〕は次式で表される．これをミルマンの定理という．

$$V=\frac{\dfrac{E_1}{R_1}+\dfrac{E_2}{R_2}-\dfrac{E_3}{R_3}}{\dfrac{1}{R_1}+\dfrac{1}{R_2}+\dfrac{1}{R_3}}〔\mathrm{V}〕$$

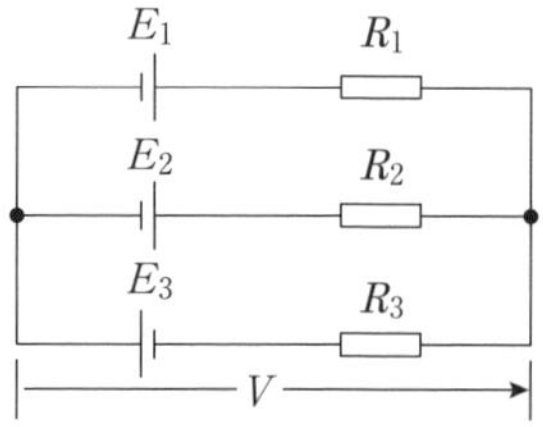

問題の数値を代入すると，

$$V=\frac{\left(\dfrac{16}{2}+\dfrac{8}{2}\right)\times\dfrac{1}{10^3}}{\left(\dfrac{1}{2}+\dfrac{1}{2}+\dfrac{1}{3}\right)\times\dfrac{1}{10^3}}=\frac{8+4}{\dfrac{8}{6}}=9〔\mathrm{V}〕$$

起電力の向きが，Vの向きと逆の場合は，符号が−となる
起電力がない場合は
$E=0$とする

よって，$R_3=3$〔kΩ〕に流れる電流I〔A〕は，

$$I=\frac{V}{R_3}=\frac{9}{3\times10^3}=3\times10^{-3}〔\mathrm{A}〕=3〔\mathrm{mA}〕$$

解説 → 問41

ミルマンの定理より，

$$V=\frac{\dfrac{E_1}{R_1}+\dfrac{E_2}{R_2}+\dfrac{E_3}{R_3}}{\dfrac{1}{R_1}+\dfrac{1}{R_2}+\dfrac{1}{R_3}}=\frac{\dfrac{46}{6}+\dfrac{16}{6}+\dfrac{7}{5}}{\dfrac{1}{6}+\dfrac{1}{6}+\dfrac{1}{5}}$$

$$=\frac{\dfrac{230+80+42}{30}}{\dfrac{5+5+6}{30}}=\frac{352}{16}=22〔\mathrm{V}〕$$

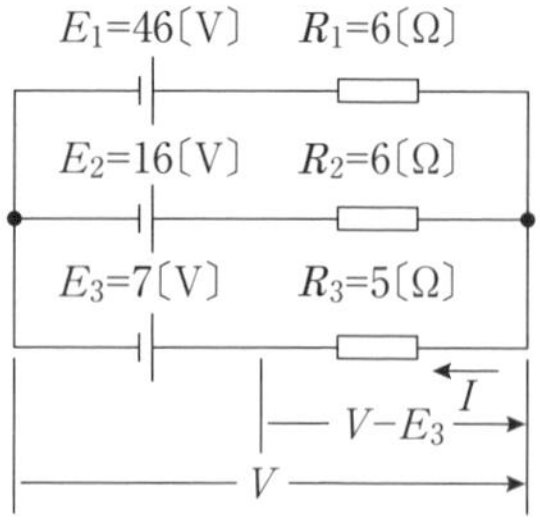

解説図より，$R_3=5$〔Ω〕に流れる電流I〔A〕は，

$$I=\frac{V-E_3}{R_3}=\frac{22-7}{5}=3〔\mathrm{A}〕$$

解答 問40 → 3　問41 → 1

問題

問 42　解説あり!　正解 □　完璧 □　直前CHECK □

周波数60〔Hz〕の正弦波交流において，位相差 $\pi/7$〔rad〕に相当する時間差の値として，最も近いものを下の番号から選べ．

1　0.3〔ms〕
2　0.7〔ms〕
3　1.2〔ms〕
4　2.5〔ms〕

ヒント： 1周期は 2π〔rad〕，角周波数 $\omega = 2\pi f$〔rad/s〕

問 43　解説あり!　正解 □　完璧 □　直前CHECK □

図に示す正弦波交流において，平均値（半周期の平均）V_a，実効値 V_e および繰り返し周波数 f の値の組合せとして，最も近いものを下の番号から選べ．

	V_a	V_e	f
1	6.0〔V〕	8.7〔V〕	400〔Hz〕
2	6.0〔V〕	6.7〔V〕	200〔Hz〕
3	6.0〔V〕	6.7〔V〕	400〔Hz〕
4	7.7〔V〕	6.7〔V〕	200〔Hz〕
5	7.7〔V〕	8.7〔V〕	400〔Hz〕

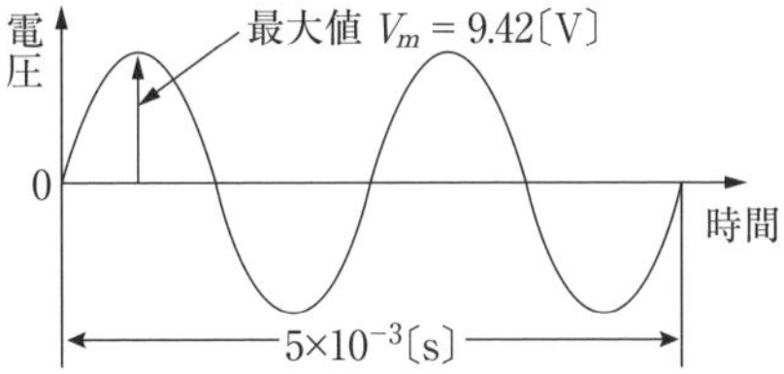

解説→問42

正弦波交流の周波数をf〔Hz〕，角周波数をω〔rad/s〕とすると，最大値V_m〔V〕の正弦波交流電圧v〔V〕は，次式で表される．

$$v = V_m \sin\omega t = V_m \sin 2\pi f t \text{〔V〕}$$

時間t〔s〕の位相差θ〔rad〕は次式で表される．

$$\theta = \omega t \qquad \text{よって，} \qquad t = \frac{\theta}{\omega} = \frac{\theta}{2\pi f}$$

この式に題意の数値を代入すれば，

$$t = \frac{\frac{\pi}{7}}{2\times\pi\times 60} = \frac{\pi}{7}\times\frac{1}{120\pi} = \frac{1{,}000}{840}\times 10^{-3} \fallingdotseq 1.2\times 10^{-3}\text{〔s〕} = 1.2\text{〔ms〕}$$

解説→問43

最大値がV_m〔V〕の交流電圧の平均値V_a〔V〕は，次式で表される．

$$V_a = \frac{2}{\pi}V_m$$

$$\fallingdotseq 0.64V_m = 0.64\times 9.42 \fallingdotseq 6.0\text{〔V〕} \quad (V_a\text{の答})$$

交流電圧の実効値V_e〔V〕は，次式で表される．

$$V_e = \frac{1}{\sqrt{2}}V_m$$

$$\fallingdotseq 0.71V_m = 0.71\times 9.42 \fallingdotseq 6.7\text{〔V〕} \quad (V_e\text{の答})$$

問題の図より，周期T〔s〕は，2.5×10^{-3}〔s〕と読みとれるので，周波数f〔Hz〕は次式で表される．

$$f = \frac{1}{T} = \frac{1}{2.5\times 10^{-3}}$$

$$= \frac{1}{2.5}\times 10^{3} = \frac{1{,}000}{2.5} = 400\text{〔Hz〕} \quad (f\text{の答})$$

解答 問42→3　問43→3

問 44　解説あり!　正解 □　完璧 □　直前CHECK □

図に示すRLCよりなる回路の端子ab間の合成インピーダンスの値として，正しいものを下の番号から選べ．ただし，Rの抵抗値は30〔Ω〕，Lのリアクタンスの大きさの値は30〔Ω〕およびCのリアクタンスの大きさの値は60〔Ω〕とする．

1　60〔Ω〕
2　50〔Ω〕
3　30〔Ω〕
4　20〔Ω〕
5　15〔Ω〕

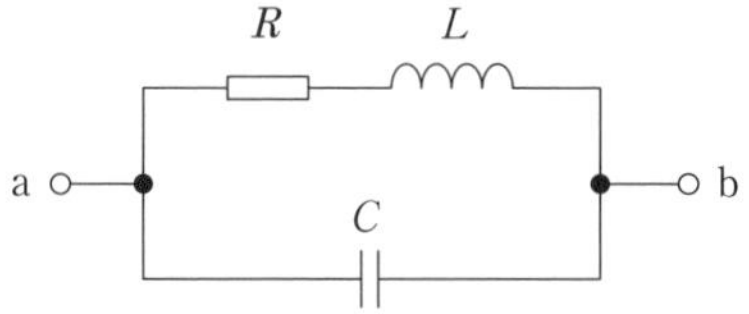

ヒント：並列回路は，アドミタンス$\dot{Y}=\frac{1}{\dot{Z}}$の和で計算することができる．

問 45　解説あり!　正解 □　完璧 □　直前CHECK □

図に示す回路の合成インピーダンスの大きさの値として，正しいものを下の番号から選べ．ただし，抵抗Rは40〔Ω〕，コンデンサCのリアクタンスは20〔Ω〕およびコイルLのリアクタンスは40〔Ω〕とする．

1　5〔Ω〕
2　10〔Ω〕
3　15〔Ω〕
4　20〔Ω〕
5　35〔Ω〕

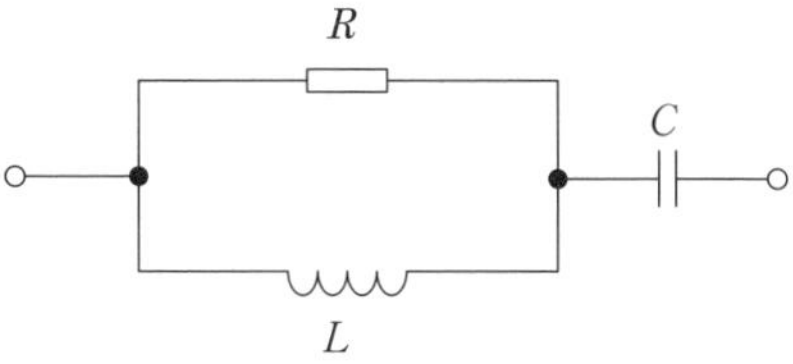

解説 → 問44

コイルとコンデンサのリアクタンスをX_L, X_C〔Ω〕, 回路のインピーダンスを$\dot{Z}$〔Ω〕とすると, アドミタンス$\dot{Y}$は,

$$\dot{Y}=\frac{1}{\dot{Z}}=\frac{1}{R+jX_L}+\frac{1}{-jX_C}=\frac{1}{30+j30}+\frac{1}{-j60}=\frac{-j60+30+j30}{-j60\times(30+j30)}$$

$$=\frac{30-j30}{-j60\times(30+j30)}=\frac{1-j}{-j60-j^2 60}=\frac{1-j}{60-j60}$$

よって,

$$\dot{Z}=\frac{60-j60}{1-j}$$

分母のj項を消すために分母と分子に$(1+j)$を掛けると,

$$\dot{Z}=\frac{(60-j60)(1+j)}{(1-j)(1+j)}=\frac{60+j60-j60-j^2 60}{1^2+j-j-j^2}=\frac{60+60}{2}$$

$j^2=-1$

$$=\frac{120}{2}=60〔\Omega〕$$

解説 → 問45

抵抗R〔Ω〕とコイルのリアクタンスX_L〔Ω〕の並列回路の合成インピーダンス$\dot{Z}_1$〔Ω〕を求めると, 次式で表される.

$$\dot{Z}_1=\frac{R\times jX_L}{R+jX_L}=\frac{40\times j40}{40+j40}$$

$$=\frac{40\times j40}{40\times(1+j)}=\frac{j40\times(1-j)}{(1+j)(1-j)}$$

$$=\frac{j40+40}{1^2+j-j-j^2}=20+j20〔\Omega〕$$

分母のj項を消すために分母と分子に$(1-j)$を掛ける

回路の合成インピーダンス$\dot{Z}$〔Ω〕は, $\dot{Z}_1$とコンデンサのリアクタンス$-jX_C=-j20$〔Ω〕の直列接続だから,

$$\dot{Z}=\dot{Z}_1-jX_C=20+j20-j20=20〔\Omega〕$$

よって, その大きさ$|\dot{Z}|=20$〔Ω〕

実数項とj項は別々に計算する

解答 問44 → 1　問45 → 4

問 46　解説あり!

正解　完璧　直前CHECK

図に示す回路において，交流電源電圧$\dot{E}$が200〔V〕，抵抗R_1が10〔Ω〕，抵抗R_2が10〔Ω〕およびコイルLのリアクタンスが10〔Ω〕であるとき，R_2を流れる電流$\dot{I}$の値として，正しいものを下の番号から選べ．

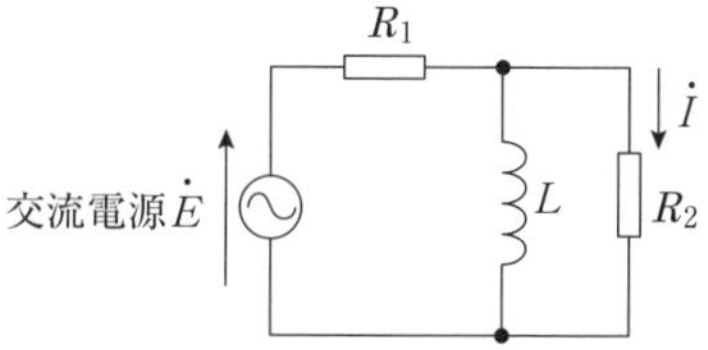

1　$8-j5$〔A〕
2　$8+j4$〔A〕
3　$5+j4$〔A〕
4　$4+j5$〔A〕
5　$4-j2$〔A〕

問 47　解説あり!

正解　完璧　直前CHECK

図に示す回路が電源周波数fに共振しているとき，ab間のインピーダンスが10〔kΩ〕であった．このときの可変コンデンサC_Vの値として，最も近いものを下の番号から選べ．

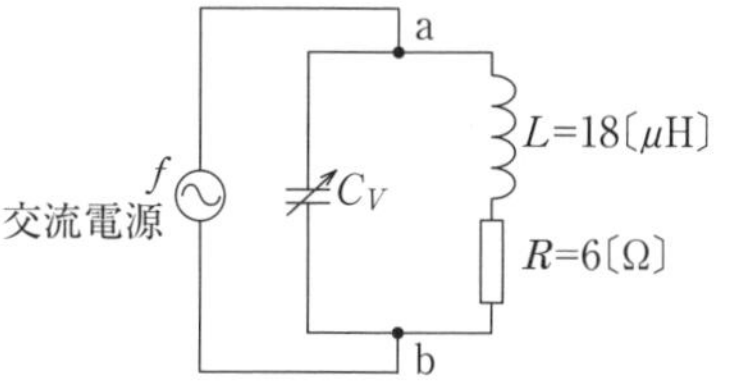

1　100〔pF〕
2　200〔pF〕
3　300〔pF〕
4　400〔pF〕

問 48

正解　完璧　直前CHECK

図に示すLC並列回路のリアクタンスの周波数特性を表すグラフとして，正しいものを下の番号から選べ．

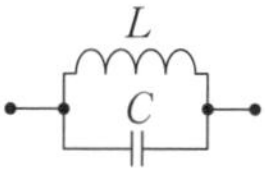

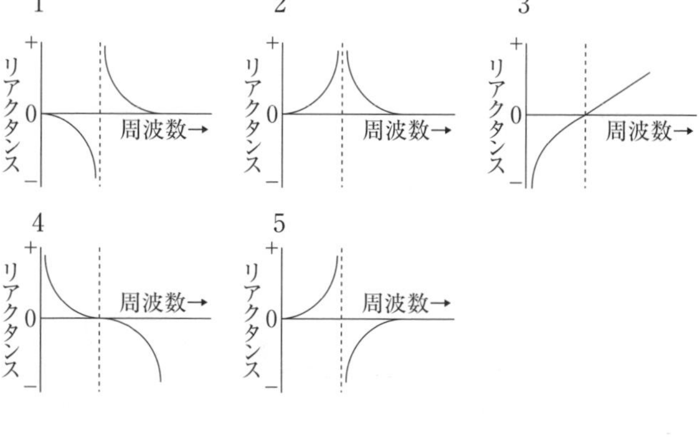

解説 → 問46

回路の合成インピーダンス$\dot{Z}$〔Ω〕は，次式で表される．

$$\dot{Z}=\frac{1}{\frac{1}{R_2}+\frac{1}{j\omega L}}+R_1=\frac{1}{\frac{1}{10}-j\frac{1}{10}}+10=\frac{1}{\frac{1-j}{10}}+10=\frac{10}{1-j}+10$$

$$=\frac{10\times(1+j)}{(1-j)(1+j)}+10=\frac{10\times(1+j)}{1-j^2}+10=\frac{10\times(1+j)}{2}+10$$

$$=5+j5+10=15+j5$$

$(a+b)(a-b)=a^2-b^2$

次に，R_1〔Ω〕を流れる電流$\dot{I}_{R1}$〔A〕は，次式で表される．

$$\dot{I}_{R1}=\frac{\dot{E}}{\dot{Z}}=\frac{200}{5\times(3+j)}=\frac{40\times(3-j)}{(3+j)(3-j)}=\frac{40\times(3-j)}{9-j^2}=\frac{40\times(3-j)}{10}=12-j4$$

R_1の両端の電圧$\dot{V}_{R1}$〔V〕は，

$$\dot{V}_{R1}=R_1\dot{I}_{R1}=10\times(12-j4)=120-j40\text{〔V〕}$$

また，R_2の両端の電圧$\dot{V}_{R2}$〔V〕は，

$$\dot{V}_{R2}=\dot{E}-\dot{V}_{R1}=200-(120-j40)=200-120+j40$$

$$=80+j40=40\times(2+j)\text{〔V〕}$$

したがって，R_2を流れる電流$\dot{I}$〔A〕は，

$$\dot{I}=\frac{\dot{V}_{R2}}{R_2}=\frac{40\times(2+j)}{10}=8+j4\text{〔A〕}$$

解説 → 問47

問題の図の並列共振回路が共振したときのインピーダンスの大きさをZ_0〔Ω〕とすると，次式で表される．

$$Z_0=\frac{L}{C_VR}\text{〔Ω〕}$$

可変コンデンサの静電容量C_V〔F〕を求めれば，

$$C_V=\frac{L}{RZ_0}=\frac{18\times10^{-6}}{6\times10\times10^3}$$

$$=3\times10^{-6-4}=3\times10^{-10}\text{〔F〕}$$

$$=300\times10^{-12}\text{〔F〕}=300\text{〔pF〕}$$

kは10^3，μは10^{-6}
pは10^{-12}

解答 問46→2　問47→3　問48→5

問題

問 49　解説あり!　正解 □　完璧 □　直前CHECK □

図に示す直列共振回路において，可変コンデンサC_Vが900〔pF〕のとき2,345〔kHz〕に共振している．共振周波数を7,035〔kHz〕にするためのC_Vの値として，正しいものを下の番号から選べ．ただし，抵抗R〔Ω〕および自己インダクタンスL〔H〕の値は一定とする．

1　54〔pF〕
2　81〔pF〕
3　100〔pF〕
4　125〔pF〕
5　160〔pF〕

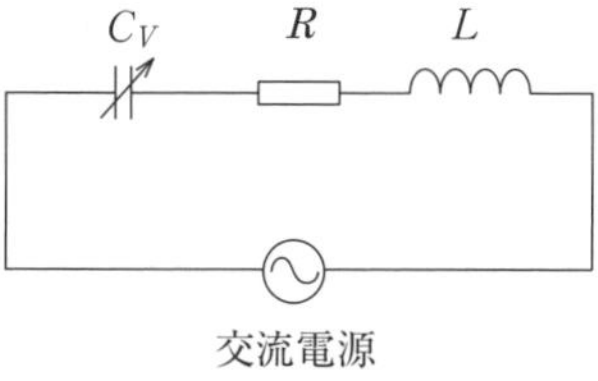

ヒント： 共振周波数 $f = \dfrac{1}{2\pi\sqrt{LC}}$

問 50　解説あり!　正解 □　完璧 □　直前CHECK □

図に示すRLC並列回路の共振周波数が3.5〔MHz〕のとき，回路のQの値として，最も近いものを下の番号から選べ．ただし，抵抗Rは4.7〔kΩ〕およびコイルLの自己インダクタンスは42〔μH〕とする．

1　0.2　　2　2　　3　5.1
4　19.6　　5　32

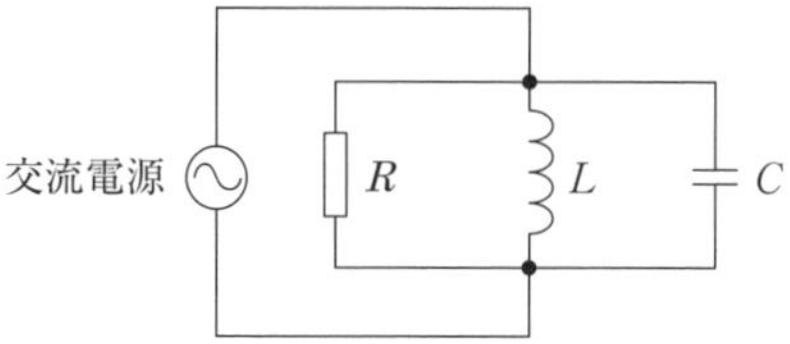

問 51　解説あり!　正解 □　完璧 □　直前CHECK □

図に示すRLC並列回路の尖鋭度（Q）の値を求める式として，誤っているものを下の番号から選べ．ただし，共振角周波数をω_0〔rad/s〕とする．

1　$\omega_0 CR$
2　$\dfrac{R}{\omega_0 L}$
3　$\sqrt{\dfrac{C}{L}}R$
4　$\dfrac{\omega_0 L}{R}$

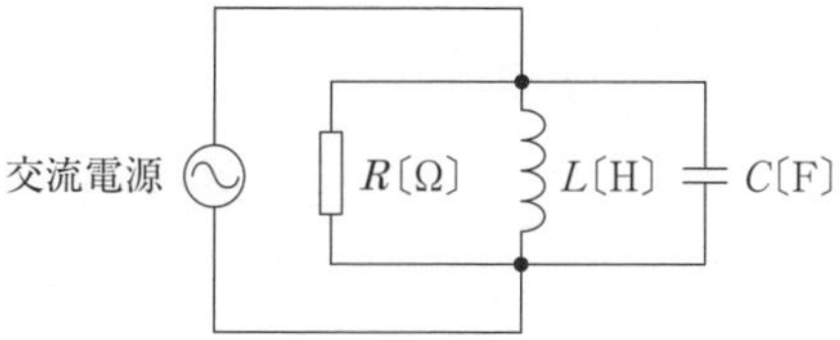

解説 → 問49

C_Vの値$C_1=900$〔pF〕，共振周波数$f_1=2{,}345$〔kHz〕の場合の自己インダクタンスL〔H〕は，次式で表される．

$$f_1=\frac{1}{2\pi\sqrt{LC_1}} \qquad f_1{}^2=\frac{1}{4\pi^2LC_1} \qquad L=\frac{1}{4\pi^2C_1f_1{}^2}$$

共振周波数$f_2=7{,}035$〔kHz〕の場合のC_Vの値C_2〔pF〕は，次式で表される．

$$C_2=\frac{1}{4\pi^2Lf_2{}^2}=\frac{1}{\dfrac{4\pi^2f_2{}^2}{4\pi^2C_1f_1{}^2}}=\frac{C_1f_1{}^2}{f_2{}^2}=\frac{900\times2{,}345\times2{,}345}{7{,}035\times7{,}035}$$

$$=\frac{900}{9}=100〔\mathrm{pF}〕$$

解説 → 問50

問題の図の並列共振回路のQは，共振したときにコイルを流れる電流I_Lと回路全体を流れる電流Iの比で表される．共振時は，抵抗を流れる電流をI_Rとすると，$I_R=I$となるので，電源電圧をE，共振角周波数をω_0とすると次式で表される．

$$Q=\frac{I_L}{I}=\frac{I_L}{I_R}=\frac{\dfrac{E}{\omega_0L}}{\dfrac{E}{R}}=\frac{R}{\omega_0L}$$

題意の数値を代入すれば，

$$Q=\frac{R}{\omega_0L}=\frac{R}{2\pi f_0L}=\frac{4.7\times10^3}{2\times3.14\times3.5\times10^6\times42\times10^{-6}}=\frac{4{,}700}{923.16}\fallingdotseq5.1$$

解説 → 問51

共振したときにコイルとコンデンサのリアクタンスが同じ大きさとなるので，問題の図において並列共振回路のQは，次式で表される．

$$Q=\frac{R}{\omega_0L}\quad（選択肢2）\cdots\cdots(1) \qquad Q=\omega_0CR\quad（選択肢1）\cdots\cdots(2)$$

式(1)×式(2)より，L，C，Rの値からQを求める式を誘導すると，

$$Q^2=\frac{R}{\omega_0L}\times\omega_0CR$$

よって，　$Q=\sqrt{\dfrac{C}{L}}R$　（選択肢3）

解答　問49→3　問50→3　問51→4

問 52 解説あり! 正解 □ 完璧 □ 直前CHECK □

次の記述は，図に示す並列共振回路について述べたものである．このうち正しいものを下の番号から選べ．ただし，ωは角周波数，rはコイルの抵抗であり，$r \ll (\omega L)$とする．

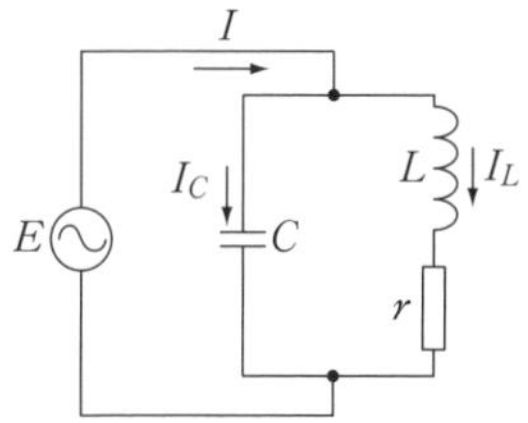

E：電源の電圧
I：電源からの電流
I_L：コイル L に流れる電流
I_C：コンデンサ C に流れる電流

1　この回路のせん鋭度 (Q) は，ωLrまたは$r/(\omega C)$で表される．
2　共振時のインピーダンスは，最小になる．
3　共振時のI_LとI_Cの位相差は，ほぼ180度になる．
4　共振時のIの大きさは，I_LとI_Cの大きさが等しいため$2I_L$または$2I_C$となる．

問 53 解説あり! 正解 □ 完璧 □ 直前CHECK □

図に示すRLC直列回路において，回路を7,050〔kHz〕に共振させたときの可変コンデンサC_Vの静電容量および回路の尖鋭度 (Q) の値の組合せとして，最も近いものを下の番号から選べ．ただし，抵抗Rは4〔Ω〕，コイルLのインダクタンスは2〔μH〕，コンデンサCの静電容量は125〔pF〕とする．

	C_V	Q
1	130〔pF〕	22
2	130〔pF〕	44
3	255〔pF〕	22
4	255〔pF〕	44
5	380〔pF〕	22

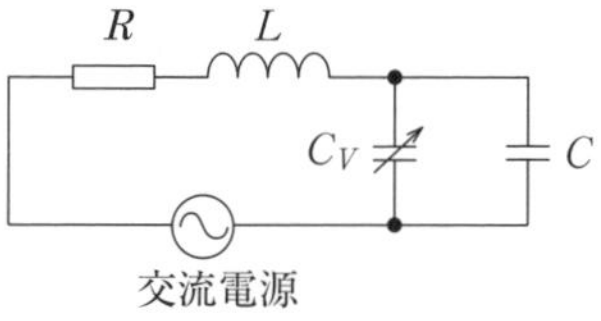

解説 → 問52

誤っている選択肢を正しくすると，次のようになる．

1 この回路のせん鋭度 (Q) は，$\omega L/r$ または $1/(\omega Cr)$ で表される．

2 共振時のインピーダンスは，最大になる．

4 共振時の I の大きさは，I_L と I_C の大きさがほぼ等しいため最小となる．

解説 → 問53

可変コンデンサ C_V〔F〕とコンデンサ C〔F〕の合成静電容量を C_t〔F〕，コイルのインダクタンスを L〔H〕とすると，回路の共振周波数 f〔Hz〕は，次式で表される．

$$f=\frac{1}{2\pi\sqrt{LC_t}} \qquad f^2=\frac{1}{(2\pi)^2LC_t} \qquad C_t=\frac{1}{4\pi^2f^2L}$$

題意の数値を代入すると，合成静電容量 C_t〔F〕は，

$$C_t=\frac{1}{4\pi^2f^2L}=\frac{1}{4\times3.14^2\times(7{,}050\times10^3)^2\times2\times10^{-6}}$$

$$\fallingdotseq\frac{1}{8\times9.85\times(7.05\times10^3\times10^3)^2\times10^{-6}}\fallingdotseq\frac{1}{78.8\times7.05^2\times10^{12}\times10^{-6}}$$

$$\fallingdotseq\frac{1}{78.8\times49.7\times10^6}\fallingdotseq\frac{1}{3{,}916}\times10^{-6}=0.000255\times10^{-6}$$

$$\fallingdotseq255\times10^{-6}\times10^{-6}=255\times10^{-12}\text{〔F〕}=255\text{〔pF〕}$$

求める可変コンデンサの静電容量 C_V〔pF〕は，

$$C_V=C_t\text{〔pF〕}-C\text{〔pF〕}=255-125=130\text{〔pF〕} \qquad (C_V\text{の答})$$

求める回路が共振したときの回路の尖鋭度 Q は，

$$Q=\frac{\omega L}{R}=\frac{2\times3.14\times7{,}050\times10^3\times2\times10^{-6}}{4}$$

$$=22{,}137\times10^{-3}=22.137\fallingdotseq22 \qquad (Q\text{の答})$$

解答 問52 → 3　　問53 → 1

問題

問 54

正解 完璧 直前CHECK

次の図は，あるフィルタの通過帯域および減衰帯域特性の概略を示したものである．図のような特性を持つフィルタの名称を下の番号から選べ．

1 帯域消去フィルタ
2 高域フィルタ
3 低域フィルタ
4 帯域フィルタ

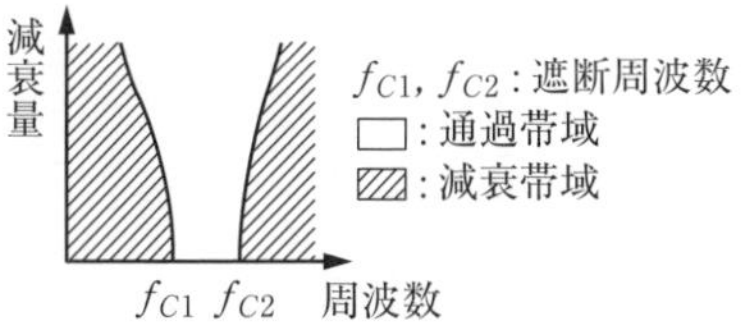

問 55 解説あり!

正解 完璧 直前CHECK

図に示す RC 直列回路において，抵抗 R で消費される電力の値として，最も近いものを下の番号から選べ．

1 110〔W〕
2 160〔W〕
3 240〔W〕
4 320〔W〕
5 500〔W〕

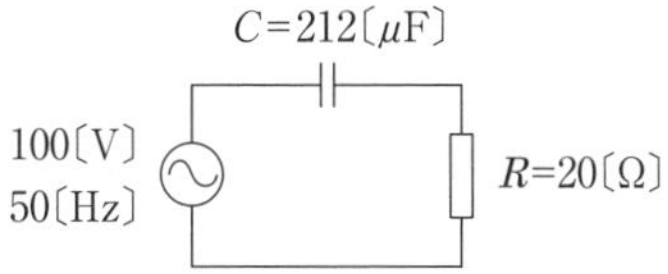

問 56 解説あり!

正解 完璧 直前CHECK

図に示す回路において，静電容量が1〔μF〕のコンデンサに蓄えられた電荷が30〔μC〕であるとき，抵抗 R の値として，正しいものを下の番号から選べ．ただし，回路は定常状態にあるものとする．

1 0.5〔kΩ〕
2 1 〔kΩ〕
3 1.5〔kΩ〕
4 2 〔kΩ〕
5 2.5〔kΩ〕

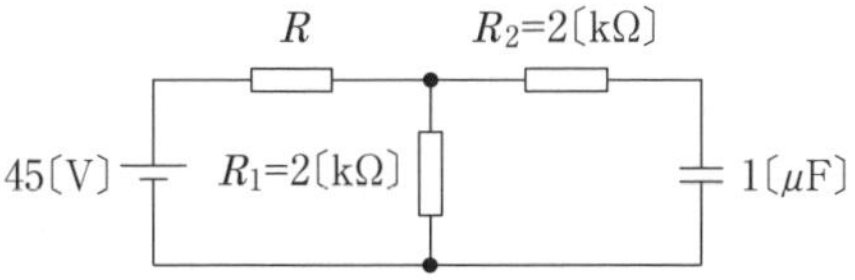

解説→問55

コンデンサCのリアクタンスX_C〔Ω〕は，

$$X_C=\frac{1}{\omega C}=\frac{1}{2\pi fC}$$
$$=\frac{1}{2\times3.14\times50\times212\times10^{-6}}=\frac{1}{66{,}568\times10^{-6}}$$
$$\fallingdotseq\frac{10^4\times10^2}{666\times10^2}\fallingdotseq15〔\Omega〕$$

また，回路の合成インピーダンスZ〔Ω〕は，

$$Z=\sqrt{X_C{}^2+R^2}=\sqrt{15^2+20^2}$$
$$=\sqrt{225+400}=\sqrt{625}=25〔\Omega〕$$

電源電圧をV〔V〕とすると，回路を流れる電流の大きさI〔A〕は，

$$I=\frac{V}{Z}=\frac{100}{25}=4〔A〕$$

したがって，抵抗R〔Ω〕に消費される電力P〔W〕は，

$$P=I^2\times R=4^2\times20=320〔W〕$$

解説→問56

$C=1$〔μF〕のコンデンサの両端の電圧V〔V〕は，次式で求められる．

$$V=\frac{Q}{C}=\frac{30\times10^{-6}}{1\times10^{-6}}=30〔V〕$$

定常状態では，コンデンサの電圧Vは，抵抗R_1（2〔kΩ〕）の両端の電圧に等しいので，R_2には電流が流れない．

したがって，R_1およびRに流れる電流I〔A〕は，

$$I=\frac{V}{R_1}=\frac{30}{2\times10^3}=15\times10^{-3}〔A〕=15〔mA〕$$

Rに加わる電圧V_Rは，電源電圧をE〔V〕とすると，

$$V_R=E-V=45-30=15〔V〕$$

なので，抵抗R〔Ω〕は，

$$R=\frac{V_R}{I}=\frac{15}{15\times10^{-3}}=1\times10^3〔\Omega〕=1〔k\Omega〕$$

解答　問54→4　問55→4　問56→2

問 57 解説あり! 正解 完璧 直前CHECK

図に示す回路において，コンデンサC〔F〕と抵抗R〔Ω〕の回路に直流電源E〔V〕を与えてコンデンサCを充電するとき，スイッチSを接（ON）にしてからt〔s〕後のCの端子電圧v〔V〕を表す式として，正しいものを下の番号から選べ．ただし，Sを接（ON）にする前のCには電荷が蓄えられていなかったものとする．また，eは自然対数の底とする．

1　$v=E\left(e^{-\frac{1}{CR}t}\right)$

2　$v=E\left(1-e^{CRt}\right)$

3　$v=E\left(1-e^{-CRt}\right)$

4　$v=E\left(-e^{-\frac{1}{CR}t}\right)$

5　$v=E\left(1-e^{-\frac{1}{CR}t}\right)$

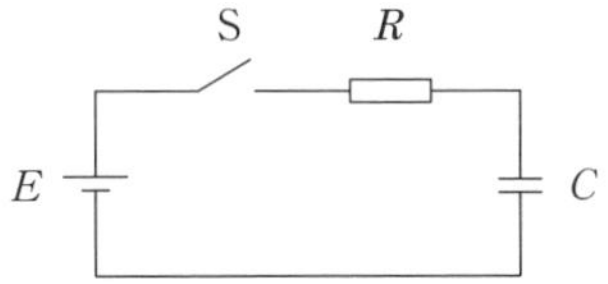

ヒント： $t=0$のとき$v=0$，$e^{-0}=1$
$t=\infty$のとき$v=E$，$e^{-\infty}=0$

問 58 解説あり! 正解 完璧 直前CHECK

図に示す直列回路において，スイッチSを接（ON）にして12〔V〕の直流電源Eから20〔Ω〕の抵抗Rと自己インダクタンスが4〔H〕のコイルLに電流を流すと，回路電流は0から時間とともに増加し，定常状態では600〔mA〕となる．スイッチSを接（ON）にしてから回路電流が定常状態の電流値の63.2〔%〕となるまでの時間（時定数の値）として，最も近いものを下の番号から選べ．

1　0.2〔s〕
2　0.4〔s〕
3　0.5〔s〕
4　2.5〔s〕
5　5.0〔s〕

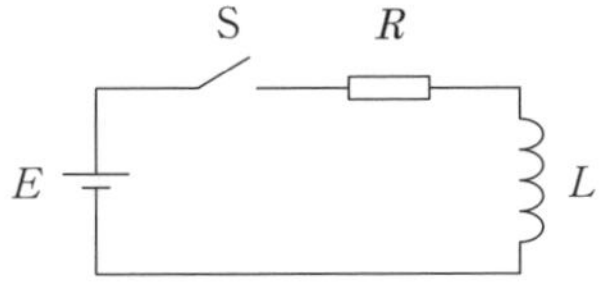

解説 → 問57

解説図に示す回路のスイッチSを閉じて直流電圧E〔V〕を加えると，電流i〔A〕が流れてコンデンサに電荷が蓄積される．コンデンサの端子電圧v〔V〕は，時間t〔s〕とともに図のように増加する．また，時間が十分（理論的には$t=\infty$）経過したときを定常状態といい，このときのコンデンサの電圧vは電源電圧Eと等しくなる．t〔s〕後のコンデンサの電圧v〔V〕は，次式で表される．

$$v=E\left(1-e^{-t/CR}\right)\text{〔V〕}$$

ただし，eは自然対数の底　$e=2.718\cdots\cdots$

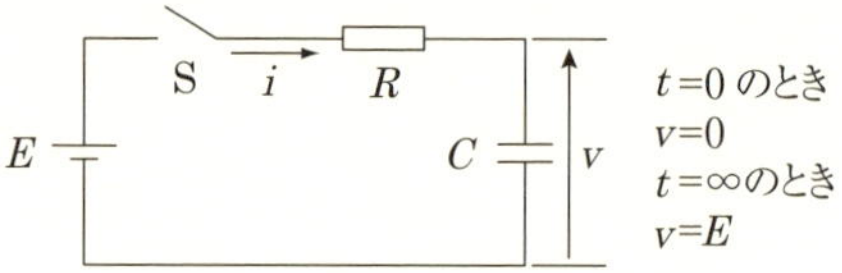

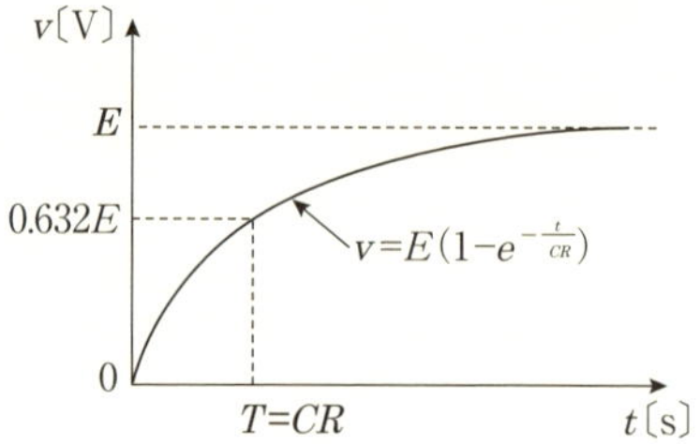

解説 → 問58

解説図に示す回路のスイッチSを閉じて直流電圧E〔V〕を加えると電流i〔A〕が流れる．電流iは時間t〔s〕とともに図のように増加する．t〔s〕後の電流i〔A〕は，次式で表される．

$$i=\frac{E}{R}\left(1-e^{-Rt/L}\right)\text{〔A〕}$$

ただし，eは自然対数の底　$e=2.718\cdots\cdots$

$T=L/R$を時定数と呼び，$t=T$のときに，

$$1-e^{-1}\fallingdotseq 1-\frac{1}{2.718}\fallingdotseq 0.632$$

となる．電流が63.2〔%〕になるまでの時間T〔s〕を求めれば，

$$T=\frac{L}{R}=\frac{4}{20}=0.2\text{〔s〕}$$

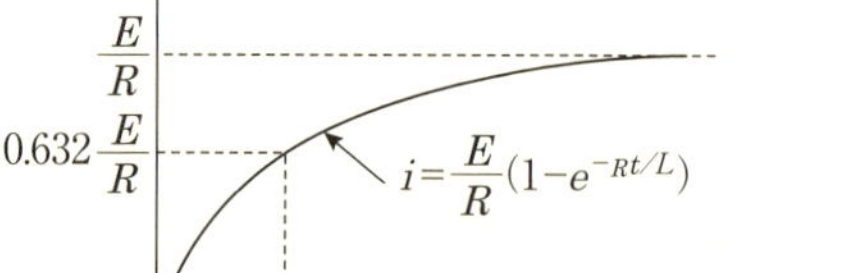

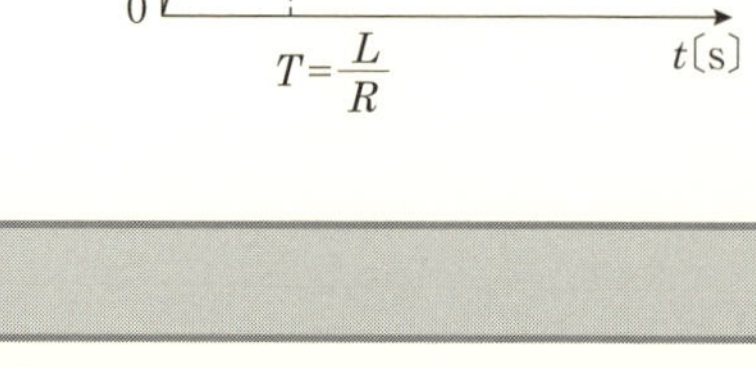

解答　問57 → 5　　問58 → 1

問 59

正解 □　完璧 □　直前CHECK □

次の記述は，電子の放射現象について述べたものである．□内に入れるべき字句を下の番号から選べ．

金属またはその酸化物を真空中で[ア]すると，内部の[イ]の運動が活発になり外部に飛び出す．この現象を[ウ]放射現象といい，[エ]等にある電極のうち[オ]は，この現象を利用したものである．

1　SCR	2　2次電子	3　自由電子	4　加熱	5　熱電子
6　ブラウン管	7　陰極	8　正孔	9　陽極	10　冷却

問 60

正解 □　完璧 □　直前CHECK □

次の記述は，ダイオードについて述べたものである．□内に入れるべき字句を下の番号から選べ．

(1) P形半導体とN形半導体を接合したものをPN接合ダイオードといい，シリコンを用いた接合ダイオードは逆方向電流が少なく，順方向の[ア]も小さいので整流素子として広く用いられている．

(2) PN接合ダイオードに加える逆方向電圧を大きくしていくと，ある電圧で電流が急激に増加する．これを[イ]といい，この特性を利用するダイオードを[ウ]ダイオードという．

(3) N形またはP形半導体に金属針を接触させたダイオードを[エ]ダイオードといい，一般に高周波の[オ]等に用いられる．

1　検波器	2　内部電圧降下	3　MOS	4　降伏現象	5　バラクタ
6　増幅器	7　リプル	8　点接触	9　ホール効果	10　ツェナー

問題

問 61

正解 □ 完璧 □ 直前CHECK □

次の記述は，可変容量ダイオードについて述べたものである．□内に入れるべき字句の正しい組合せを下の番号から選べ．ただし，同じ記号の□内には，同じ語句が入るものとする．

(1) PN接合ダイオードに［A］電圧を加えると，PN接合部の境界面にキャリアの存在しない空乏層ができる．この層は，絶縁層と考えることができ，P形とN形半導体を電極とする一種のコンデンサを形成する．このダイオードは，［B］ダイオードとも呼ばれている．

(2) PN接合ダイオードに加わる［A］電圧を増加させるほど空乏層の幅は広くなるので，静電容量は［C］なる．したがって，このダイオードに加える電圧によって静電容量を変化させることができる．

	A	B	C
1	逆方向	バラクタ	小さく
2	逆方向	バリスタ	大きく
3	逆方向	バラクタ	大きく
4	順方向	バリスタ	大きく
5	順方向	バラクタ	小さく

問 62

正解 □ 完璧 □ 直前CHECK □

次の記述は，ホトダイオードの動作について述べたものである．□内の入れるべき字句を下の番号から選べ．

PN接合ダイオードに［ア］電圧を加え，接合面に光を当てると，光のエネルギーが吸収されて，光の強さに［イ］した数の正孔と電子の対が生じ，接合部の電界によって電子は［ウ］の方向へ，正孔は［エ］の方向へ移動して電流が［オ］する．

1	順方向	2	逆方向	3	比例	4	反比例	5	増加
6	減少	7	P形	8	N形	9	交流	10	高周波

解答
問59→ア−4 イ−3 ウ−5 エ−6 オ−7
問60→ア−2 イ−4 ウ−10 エ−8 オ−1

▼解答

問 63

正解 □ 完璧 □ 直前CHECK □

次の記述は，発光ダイオード（LED）について述べたものである．このうち誤っているものを下の番号から選べ．

1　LEDの基本的な構造は，PN接合の構造を持ったダイオードである．
2　順方向電圧を加えて，順方向電流を流したときに発光する．
3　豆電球などのフィラメント式と比べると信頼性が高く寿命が長い．
4　光信号を電気信号に変換する特性を利用する半導体素子である．
5　LEDを使用するときの電圧および電流は，絶対最大定格より低い値にする．

問 64

正解 □ 完璧 □ 直前CHECK □

次の記述は，トンネルダイオード（エサキダイオード）について述べたものである．このうち正しいものを1，誤っているものを2として解答せよ．

ア　マイクロ波帯からミリ波帯の発振器等に用いられる．
イ　逆方向バイアスで，トンネル効果による負性抵抗特性が現れる．
ウ　不純物の濃度が通常の半導体素子より極めて小さい．
エ　逆方向バイアスでも比較的大きな電流が流れる．
オ　負性抵抗特性を利用する半導体素子である．

問 65

正解 □ 完璧 □ 直前CHECK □

次の記述は，サーミスタについて述べたものである．□内に入れるべき字句の正しい組合せを下の番号から選べ．

(1)　サーミスタは，マンガン，ニッケル，コバルト，チタン酸バリウムなどの酸化物を混合して焼結した［A］素子で，素子の温度が変化すると［B］が変化し，その変化率は金属に比べて非常に大きい．
(2)　サーミスタには，その特性によりPTCサーミスタやNTCサーミスタなどがある．そのうち，PTCサーミスタの温度係数は［C］であり，この性質を利用して温度センサーや電流制限素子などに用いられている．

	A	B	C		A	B	C
1	誘電体	抵抗率	正	2	誘電体	誘電率	負
3	半導体	抵抗率	負	4	半導体	誘電率	負
5	半導体	抵抗率	正				

問 66

正解 □ 完璧 □ 直前CHECK □

次の記述は，バリスタについて述べたものである．このうち正しいものを下の番号から選べ．

1　光のエネルギーを，電気エネルギーに変換する．
2　加えられた電圧の大きさによって，抵抗値が変化する．
3　温度の変化を，電気信号に変換する．
4　電気エネルギーを，光のエネルギーに変換する．
5　加えられた電圧の大きさによって，静電容量が変化する．

問 67

正解 □ 完璧 □ 直前CHECK □

次の記述は，各種ダイオードについて述べたものである．［　　］内に入れるべき字句を下の番号から選べ．

(1) ツェナーダイオードは，PN接合ダイオードに［ア］電圧を加え次第に増加させると，ある電圧で急激に電流が［イ］するが，電圧はほぼ一定となる定電圧特性を示す．
(2) 加えるバイアス電圧の変化に応じて静電容量が変化するのは，［ウ］ダイオードである．
(3) トンネルダイオードは，エサキダイオードとも呼ばれ，通常のダイオードより不純物濃度が極めて［エ］半導体素子で，［オ］のバイアス電圧を加えたときに負性抵抗特性を示す．

1	逆方向	2	低い	3	電流	4	増加	5	ホト
6	順方向	7	高い	8	減少	9	バラクタ	10	インパット

解答
問61→1　問62→ア−2　イ−3　ウ−8　エ−7　オ−5
問63→4　問64→ア−1　イ−2　ウ−2　エ−1　オ−1　問65→5

ミニ解説
問63　LEDは，電気信号を光信号に変換する．
問64　イ：順方向バイアスで，トンネル効果（電圧を増加すると電流が減少する）による負性抵抗特性が現れる．
ウ：不純物濃度が大きい

問題

問 68

正解 □　完璧 □　直前CHECK □

負性抵抗特性を利用しているダイオードの名称を下の番号から選べ.

1　ホトダイオード　　2　発光ダイオード　　3　ガンダイオード
4　ツェナーダイオード　　5　バラクタダイオード

問 69

正解 □　完璧 □　直前CHECK □

次に示す各素子のうち，通常，SHF帯の発振素子として用いられないものを下の番号から選べ.

1　バリスタ
2　ガンダイオード
3　インパットダイオード
4　トンネルダイオード
5　ガリウムヒ素電界効果トランジスタ（GaAs FET）

問 70

正解 □　完璧 □　直前CHECK □

次の記述は，ホトトランジスタについて述べたものである. □内に入れるべき字句の正しい組合せを下の番号から選べ.

(1)　図記号においてaは，［A］電極である.
(2)　ホトダイオードに比較すると［B］作用があり，高感度である.
(3)　ホトカプラは，ホトトランジスタと［C］ダイオードを組み合わせて，一つのパッケージに入れたものである.

	A	B	C
1	ソース	整流	ホト
2	ソース	増幅	発光
3	コレクタ	整流	ホト
4	コレクタ	増幅	発光
5	ドレイン	整流	ホト

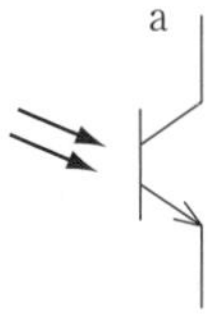

問 71

正解 □ 完璧 □ 直前CHECK □

次の記述は，トランジスタの電気的特性について述べたものである．［　］内に入れるべき字句の正しい組合せを下の番号から選べ．

(1) ベース接地回路の高周波特性を示すα遮断周波数f_αは，コレクタ電流とエミッタ電流の比αが低周波のときの値より［ A ］〔dB〕低下する周波数である．
(2) エミッタ接地回路の高周波特性を示すトランジション周波数f_Tは，電流増幅率βの絶対値が［ B ］となる周波数である．このときのトランジション周波数f_Tは，［ C ］ともいわれる．

	A	B	C		A	B	C
1	3	3	占有周波数帯幅	2	3	1	利得帯域幅積
3	3	3	利得帯域幅積	4	6	1	利得帯域幅積
5	6	3	占有周波数帯幅				

問 72

正解 □ 完璧 □ 直前CHECK □

次の記述は，図に示す半導体素子について述べたものである．このうち誤っているものを下の番号から選べ．

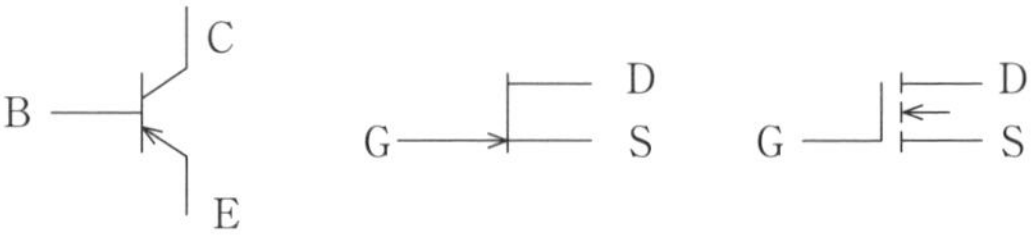

図1　図2　図3

1　図1は，接合形トランジスタのPNP形である．
2　図2は，接合形FETのNチャネル形である．
3　図1は，ユニポーラ形，図3はバイポーラ形トランジスタである．
4　図3は，MOS形FETのNチャネルエンハンスメント形である．
5　図2と図3のFETをソース接地増幅器として用いるとき，入力インピーダンスが高いのは，図3のFETである．

解答
問66→2　問67→ア−1 イ−4 ウ−9 エ−7 オ−6
問68→3　問69→1　問70→4

ミニ解説
問66　1：ホトトランジスタ　3：サーミスタ
4：発光ダイオード　5：バラクタダイオード

問 73

正解 完璧 直前CHECK

次の記述は，避雷器に用いられるサージ防護デバイスについて述べたものである．□内に入れるべき字句の正しい組合せを下の番号から選べ．

(1) サージ防護デバイスは，雷などによるサージ電圧から機器を保護するための素子であり，規定電圧値［A］の電圧が加わった場合に電流が流れ，素子の両端の電圧［B］働きを持っている．

(2) サージ防護デバイスとして，ガス入り放電管や金属酸化物バリスタなどが用いられる．このうち［C］は電極間の静電容量が小さく，小形でも大きな電流が流せるので，アンテナ系と送信機の間に接続する同軸避雷器のサージ防護デバイスに適している．

	A	B	C
1	以下	の上昇を制限する	ガス入り放電管
2	以下	を零にする	金属酸化物バリスタ
3	以上	の上昇を制限する	金属酸化物バリスタ
4	以上	を零にする	金属酸化物バリスタ
5	以上	の上昇を制限する	ガス入り放電管

問 74

正解 完璧 直前CHECK

次の記述は，トランジスタの電気的特性について述べたものである．□内に入れるべき字句の正しい組合せを下の番号から選べ．

(1) トランジスタの高周波特性を示すα遮断周波数は，ベース接地回路のコレクタ電流とエミッタ電流の比αが低周波のときの値より［A］低下する周波数である．

(2) トランジスタの高周波特性を示すトランジション周波数は，エミッタ接地回路の電流増幅率βの絶対値が［B］となる周波数である．

(3) コレクタ遮断電流は，エミッタを［C］して，コレクタ・ベース間に逆方向電圧（一般的には最大定格電圧）を加えたときのコレクタに流れる電流である．

	A	B	C
1	6〔dB〕	1	短絡
2	6〔dB〕	$\sqrt{2}$	開放
3	6〔dB〕	$\sqrt{2}$	短絡
4	3〔dB〕	$\sqrt{2}$	短絡
5	3〔dB〕	1	開放

問題

問 75　正解 □　完璧 □　直前CHECK □

次の記述は，トランジスタの周波数特性について述べたものである．□内に入れるべき字句の正しい組合せを下の番号から選べ．

トランジスタの電流増幅率の大きさが，その周波数特性の平坦部における値の［A］になるときの周波数を［B］周波数という．この周波数が［C］ほど高周波特性の良いトランジスタである．

	A	B	C
1	$1/\sqrt{2}$	遮断	高い
2	$1/\sqrt{2}$	トランジション	高い
3	$1/\sqrt{2}$	遮断	低い
4	1/2	トランジション	低い
5	1/2	遮断	高い

問 76　正解 □　完璧 □　直前CHECK □

次の記述は，バイポーラトランジスタと比べたときの接合形電界効果トランジスタ(FET)の一般的な特徴について述べたものである．□内に入れるべき字句を下の番号から選べ．ただし，バイポーラトランジスタはエミッタ接地を用い，FETはソース接地で用いるものとする．

(1) ゲート電圧でドレイン［ア］を制御する［イ］制御形の素子である．
(2) 入力インピーダンスは［ウ］，また，雑音が少なく，熱暴走は起き［エ］．
(3) ゲート電圧は［オ］に加えられる．

1	高く	2	電圧	3	にくい	4	順方向	5	温度
6	低く	7	電流	8	やすい	9	逆方向	10	整流

解答　問71→2　問72→3　問73→5　問74→5

ミニ解説

問72　図1は，２種類の半導体をPNP構造に接合したバイポーラ形，図３はNチャネルの１種類の半導体でチャネルが構成されたユニポーラ形トランジスタである．記号の矢印はNの方向を向いている．

問題

問 77

正解 □ 完璧 □ 直前CHECK □

次の記述は，電界効果トランジスタ（FET）について述べたものである．このうち正しいものを1，誤っているものを2として解答せよ．

ア　FETは，代表的なバイポーラトランジスタである．
イ　二つのゲートを持つFETを，デュアルゲートFETという．
ウ　FETは，接合形とMOS形に大別される．
エ　ガリウムヒ素（GaAs）FETは，マイクロ波高出力増幅器に用いられている．
オ　構造が，金属（ゲート）－酸化膜（絶縁物）－半導体の接触により形成されているものを接合形FETという．

問 78

正解 □ 完璧 □ 直前CHECK □

次の記述は，電界効果トランジスタ（FET）の特徴について述べたものである．このうち誤っているものを下の番号から選べ．

1　FETは，ゲートに加える電圧によって，多数キャリアの流れを制御する電圧制御形のユニポーラトランジスタである．
2　接合形FETは，ゲートとチャネルの間が酸化膜（S_iO_2）を介して絶縁されており，入力インピーダンスが非常に高い．
3　化合物半導体を用いたGaAs FETは，高周波低雑音用や高周波高出力用の増幅素子に適している．
4　CMOS形FETは，Nチャネル形とPチャネル形のMOS形FETを組み合わせたFETで，論理回路等に用いられ，消費電力が極めて少ない．

問 79

正解 □ 完璧 □ 直前CHECK □

次の記述は，電界効果トランジスタ（FET）について述べたものである．□内に入れるべき字句の正しい組合せを下の番号から選べ．

(1) トランジスタを大別するとバイポーラトランジスタとユニポーラトランジスタの二つがあり，このうちFETは［ア］トランジスタに属する．また，FETの構造が，金属－酸化膜（絶縁物）－半導体により構成されているものを［イ］形FETという．

(2) シリコン半導体に代わり，化合物半導体の［ウ］を用いたFETは，電子移動度が［エ］，［オ］特性が優れているため，マイクロ波の高出力増幅器等に広く用いられている．

1 ユニポーラ　2 小さく　3 ニッケルカドミウム（NiCd）
4 高周波　5 MOS　6 バイポーラ
7 大きく　8 ガリウムヒ素（GaAs）　9 低周波　10 接合

問 80

正解 □ 完璧 □ 直前CHECK □

電界効果トランジスタ（FET）の相互コンダクタンスg_mを表す式として，正しいものを下の番号から選べ．ただし，ドレイン電流の変化分をΔI_D，ゲート・ソース間電圧の変化分をΔV_{GS}およびゲート・ドレイン間電圧の変化分をΔV_{GD}とし，ドレイン・ソース間の電圧V_{DS}は一定とする．

1 $g_m=\dfrac{\Delta I_D}{\Delta V_{GS}}$　2 $g_m=\dfrac{\Delta V_{GS}}{\Delta I_D}$　3 $g_m=\dfrac{\Delta I_D}{\Delta V_{GD}}$

4 $g_m=\dfrac{\Delta V_{GD}}{\Delta V_{GS}}$　5 $g_m=\dfrac{\Delta V_{GD}}{\Delta I_D}$

解答
問75→1　問76→ア－7 イ－2 ウ－1 エ－3 オ－9
問77→ア－2 イ－1 ウ－1 エ－1 オ－2　問78→2

ミニ解説
問75　電流増幅率が$1/\sqrt{2}$になるのをdBで表すと3〔dB〕低下．
問77　ア：ユニポーラトランジスタ　オ：MOS形FET
問78　2：MOS形FET

問題

問 81

正解　完璧　直前CHECK

図に示す増幅回路において，入力端子に入る信号電力をS_I，このとき同時に入る雑音電力をN_I，また，出力端子から出る信号電力をS_O，このとき同時に出る雑音電力をN_Oとするとき，この増幅回路の性能を示す雑音指数（NF）を表す式として，正しいものを下の番号から選べ．

1　$NF = S_I N_I / S_O N_O$
2　$NF = S_O N_O / S_I N_I$
3　$NF = (S_I / N_I) / (S_O / N_O)$
4　$NF = (S_O / N_O) / (S_I / N_I)$

問 82

正解　完璧　直前CHECK

図に示すトランジスタ回路のベースバイアス用電源およびコレクタ用電源の極性として，正しいものを下の番号から選べ．ただし，A級増幅とする．

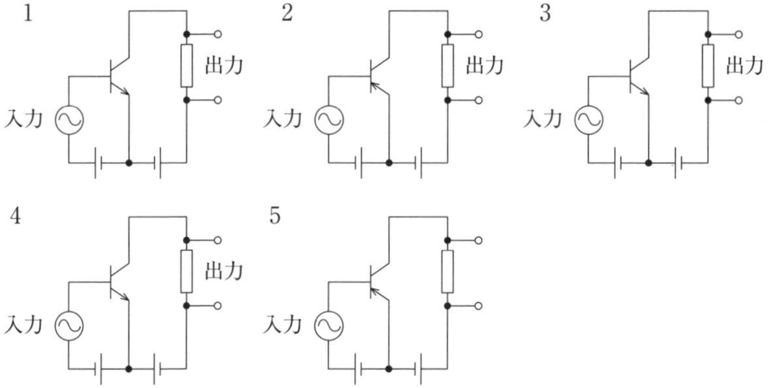

問 83　　正解 □　完璧 □　直前CHECK □

次の記述は，図に示すエミッタホロワ増幅回路について述べたものである．［　　］内に入れるべき字句を下の番号から選べ．ただし，抵抗R_1，R_2および静電容量C_1，C_2の影響は無視するものとする．

(1) 電圧増幅度A_Vの大きさは，約［ア］である．
(2) 入力電圧と出力電圧の位相は，［イ］である．
(3) 入力インピーダンスは，エミッタ接地増幅回路と比べて［ウ］．
(4) この回路は，［エ］接地増幅回路ともいう．
(5) この回路は，［オ］変換回路としても用いられる．

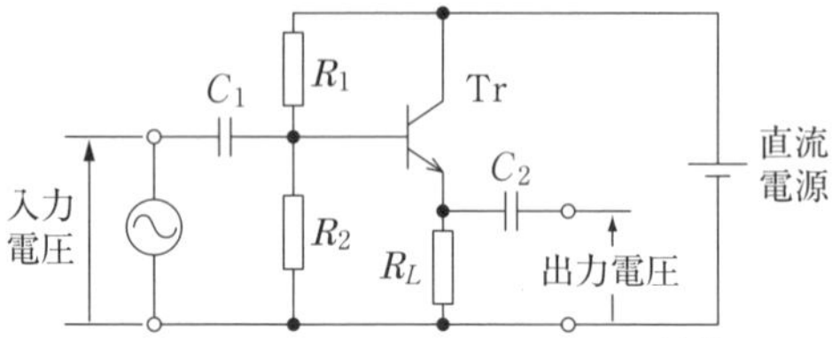

R_L：抵抗
Tr：トランジスタ

1	1	2	同相	3	低い	4	コレクタ	5	電圧
6	10	7	逆相	8	高い	9	ベース	10	インピーダンス

問 84　解説あり!　　正解 □　完璧 □　直前CHECK □

ある増幅回路において，入力電圧が1〔mV〕のとき，出力電圧が1〔V〕であった．このときの電圧利得の値として，正しいものを下の番号から選べ．

1　90〔dB〕　　2　60〔dB〕　　3　50〔dB〕　　4　30〔dB〕　　5　10〔dB〕

▼解答

解答 問79→ア－1　イ－5　ウ－8　エ－7　オ－4　問80→1　問81→3
問82→1

問 85　解説あり!

正解 □　完璧 □　直前CHECK □

図に示すエミッタ接地トランジスタ増幅回路の簡易等価回路において，入力インピーダンスがh_i〔Ω〕，電流増幅率がh_f，負荷抵抗がR_L〔Ω〕のとき，この回路の電圧増幅度Aを表す式として，正しいものを下の番号から選べ．

1　$A = -h_f$
2　$A = -h_f R_L$
3　$A = -h_f / h_i$
4　$A = -h_f R_L / h_i$
5　$A = -h_f^2 R_L / h_i$

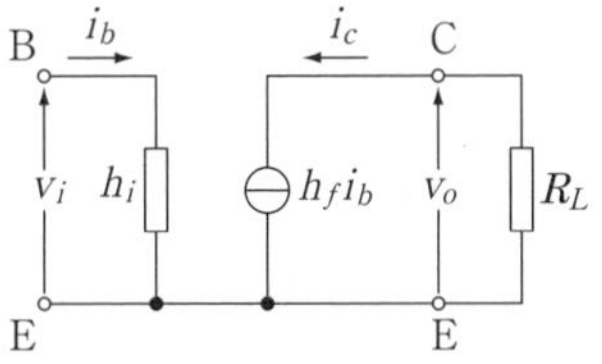

B：ベース
C：コレクタ
E：エミッタ
i_b：ベース電流
i_c：コレクタ電流
v_i：入力電圧
v_o：出力電圧

ヒント： 電流によって発生する電圧の向きは，v_iは上が＋，v_oは上がーになるので，増幅度はーとなる．

問 86　解説あり!

正解 □　完璧 □　直前CHECK □

図に示す電界効果トランジスタ（FET）増幅器の等価回路において，相互コンダクタンスg_mが8〔mS〕，ドレイン抵抗r_dが20〔kΩ〕，負荷抵抗R_Lが5〔kΩ〕のとき，この回路の電圧増幅度V_{ds}/V_{gs}の大きさの値として，正しいものを下の番号から選べ．ただし，コンデンサC_1およびC_2のリアクタンスは，増幅する周波数において十分小さいものとする．

1　40
2　32
3　16
4　12
5　8

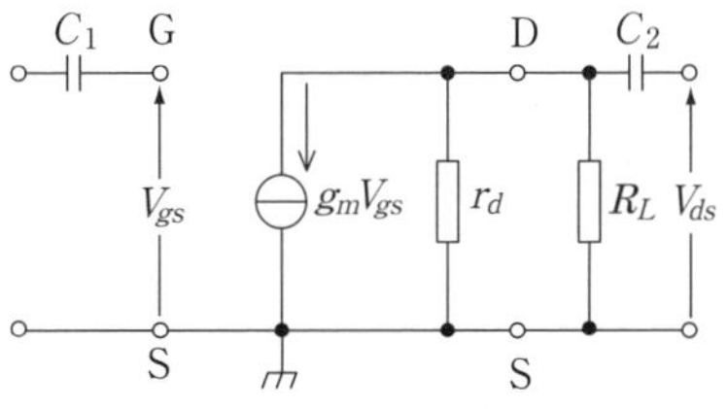

G：ゲート
D：ドレイン
S：ソース
V_{gs}：入力交流電圧
V_{ds}：出力交流電圧

解説 → 問84

入力電圧を$V_I = 1$〔mV〕$= 1 \times 10^{-3}$〔V〕，出力電圧をV_O〔V〕とすると，増幅回路の電圧利得A_V（真数）は，次式で表される．

$$A_V = \frac{V_O}{V_I} = \frac{1}{1 \times 10^{-3}} = 1 \times 10^3$$

デシベルで表すと，

$$A_{dB} = 20 \log A_V = 20 \log 10^3 = 20 \times 3 = 60 \text{〔dB〕}$$

解説 → 問85

電圧増幅度Aは，出力電圧v_oと入力電圧v_iの比だから次式で表される．

$$A = \frac{v_o}{v_i} = \frac{-i_c R_L}{h_i i_b}$$

$$= -\frac{h_f i_b R_L}{h_i i_b} = -\frac{h_f R_L}{h_i}$$

解説 → 問86

コンデンサのリアクタンスが小さいという条件から，信号の周波数の交流で表した等価回路では，コンデンサは短絡しているもの（0〔Ω〕）と考えることができる．

ドレイン電流i_dは，次式で表される．

$$i_d = g_m V_{gs}$$

r_dとR_Lの並列合成抵抗R_Pは，次式で表される．

$$R_P = \frac{r_d R_L}{r_d + R_L} = \frac{20 \times 5}{20 + 5} = \frac{100}{25} = 4 \text{〔kΩ〕} = 4 \times 10^3 \text{〔Ω〕}$$

ドレイン電流をi_dとすると出力電圧V_{ds}は，次式で表される．

$$V_{ds} = i_d R_P = g_m V_{gs} R_P$$

よって，電圧増幅度A_Vは，

$$A_V = \frac{V_{ds}}{V_{gs}} = g_m R_P = 8 \times 10^{-3} \times 4 \times 10^3 = 32$$

解答 問83→ア−1　イ−2　ウ−8　エ−4　オ−10　問84→2　問85→4
問86→2

問 87 解説あり!

正解 完璧 直前CHECK

図に示す構成において，入力電力が22〔W〕，電力増幅器の利得が10〔dB〕および整合器の損失が1〔dB〕のとき，出力電力の値として，最も近いものを下の番号から選べ.

1　120〔W〕
2　152〔W〕
3　176〔W〕
4　200〔W〕
5　275〔W〕

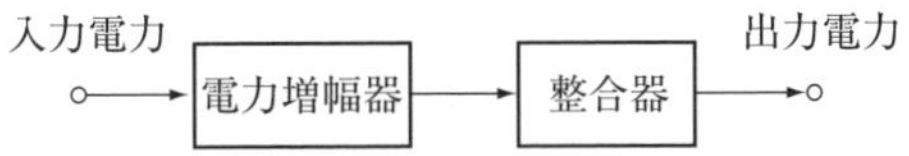

ヒント： 増幅器や減衰器が接続されたときのdBの計算は，和または差で求める.

問 88

正解 完璧 直前CHECK

次の記述は，低周波電力増幅回路の原理図について述べたものである. ＿＿内に入れるべき字句の正しい組合せを下の番号から選べ.

(1) 図の回路は，出力トランスを使わないですむように工夫されており，OTLプッシュプル回路またはSEPP回路と呼ばれる. 特性のそろったNPN形とPNP形のトランジスタが用いられているため，［ A ］回路とも呼ばれる.
(2) 図の回路をB級で動作させるときは，トランジスタの入力特性の非線形による［ B ］ひずみを除去するために，二つのトランジスタをそれぞれ順方向にバイアスして，無信号状態においてわずかに［ C ］電流が流れるようにしている.

	A	B	C
1	ダーリントン	クロスオーバー	コレクタ
2	ダーリントン	第2高調波	ベース
3	BTLPP	クロスオーバー	エミッタ
4	コンプリメンタリ	第2高調波	コレクタ
5	コンプリメンタリ	クロスオーバー	ベース

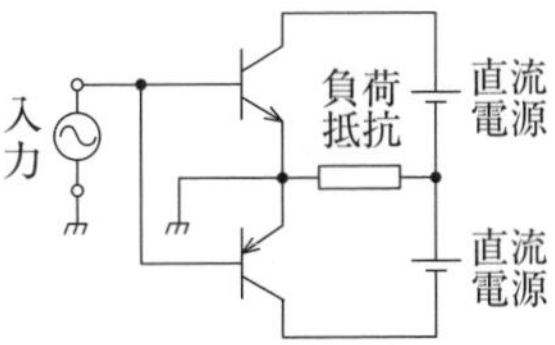

解説→問87

電力増幅器の利得をG_A〔dB〕，整合器の損失をL〔dB〕とすると，総合利得のデシベル値G_{dB}〔dB〕は，

$$G_{dB}=G_A-L=10-1=9\text{〔dB〕}$$

G_{dB}の真数をGとすると，$G_{dB}=10\log_{10}G$より，

$$\begin{aligned}9&=3+3+3\\&\fallingdotseq 10\log_{10}2+10\log_{10}2+10\log_{10}2\\&=10\log_{10}(2\times2\times2)\\&=10\log_{10}8\end{aligned}$$

よって，$G=8$

入力電力をP_I，出力電力をP_Oとすると，

$$P_O=GP_I=8\times22=176\text{〔W〕}$$

デシベル

電力増幅度G（真数）をデシベルG_{dB}で表すには，ログの計算を用いる．

$$G_{dB}=10\log_{10}G\text{〔dB〕}$$

電圧増幅度A_VをデシベルA_{dB}で表すと，

$$A_{dB}=20\log_{10}A_V\text{〔dB〕}$$

ここで，$\log_{10}$（または単に$\log$）は常用対数であり，$x=10^y$の関係があるとき，次式で表される．

$$y=\log_{10}x$$

logの公式および数値を次に示す．

$$\log_{10}(ab)=\log_{10}a+\log_{10}b$$

$$\log_{10}\frac{a}{b}=\log_{10}a-\log_{10}b$$

$$\log_{10}a^b=b\log_{10}a$$

x	1/10	1/2	1	2	3	4	5	10	20	100
$\log_{10}x$	−1	−0.301	0	0.301	0.4771	0.602	0.699	1	1.301	2

数値は約の値もある

解答　問87→3　問88→5

問 89

正解 完璧 直前CHECK

次の記述は，図に示す構成の電力増幅回路について述べたものである．□内に入れるべき字句の正しい組合せを下の番号から選べ．

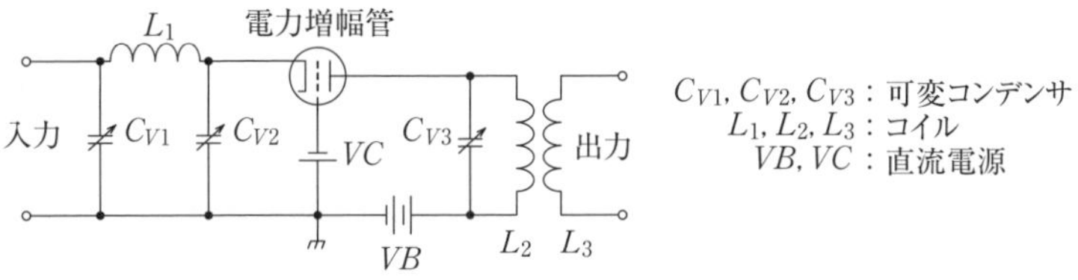

(1) この電力増幅回路は，3極電子管を用いた［A］増幅回路であり，トランジスタを用いた［B］増幅回路に相当し，入出力間の結合容量が小さく，中和回路がほとんど不要で，安定に動作する．

(2) SSB (J3E) 送信機の終段増幅回路に用いる場合は，［C］増幅として動作させる．

	A	B	C
1	グリッド接地	ベース接地	B級またはAB級
2	グリッド接地	ベース接地	C級
3	グリッド接地	エミッタホロワ	C級
4	カソードホロワ	エミッタホロワ	B級またはAB級
5	カソードホロワ	ベース接地	C級

問 90

正解 完璧 直前CHECK

図に示す直列（電流）帰還直列注入形の負帰還増幅回路において，負帰還をかけない状態から負帰還をかけた状態に変えると，この回路の入力インピーダンスZ_iおよび出力インピーダンスZ_oの値はそれぞれどのように変化するか．Z_iとZ_oの値の変化の組合せとして，正しいものを下の番号から選べ．

	Z_i	Z_o
1	減少する	増加する
2	減少する	減少する
3	増加する	減少する
4	増加する	増加する

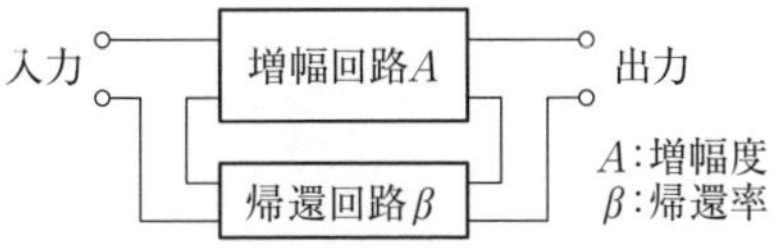

問題

問 91 解説あり！ 正解 完璧 直前CHECK

図に示す演算増幅器（オペアンプ）を使用した反転形電圧増幅回路の電圧利得が40〔dB〕のとき，帰還回路の抵抗Rの値として，正しいものを下の番号から選べ．

1　30〔kΩ〕
2　50〔kΩ〕
3　100〔kΩ〕
4　200〔kΩ〕
5　300〔kΩ〕

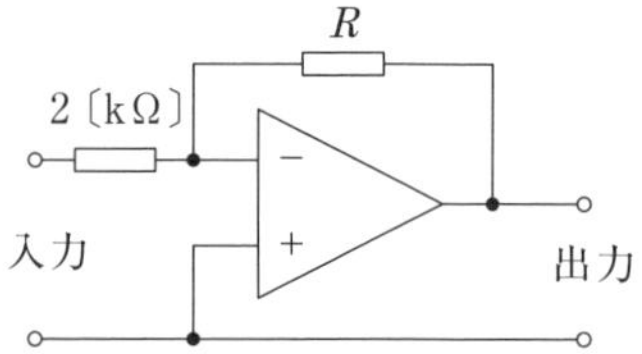

ヒント： 電圧増幅度A_V（真数）のdB値　　$A_{dB}=20\log_{10}A_V$

問 92 解説あり！ 正解 完璧 直前CHECK

図に示す負帰還増幅回路において，負帰還をかけないときの電圧増幅度Aを100（真値）および帰還回路の帰還率βを0.2としたとき，負帰還をかけたときの増幅度の値として，最も近いものを下の番号から選べ．

1　0.2
2　4.8
3　8.6
4　12.0
5　80.0

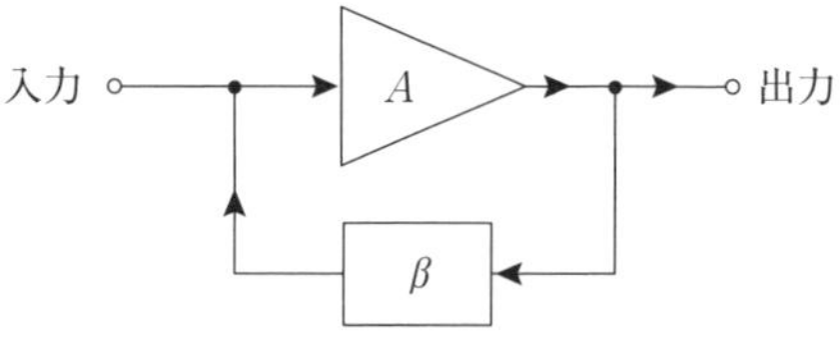

ヒント： 負帰還増幅回路の増幅度　　$A_F=\dfrac{A}{1+A\beta}$

解答 問89→1　問90→4

問 93

正解 □ 完璧 □ 直前CHECK □

次の記述は，FET増幅回路について述べたものである．□内に入れるべき字句の正しい組合せを下の番号から選べ．

(1) FET増幅回路は，ソース接地，ドレイン接地，およびゲート接地の三つの方式がある．
(2) ソース接地増幅回路は，バイポーラトランジスタの［A］接地増幅回路に相当し，最も多く用いられている．
(3) ドレイン接地増幅回路の電圧増幅度は1より小さいが，出力インピーダンスが［B］ので，インピーダンス変換回路に用いられる．
(4) ゲート接地増幅回路は，出力側から入力側への帰還が［C］ので，高周波増幅に適している．

	A	B	C
1	エミッタ	大きい	多い
2	エミッタ	小さい	少ない
3	エミッタ	大きい	少ない
4	コレクタ	小さい	少ない
5	コレクタ	大きい	多い

問 94

正解 □ 完璧 □ 直前CHECK □

次の記述は，電圧増幅度がAの演算増幅器（オペアンプ）の基本的な入出力関係について述べたものである．□内に入れるべき字句の正しい組合せを下の番号から選べ．ただし，入力電圧V_iはオペアンプがひずみ無く増幅する範囲とする．

(1) 図1に示すようにV_i〔V〕を「−」端子に加えたとき，出力電圧V_oは大きさがV_iのA倍で，位相がV_iと［A］となる．
(2) 図2に示すようにV_i〔V〕を「＋」端子と「−」端子に共通に加えたとき，出力電圧V_oの大きさはほぼ［B］である．

	A	B
1	同位相	V_iA〔V〕
2	同位相	0〔V〕
3	逆位相	0〔V〕
4	逆位相	V_iA〔V〕

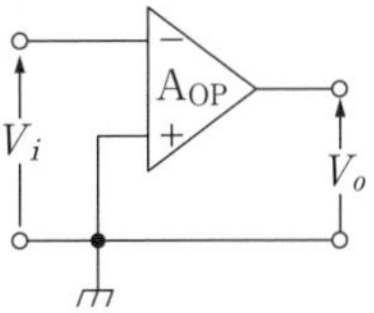

図 1

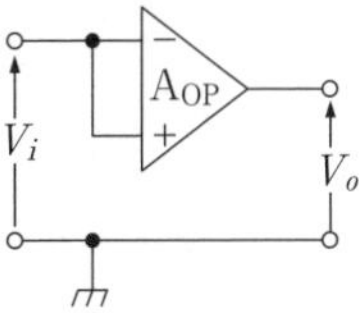

図 2

AOP：オペアンプ

解説 → 問91

電圧増幅度A_V（真数）をデシベルA_{dB}で表すと，次式で表される．

$$A_{dB} = 20\log_{10} A_V \text{〔dB〕}$$

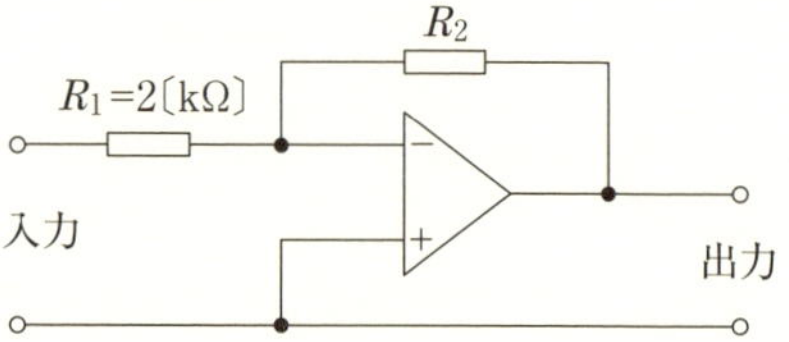

題意の数値を代入すると，

$$40 = 20\log_{10} A_V$$

$$2 = \log_{10} A_V$$

したがって，

$$A_V = 10^2 = 100$$

また，解説図の抵抗R_1〔kΩ〕，R_2〔kΩ〕より，電圧増幅度A_V（真数）は，次式で表される．

$$A_V = \frac{R_2}{R_1}$$

数値を代入して，R_2〔kΩ〕の値を求めると，

$$R_2 = A_V R_1$$

$$= 100 \times 2 = 200 \text{〔kΩ〕}$$

解説 → 問92

負帰還回路全体の増幅度A_Fは，増幅器単体の増幅度をA，帰還率をβとすると，次式で表される．

$$A_F = \frac{A}{1 + A\beta}$$

$$= \frac{100}{1 + 100 \times 0.2}$$

$$= \frac{100}{1 + 20} \fallingdotseq 4.8$$

解答 問91 → 4　問92 → 2　問93 → 2　問94 → 3

問題

問 95

正解 □ 完璧 □ 直前CHECK □

次の記述は，水晶発振器の発振周波数の安定度を良くする方法について述べたものである．このうち誤っているものを下の番号から選べ．

1　発振器と負荷をなるべく密結合の状態にする．
2　発振器に加わる機械的衝撃や振動を軽減する．
3　発振器または水晶発振子を恒温槽に入れる．
4　発振器の電源に定電圧回路を用いる．

問 96

正解 □ 完璧 □ 直前CHECK □

次の記述は，位相同期ループ（PLL）について述べたものである．□内に入れるべき字句の正しい組合せを下の番号から選べ．

PLLは，二つの入力信号を比較する**位相比較器**，この出力に含まれる不要な成分を除去するための［A］およびその出力に応じた周波数を発振する［B］の三つの主要部分で構成される．また，これを用いて［C］を作ることができる．

	A	B	C
1	低域フィルタ（LPF）	水晶発振器	ノイズブランカ
2	低域フィルタ（LPF）	電圧制御発振器	周波数シンセサイザ
3	低域フィルタ（LPF）	電圧制御発振器	ノイズブランカ
4	高域フィルタ（HPF）	水晶発振器	周波数シンセサイザ
5	高域フィルタ（HPF）	電圧制御発振器	ノイズブランカ

問 97

正解 □ 完璧 □ 直前CHECK □

図は，3端子接続形のトランジスタ発振回路の原理的構成を示したものである．この回路が発振するときのリアクタンスX_1，X_2およびX_3の特性の正しい組合せを下の番号から選べ．

	X_1	X_2	X_3
1	誘導性	容量性	誘導性
2	誘導性	誘導性	容量性
3	容量性	容量性	容量性
4	容量性	誘導性	誘導性

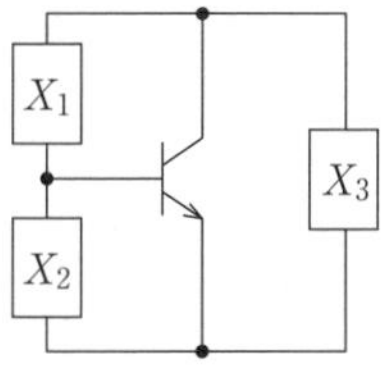

注：**太字**は，ほかの試験問題で穴あきになった用語を示す．

問 98 解説あり！ 正解 完璧 直前CHECK

図に示すハートレー発振回路の原理図において，コンデンサCの静電容量が36〔%〕減少したときの発振周波数は何〔%〕変化するか．正しいものを下の番号から選べ．

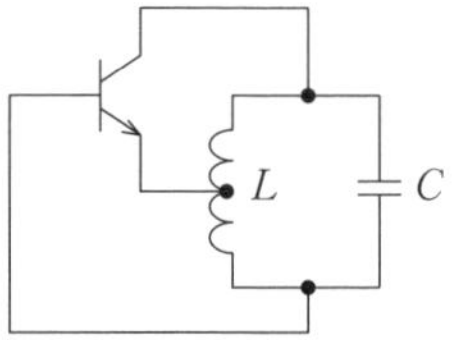

1　18〔%〕　　2　25〔%〕　　3　30〔%〕
4　36〔%〕　　5　64〔%〕

▼解答

問 99 解説あり！ 正解 完璧 直前CHECK

アナログ信号を標本化周波数8,000〔Hz〕で標本化し，8ビットで量子化したときのビットレートの値として，正しいものを下の番号から選べ．ただし，ビットレートは，デジタル通信で用いる通信速度であり，1秒間に伝送されるビット数を表す．

1　16,000〔bps〕　　2　32,000〔bps〕　　3　64,000〔bps〕
4　128,000〔bps〕　　5　256,000〔bps〕

問 100 解説あり！ 正解 完璧 直前CHECK

図に示す位相同期ループ（PLL）回路を用いた周波数シンセサイザ発振器において，可変分周器の分周比（N）が16のときの出力周波数f_0の値として，正しいものを下の番号から選べ．ただし，基準発振器の出力周波数は1〔MHz〕および固定分周器の分周比（M）は8とする．

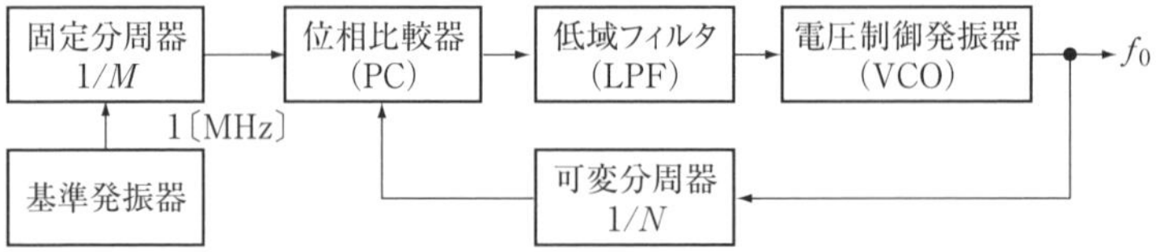

1　1.2〔MHz〕　　2　2.0〔MHz〕　　3　3.6〔MHz〕
4　4.4〔MHz〕　　5　5.8〔MHz〕

解答　問95→1　問96→2　問97→4

問題

問 101

正解 □　完璧 □　直前CHECK □

次の記述は，アナログ信号をPCM信号に符号化する変換例について述べたものである．□内に入れるべき字句の正しい組合せを下の番号から選べ．ただし，量子化ステップを1〔V〕とする．

(1) 標本化とは，図に示すアナログ信号の波形を［ A ］のように，非常に短い一定の時間間隔の波形に切り取ることである．

(2) 量子化とは，図に示すアナログ信号の波形を一定の時間間隔で切り取った後，［ B ］のように，量子化ステップ毎に定められた電圧に割り付けることである．

(3) 符号化とは，定められた数値を［ C ］のように，特定の符号に置き換えることである．

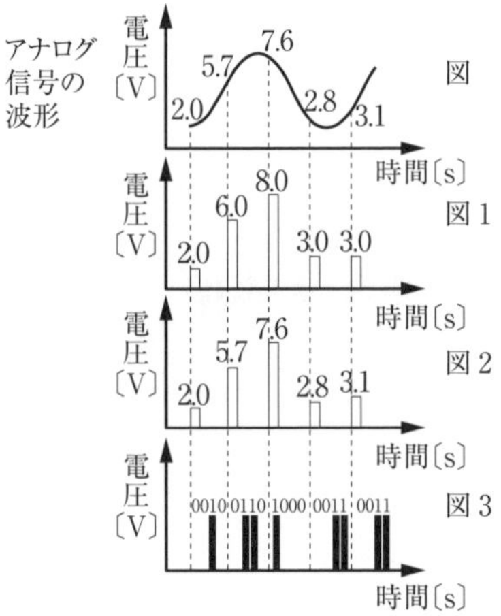

	A	B	C
1	図1	図2	図3
2	図1	図3	図2
3	図2	図3	図1
4	図2	図1	図3
5	図3	図1	図2

問 102

正解 □　完璧 □　直前CHECK □

図1に示すパルス幅T〔s〕の方形波電圧を図2に示す微分回路の入力に加えたとき，出力に現れる電圧波形として，最も近いものを下の番号から選べ．ただし，tは時間を示し，時定数$\dfrac{L}{R}<T$とする．

図 1

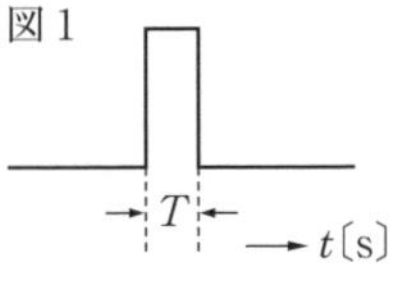

図 2

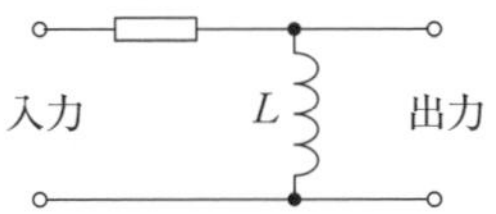

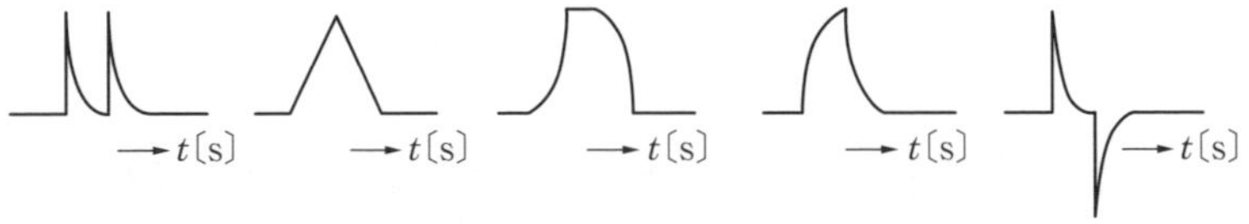

解説 → 問98

コイルLとコンデンサCで構成された発振回路の発振周波数f〔Hz〕は，

$$f=\frac{1}{2\pi\sqrt{LC}}\text{〔Hz〕}$$

で表される．

Cが36〔%〕減少した値は，$0.64C$だから，これを代入すると，

$$f_1=\frac{1}{2\pi\sqrt{L\times 0.64C}}$$

$$=\frac{1}{\sqrt{0.8^2}}\times\frac{1}{2\pi\sqrt{LC}}=\frac{1}{0.8}f=1.25f\text{〔Hz〕}$$

よって，25〔%〕増加する．

解説 → 問99

アナログ信号を標本化周波数f_S〔Hz〕で標本化し，nビットで量子化したときのビットレートは，次式で表される．

nf_S〔bps〕

題意の数値を代入すると，求めるビットレートは，

$nf_S=8\times 8{,}000=64{,}000$〔bps〕

解説 → 問100

基準発振器の出力周波数をf_R〔MHz〕，固定分周器の分周比をM，可変分周器の分周比をNとすると，位相比較器に入力する二つの周波数，f_R/Mとf_0/Nが同じときに位相同期ループ（PLL）回路は，安定するので，出力周波数f_0〔MHz〕は，次式で表される．

$$f_0=\frac{N}{M}\times f_R$$

上式に題意の数値を代入すると，

$$f_0=\frac{16}{8}\times 1=2\text{〔MHz〕}$$

解答　問98→2　問99→3　問100→2　問101→4　問102→5

問 103

正解　完璧　直前CHECK

次の記述は，図に示す特性曲線を持つ水晶発振子について述べたものである．□内に入れるべき字句の正しい組合せを下の番号から選べ．

(1) 水晶発振子は，単純なLC同調回路に比べて尖鋭度(Q)が高く，周波数の精度向上の鍵となるデバイスで，水晶の［A］効果を利用して機械的振動を電気的信号に変換する素子である．

(2) 水晶発振子で発振を起こすには，図の特性曲線の［B］の範囲が用いられ，水晶発振子と外部負荷で共振させる．このとき，水晶発振子自体は，［C］として動作する．

	A	B	C
1	ペルチェ	b	コイル
2	ペルチェ	c	コンデンサ
3	ピエゾ	a	コンデンサ
4	ピエゾ	c	コンデンサ
5	ピエゾ	b	コイル

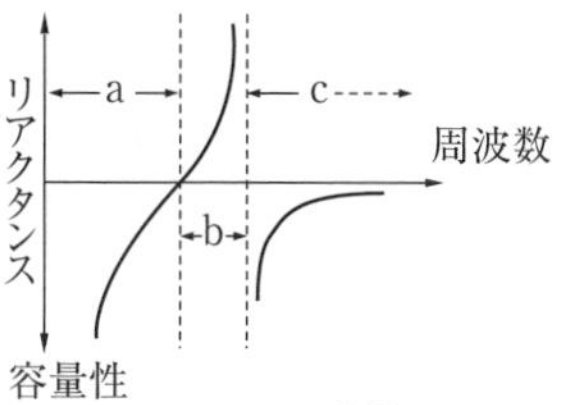

リアクタンス特性

問 104

正解　完璧　直前CHECK

次の記述は，図に示す変調回路について述べたものである．□内に入れるべき字句の正しい組合せを下の番号から選べ．

(1) この回路は平衡変調器に用いられ，［A］変調回路とも呼ばれる．

(2) 信号波入力端子から周波数f_Sの信号波を，搬送波入力端子から周波数f_Cの搬送波を同時に加えると，出力端子には周波数f_C+f_Sと［B］が現れ，f_Sと［C］は現れない．

	A	B	C
1	周波数	f_C-f_S	f_C
2	周波数	f_C+2f_S	f_C-f_S
3	リング	f_C+3f_S	f_C-f_S
4	リング	f_C+2f_S	f_C-f_S
5	リング	f_C-f_S	f_C

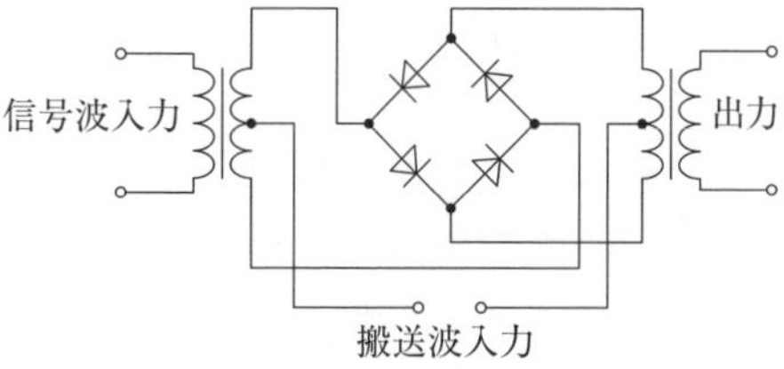

問 105

正解 □ 完璧 □ 直前CHECK □

次の記述は、無線通信機器に使用されている基本的なDSP（デジタルシグナルプロセッサ（Digital Signal Processor））を用いたデジタル信号処理について述べたものである．□内に入れるべき字句の正しい組合せを下の番号から選べ．

(1) デジタル信号処理では，例えば音声のアナログ信号を[A]でデジタル信号に変換してDSPと呼ばれるデジタル信号処理専用のプロセッサに取り込む．
(2) DSPは，信号を[B]するので，複雑な信号処理が可能である．また，処理部の[C]の入れ替えでいくつもの機能を実現できるものもある．

	A	B	C
1	A-D変換器	位相変換	モデム
2	A-D変換器	演算処理	ソフトウエア
3	A-D変換器	位相変換	ソフトウエア
4	D-A変換器	位相変換	ソフトウエア
5	D-A変換器	演算処理	モデム

問 106

正解 □ 完璧 □ 直前CHECK □

次の記述は，パルス符号変調（PCM）方式の原理について述べたものである．□内に入れるべき字句の正しい組合せを下の番号から選べ．ただし，同じ記号の□内には，同じ字句が入るものとする．

(1) 標本化とは，一定の[A]間隔で入力のアナログ信号の振幅を取り出すことをいい，標本化によって取り出したアナログ信号の振幅を，その代表値で近似することを[B]という．
(2) PCMの信号を得るためには，[B]された信号を振幅一定の2進コードなどに[C]する必要がある．

	A	B	C
1	時間	符号化	量子化
2	時間	量子化	符号化
3	周波数	量子化	符号化
4	周波数	符号化	量子化

解答 問103→5　問104→5

問 107

正解 □ 完璧 □ 直前CHECK □

次の記述は，パルス変調方式の原理について述べたものである．[　　]内に入れるべき字句の正しい組合せを下の番号から選べ．

(1) 音声などのアナログ信号を標本化し，振幅を調整したあと，2進数などを用いて符号化パルス列によるデジタル信号に変換する方式を，[A]方式という．

(2) この方式では，元のアナログ信号に含まれる最高周波数の[B]の周波数で標本化を行い，得られた標本値をある振幅間隔で[C]して，2進数などを用いて符号化された一定振幅パルス列によるデジタル信号に変換する．

	A	B	C
1	PWM	1/2以下	パルス化
2	PWM	2倍以上	量子化
3	PWM	1/2以下	量子化
4	PCM	2倍以上	量子化
5	PCM	1/2以下	パルス化

問 108

正解 □ 完璧 □ 直前CHECK □

図に示す論理回路の名称として，正しいものを下の番号から選べ．ただし，正 (+) の電圧を1とした正論理とする．

1 NOR
2 OR
3 AND
4 NAND
5 EX－OR

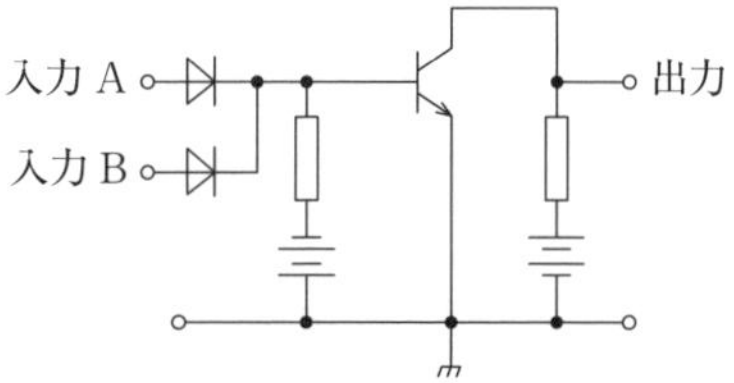

問 109 解説あり! 正解 □ 完璧 □ 直前CHECK □

次の図は，論理式と論理回路の組合せを示したものである．このうち誤っているものを下の番号から選べ．

1　2　3　4　5

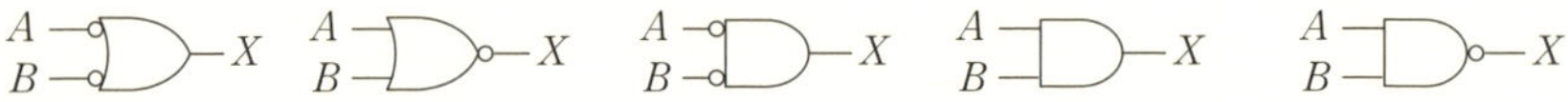

1. $X=\overline{A}\cdot\overline{B}$
2. $X=\overline{A+B}$
3. $X=\overline{A+B}$
4. $X=A\cdot B$
5. $X=\overline{A\cdot B}$

ヒント：$\overline{A+B}=\overline{A}\cdot\overline{B}$　$\overline{A\cdot B}=\overline{A}+\overline{B}$（ド・モルガンの定理）

問 110 解説あり! 正解 □ 完璧 □ 直前CHECK □

図に示す論理回路と同一の動作を行う回路として，正しいものを下の番号から選べ．

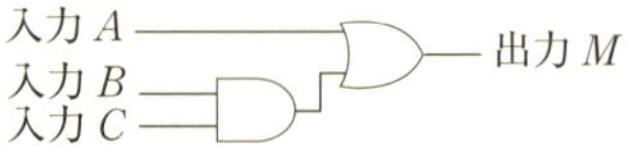

1　2　3　4

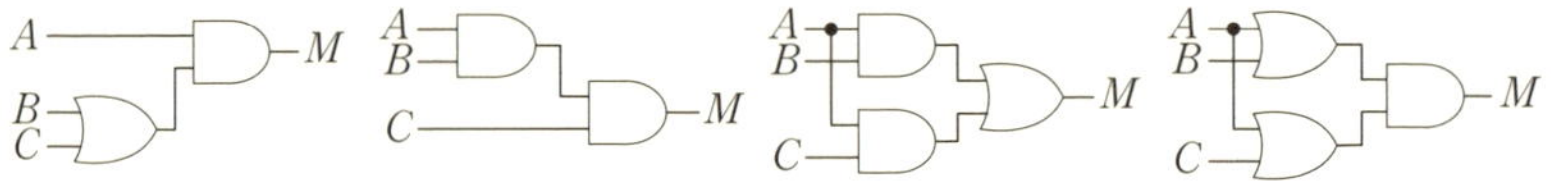

解答　問105→2　問106→2　問107→4　問108→1

ミニ解説

問108　入力A，Bのどちらか，あるいは両方が正「＋」のときにトランジスタに電流が流れて出力電圧は 0〔V〕となるので，OR回路の出力が反転されたNOR回路

問 111 解説あり!

正解 □ 完璧 □ 直前CHECK □

図に示す論理回路の真理値表として，正しいものを下の番号から選べ．

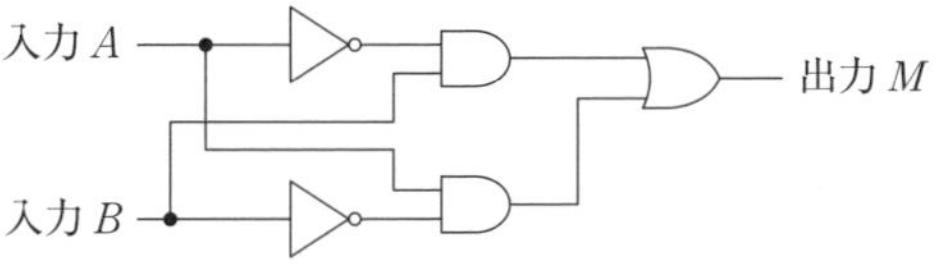

1

A	B	M
0	0	1
0	1	0
1	1	0
1	0	1

2

A	B	M
0	0	0
0	1	1
1	1	1
1	0	0

3

A	B	M
0	0	1
0	1	0
1	1	1
1	0	0

4

A	B	M
0	0	0
0	1	1
1	1	0
1	0	1

問 112

正解 □ 完璧 □ 直前CHECK □

図に示す各論理回路に$X=1$，$Y=0$の入力を加えた場合，各論理回路の出力Fの正しい組合せを下の番号から選べ．

A

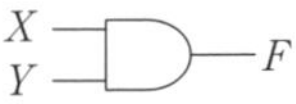

B

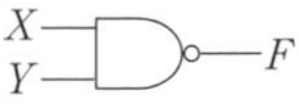

C

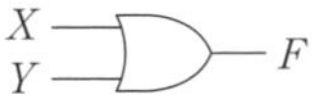

D

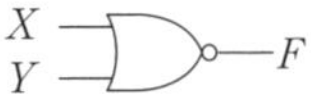

	A	B	C	D
1	0	1	1	0
2	0	0	1	1
3	0	1	0	1
4	1	0	0	1
5	1	0	1	0

解説→問109

選択肢1の回路は，解説図のようにOR回路の入力にNOT回路が付いた回路だから$X=\overline{A}+\overline{B}$の論理式で表される．

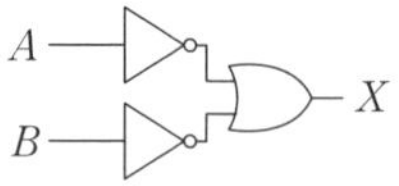

解説→問110

入力A，B，Cが0，1，1のときに出力Mが1になるのは選択肢4の回路．

解説→問111

入力A，Bが0，1または1，0のときのみ出力Mが1となり，選択肢4の動作をする．

論理素子　コンピュータなどに用いられるデジタル回路の基本回路のことで，電圧の高い状態（Hまたは1）および低い状態（Lまたは0）のみの状態で回路を構成する．論理回路の論理素子（論理ゲート）には，NOT（ノット）回路，AND（アンド）回路，NAND（ナンド）回路，OR（オア）回路，NOR（ノア）回路がある．

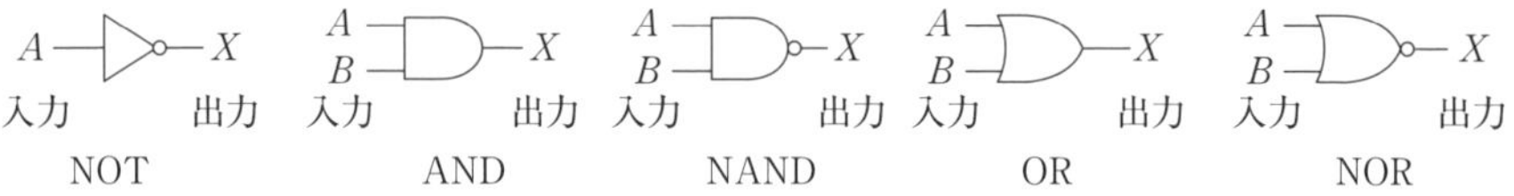

論理素子のシンボル

真理値表　論理素子の入力と出力の状態を表した表である．基本論理回路の真理値表を次に示す．

真理値表

入力		出力　X				
A	B	NOT	AND	NAND	OR	NOR
0	0	1	0	1	0	1
0	1	1	0	1	1	0
1	0	0	0	1	1	0
1	1	0	1	0	1	0
論理式		$\overline{A}=X$	$A\cdot B=X$	$\overline{A\cdot B}=X$	$A+B=X$	$\overline{A+B}=X$

「￣」否定　「+」和　「・」積　NOTのB入力はない．

解答　問109→1　問110→4　問111→4　問112→1

問 113　解説あり!　正解 □ 完璧 □ 直前CHECK □

図に示す振幅変調（AM）波のAの大きさが2〔V〕のときのBの大きさの値として，最も近いものを下の番号から選べ．ただし，変調度は60〔%〕とする．

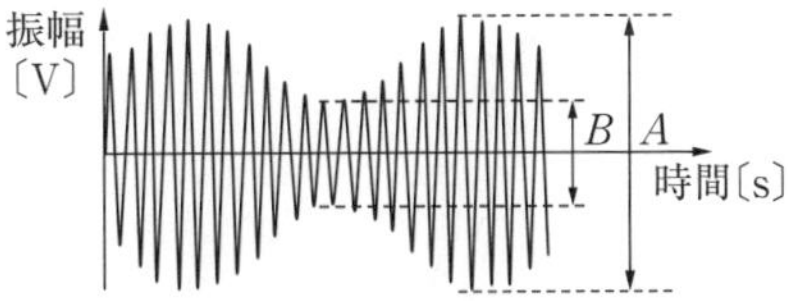

1　1.5〔V〕
2　1.2〔V〕
3　1.0〔V〕
4　0.8〔V〕
5　0.5〔V〕

ヒント： 搬送波の振幅$V_C = \dfrac{A+B}{2}$，信号波の振幅$V_S = \dfrac{A-B}{2}$，変調度$m = \dfrac{V_S}{V_C}$

問 114　解説あり!　正解 □ 完璧 □ 直前CHECK □

AM（A3E）波の平均電力Pを表す式として，正しいものを下の番号から選べ．ただし，搬送波の平均電力をP_C〔W〕，変調度を$m \times 100$〔%〕とする．

1　$P = P_C\left(1 - \dfrac{m^2}{2}\right)$〔W〕
2　$P = P_C\left(1 + \dfrac{m^2}{2}\right)$〔W〕
3　$P = P_C\left(1 + \dfrac{m}{2}\right)$〔W〕
4　$P = \dfrac{m^2}{2} P_C$〔W〕
5　$P = \dfrac{m}{2} P_C$〔W〕

解説→問113

変調度mは，次式で表される．

$$m=\frac{A-B}{A+B}$$

題意の数値を代入すると，

$$0.6=\frac{2-B}{2+B}$$

$$0.6\times(2+B)=2-B$$

$$1.2+0.6B=2-B$$

$$1.6B=2-1.2=0.8$$

したがって，

$$B=\frac{0.8}{1.6}=0.5\,〔\mathrm{V}〕$$

▼解答

解説→問114

振幅変調波の変調度をm，搬送波電圧をV_C〔V〕とすると上側波の電圧V_U〔V〕および下側波の電圧V_D〔V〕は解説図のように表される．

また，搬送波電力をP_C〔W〕とすると上側波の電力P_U〔W〕および下側波の電力P_D〔W〕は解説図のように表される．

振幅変調波の平均電力P〔W〕は，次式で表される．

$$P=P_C+P_U+P_D$$

$$=P_C+\frac{m^2}{4}P_C+\frac{m^2}{4}P_C$$

$$=P_C\left(1+\frac{m^2}{2}\right)〔\mathrm{W}〕$$

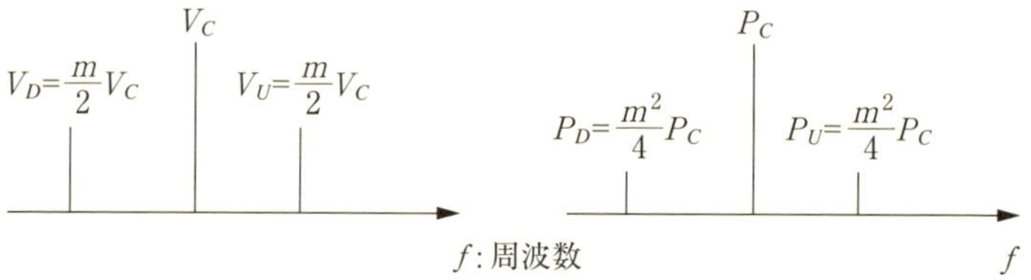

解答　問113→5　問114→2

問 115 解説あり！ 正解□ 完璧□ 直前CHECK□

変調をかけないときの搬送波電力が50〔W〕のAM（A3E）送信機において，単一正弦波で変調度80〔％〕の変調をかけたとき，出力の全電力の値として，正しいものを下の番号から選べ．

1　20〔W〕
2　40〔W〕
3　66〔W〕
4　70〔W〕
5　92〔W〕

> ヒント：変調された電力P，搬送波電力P_C，変調度mより，
> $$P = P_C\left(1 + \frac{m^2}{2}\right)$$

問 116 解説あり！ 正解□ 完璧□ 直前CHECK□

AM（A3E）送信機において，搬送波を単一の正弦波信号で変調したとき，送信機出力の被変調波の平均電力は118〔W〕，変調度は60〔％〕であった．無変調のときの搬送波電力の値として，正しいものを下の番号から選べ．

1　60〔W〕
2　71〔W〕
3　87〔W〕
4　100〔W〕
5　118〔W〕

解説→問115

変調度80〔%〕を真数で表すと$m=0.8$となる．

搬送波電力をP_C〔W〕とすると，変調をかけたときの全電力P〔W〕は，次式で表される．

$$P=P_C\left(1+\frac{m^2}{2}\right)$$
$$=50\left(1+\frac{0.8^2}{2}\right)=50\times1.32=66\text{〔W〕}$$

解説→問116

変調度60〔%〕を真数で表すと$m=0.6$となる．

搬送波電力をP_C〔W〕とすると，変調をかけたときの被変調波の平均電力P〔W〕は，次式で表される．

$$P=P_C\left(1+\frac{m^2}{2}\right)$$

P_Cを求めると，

$$P_C=\frac{P}{\left(1+\dfrac{m^2}{2}\right)}$$
$$=\frac{118}{\left(1+\dfrac{0.6^2}{2}\right)}=\frac{118}{\left(1+\dfrac{0.36}{2}\right)}=\frac{118}{1.18}=100\text{〔W〕}$$

解答 問115→3　問116→4

問 117　解説あり!　正解□　完璧□　直前CHECK□

AM (A3E) 送信機の出力端子において，変調をかけないときの搬送波電圧の振幅値（最大値）が60〔V〕であった．単一の正弦波信号で変調をかけたとき，変調度が50〔%〕になったとすると，このときの変調波電圧の実効値として，正しいものを下の番号から選べ．

1　45〔V〕　　2　55〔V〕　　3　70〔V〕　　4　85〔V〕　　5　90〔V〕

問 118　解説あり!　正解□　完璧□　直前CHECK□

無変調時における送信電力（搬送波電力）が200〔W〕のDSB (A3E) 送信機が，特性インピーダンス50〔Ω〕の同軸ケーブルでアンテナに接続されている．この送信機の変調度を100〔%〕にしたとき，同軸ケーブルに加わる電圧の最大値として，正しいものを下の番号から選べ．ただし，同軸ケーブルの両端は整合がとれているものとする．

1　105〔V〕　　2　141〔V〕　　3　200〔V〕　　4　283〔V〕　　5　400〔V〕

問 119　正解□　完璧□　直前CHECK□

次の記述は，図に示す小電力送信機の終段に用いる π 形結合回路の調整方法について述べたものである．□内に入れるべき字句の正しい組合せを下の番号から選べ．ただし，□内の同じ記号は，同じ字句を示す．

(1) 可変コンデンサ C_2 の静電容量を最大値に設定した後，終段電力増幅器の直流電流計の指示が A となるように，可変コンデンサ C_1 の静電容量を調整する．
(2) 次に，C_2 の静電容量を少し減少させると，アンテナ電流を示す高周波電流計の指示値が B し，終段電力増幅器のコレクタ電流が C する．再度 C_1 を調整して，直流電流計の指示が A となる点を求める．
(3) (2) の操作を繰り返し行い，高周波電流計の指示値が所要の値となるように調整する．

	A	B	C
1	最大	増加	増加
2	最大	減少	減少
3	最大	増加	減少
4	最小	減少	増加
5	最小	増加	増加

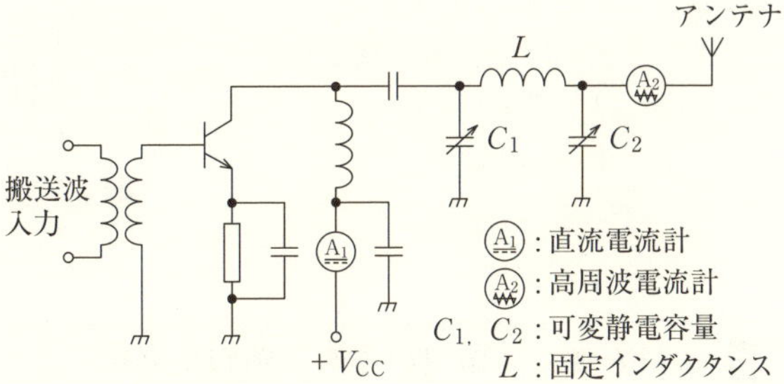

解説 → 問117

搬送波電力をP_C〔W〕，振幅変調波電力をP_{AM}〔W〕，変調度をm（実数比）とすると，

$$P_{AM}=P_C\left(1+\frac{m^2}{2}\right)$$

搬送波電圧の最大値をV_m〔V〕とすると，実効値電圧V_C〔V〕は，次式で表される．

$$V_C=\frac{V_m}{\sqrt{2}}$$

また，電力と実効値電圧の2乗は比例するので，振幅変調波電圧の実効値をV_{AM}〔V〕とすると，

$$V_{AM}{}^2=V_C{}^2\left(1+\frac{m^2}{2}\right)$$

$$=\left(\frac{60}{\sqrt{2}}\right)^2\times\left(1+\frac{0.5^2}{2}\right)=\frac{3{,}600}{2}\times1.125=2{,}025=45\times45$$

したがって，

$$V_{AM}=45\text{〔V〕}$$

解説 → 問118

給電線とアンテナの整合がとれているので，同軸ケーブルのインピーダンスを送信機の負荷抵抗とみなすことができる．

搬送波電力をP_C〔W〕，搬送波電圧の実効値をV_e〔V〕，最大値をV_A〔V〕，同軸ケーブルの特性インピーダンスをZ_0〔Ω〕とすると，

$$P_C=\frac{V_e{}^2}{Z_0}=\left(\frac{V_A}{\sqrt{2}}\right)^2\times\frac{1}{Z_0}$$

$$200=\frac{V_A{}^2}{2\times50}$$

よって，$V_A=\sqrt{200\times100}\fallingdotseq141.4$〔V〕

解説図のように，100〔%〕変調をかけたときの最大電圧V_B〔V〕は，V_Aで表される搬送波電圧の2倍になるので，

$$V_B=2V_A=2\times141.4$$

$$=282.8\fallingdotseq283\text{〔V〕}$$

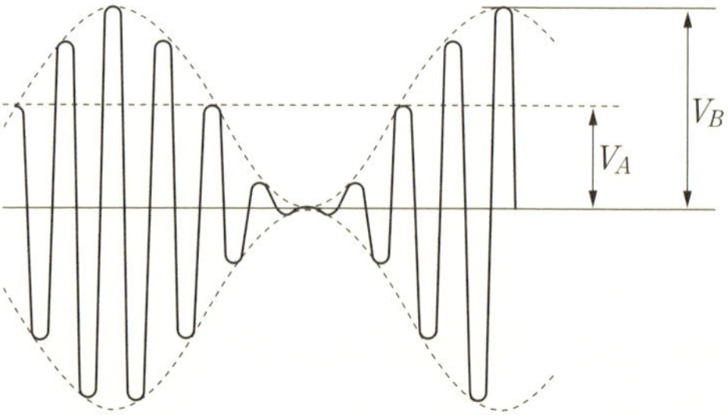

解答 問117 → 1　問118 → 4　問119 → 5

問題

問 120 解説あり! 正解 完璧 直前CHECK

AM電信電話送信機において，電信（A1A）および電話（A3E）の送信せん頭電力が同一のとき，電話（A3E）送信に用いる場合の無変調時の出力電力（搬送波電力）P_Aと，電信（A1A）送信に用いるときの連続信号送信時の出力電力P_Bとの比（P_A /P_B）の値として，正しいものを下の番号から選べ.

1　1/6　　2　1/5　　3　1/4　　4　1/3　　5　1/2

問 121 解説あり! 正解 完璧 直前CHECK

図に示すSSB（J3E）送信機の構成例において，第1帯域フィルタの出力として中心周波数4,500〔kHz〕の上側波帯（USB）が現れ，第2帯域フィルタの出力として中心周波数7,055〔kHz〕の下側波帯（LSB）が現れた．第2局部発振器の発振周波数の値として，正しいものを下の番号から選べ.

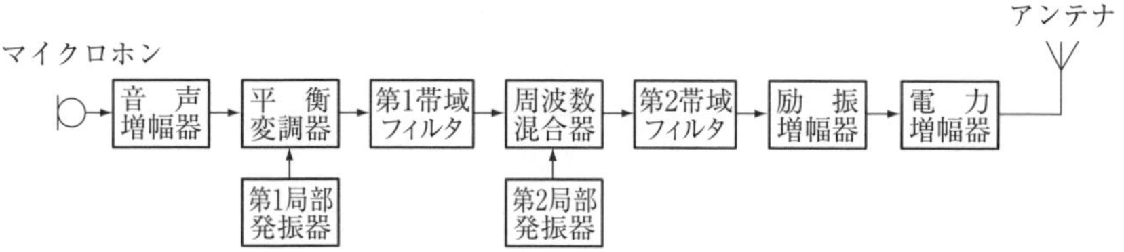

1　2,555　〔kHz〕
2　2,556.5〔kHz〕
3　11,555　〔kHz〕
4　11,556.5〔kHz〕
5　18,730　〔kHz〕

ヒント： SSBが周波数混合により反転するので，第2局部発振器の周波数は，第1帯域フィルタの周波数より高い.

解説 → 問120

振幅変調された電圧（または電流）は変調によって変化するが，このとき変化する電圧（または電流）のせん頭値から，せん頭電力を求めることができる．

電話の変調度が100％のとき，電話送信機の搬送波電圧をV_A〔V〕とするとせん頭電圧V_B〔V〕は，

$$V_B = 2V_A \text{〔V〕}$$

となる．また，せん頭電力が同じ電信送信機の搬送波電圧はV_Bとなる．

電話の無変調時の出力電力P_A〔W〕は，搬送波電圧V_Aの2乗に比例する．同様に電信の場合の出力電力P_B〔W〕は搬送波電圧V_Bの2乗に比例するので，

$$\frac{P_A}{P_B} = \left(\frac{V_A}{V_B}\right)^2$$

$$= \left(\frac{V_A}{2V_A}\right)^2 = \left(\frac{1}{2}\right)^2 = \frac{1}{4}$$

解説 → 問121

第1帯域フィルタの出力の中心周波数$f_1 = 4{,}500$〔kHz〕の上側波帯（USB）は，第2帯域フィルタの出力として中心周波数$f_2 = 7{,}055$〔kHz〕の下側波帯（LSB）に反転されているから，第2局部発振器の発振周波数をf_L〔kHz〕とすると，$f_L > f_1$の関係があるので次式が成り立つ．

$$f_2 = f_L - f_1$$

この式に題意の数値を代入すると，

$$7{,}055 = f_L - 4{,}500$$

$$f_L = 7{,}055 + 4{,}500 = 11{,}555 \text{〔kHz〕}$$

解答 問120 → 3　　問121 → 3

問 122

正解 完璧 直前CHECK

図はSSB（J3E）の送受信機（SSBトランシーバ）の構成例を示したものである. ＿＿内に入れるべき字句の正しい組合せを下の番号から選べ.

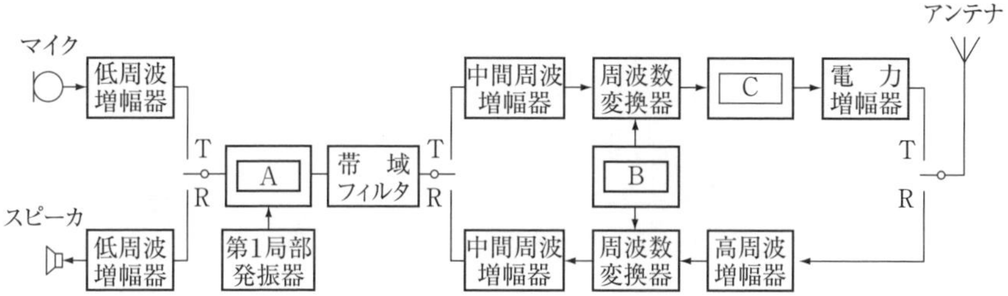

	A	B	C
1	周波数変換器	第2局部発振器	周波数逓倍器
2	周波数変換器	クラリファイヤ	励振増幅器
3	平衡変（復）調器	クラリファイヤ	周波数逓倍器
4	平衡変（復）調器	第2局部発振器	励振増幅器

問 123

正解 完璧 直前CHECK

次の記述は, トランジスタを用いる周波数逓倍器の動作原理について述べたものである. ＿＿内に入れるべき字句の正しい組合せを下の番号から選べ.

エミッタ接地増幅器を, ベース・エミッタ間電圧対**コレクタ電流**特性曲線のコレクタ電流の遮断点より更に深い**バイアス**電圧を加え, ［A］増幅として動作させると, コレクタ電流の波形のひずみが［B］なり, コレクタ同調回路を励振周波数の［C］の一つに同調させて, 必要な周波数を取り出すことができる.

	A	B	C
1	A級	大きく	高調波
2	A級	小さく	低調波
3	C級	大きく	低調波
4	C級	小さく	低調波
5	C級	大きく	高調波

注：**太字**は, ほかの試験問題で穴あきになった用語を示す.

問 124　正解□ 完璧□ 直前CHECK□

次の記述は，図に示すSSB（J3E）送信機の各部の動作について述べたものである．このうち誤っているものを下の番号から選べ．

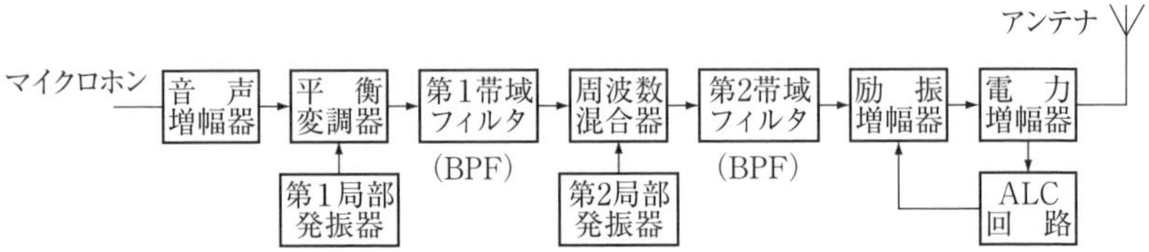

1　平衡変調器は，音声信号と第1局部発振器出力とから，搬送波を抑圧したDSB信号を作る．

2　第1帯域フィルタは，平衡変調器で作られた上側波帯および下側波帯のいずれか一方を通過させる．

3　周波数混合器で第2局部発振器出力と第1帯域フィルタ出力とが混合され，第2帯域フィルタを通して所要の送信周波数のSSB信号が作られる．

4　ALC回路は，音声入力レベルが低いときに音声が途切れないよう，励振増幅器の利得を制御する．

5　電力増幅器でSSB信号をひずみなく増幅するためには，AB級またはB級などの直線増幅器を用いる．

問 125　正解□ 完璧□ 直前CHECK□

次の記述は，SSB（J3E）送信機のALC回路の働きについて述べたものである．このうち正しいものを下の番号から選べ．

1　音声の低音部を強調する．

2　音声入力レベルが高いとき，搬送波を除去する．

3　音声入力レベルが高い部分でひずみが発生しないように，増幅器の利得を制御する．

4　音声入力が無いとき，音声増幅器の働きを止める．

5　音声の高音部と低音部を強調する．

ヒント： ALCは，Automatic Level Control（自動レベル制御）のこと．

解答　問122→4　問123→5

問 126

正解 □ 完璧 □ 直前CHECK □

次の記述は，図に示すSSB（J3E）送信機の終段電力増幅回路の原理的な構成について述べたものである．このうち誤っているものを下の番号から選べ．

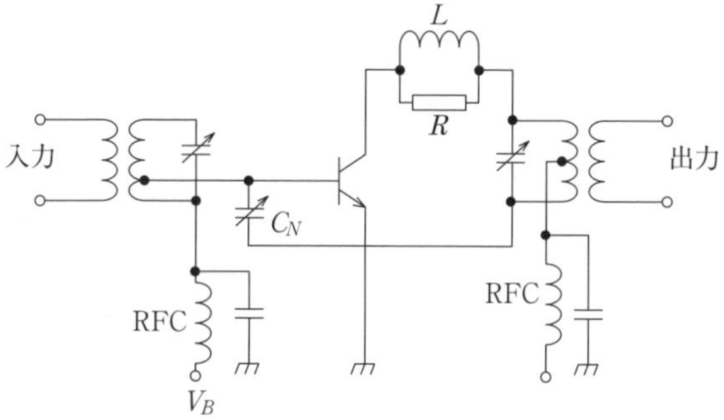

1　この回路は，バイポーラトランジスタを用いたエミッタ接地（共通エミッタ）形増幅回路である．

2　図中のC_Nは，中和用コンデンサであり，増幅回路が安定に動作するように調整される．

3　図中のRFCは，高周波インピーダンスを高く保ち，直流電源回路へ高周波電流が漏れることを阻止するためのものである．

4　図中のLR並列回路は，寄生振動防止用の回路である．

5　トランジスタの動作点は，C級動作となるように図中のバイアス電源V_Bにより設定される．

問 127

正解 □ 完璧 □ 直前CHECK □

次の記述は，図に示す間接周波数変調方式を用いたFM（F3E）送信機の構成例と主な働きについて述べたものである．このうち誤っているものを下の番号から選べ．

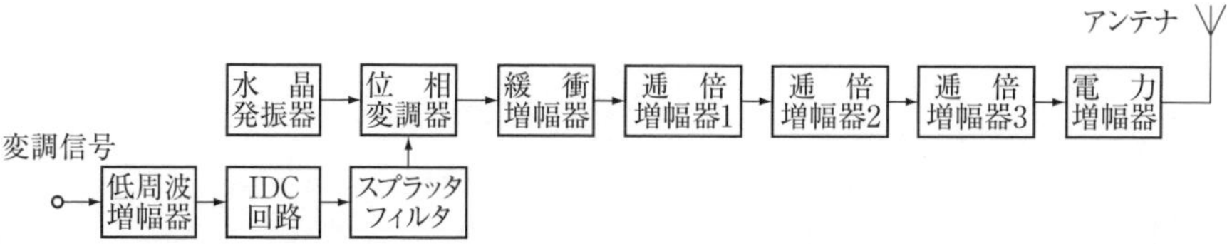

1　IDC回路は，送信機の出力電力が規定値以上になるのを防ぐ．

2　スプラッタフィルタは，IDC回路で発生した高調波を除去する．

3　位相変調器は，水晶発振器の出力の位相をスプラッタフィルタの出力信号を振幅変化に応じて変え，間接的に周波数を変化させて周波数変調波を出力する．

4　位相変調器の位相を変化させる範囲が限られているため，最大周波数偏移を大きくするには，逓倍増幅器の段数を増やす．

問 128

正解［　］ 完璧［　］ 直前CHECK［　］

図は直接周波数変調方式によるFM（F3E）送信機の構成例を示したものである．［　　］内に入れるべき字句の正しい組合せを下の番号から選べ．

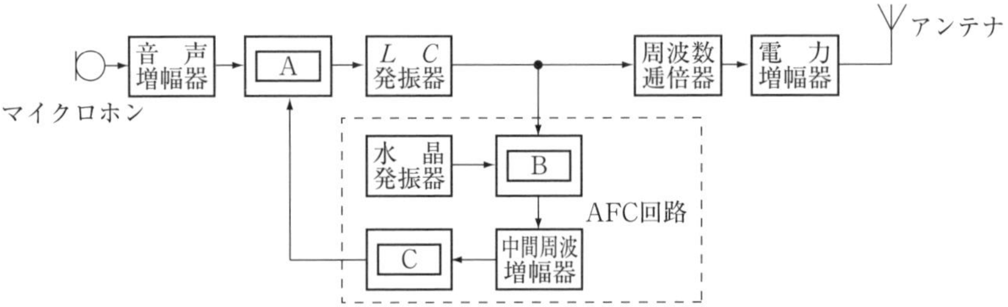

	A	B	C
1	可変リアクタンス回路	周波数混合器	周波数弁別器
2	可変リアクタンス回路	周波数弁別器	周波数混合器
3	周波数混合器	周波数弁別器	可変リアクタンス回路
4	周波数混合器	可変リアクタンス回路	周波数弁別器

問 129

正解［　］ 完璧［　］ 直前CHECK［　］

次の記述は，周波数変調（F3E）波について述べたものである．［　　］内に入れるべき字句の正しい組合せを下の番号から選べ．

(1) 変調信号の［ A ］の変化に応じて搬送波の瞬時周波数が変化する．
(2) 変調信号が単一正弦波のとき，変調指数は，最大周波数偏移を変調信号の［ B ］で割った値で表される．
(3) F3E波の全電力は，変調信号の振幅の大きさによって変化［ C ］．

	A	B	C
1	振幅	振幅	する
2	振幅	周波数	しない
3	周波数	周波数	する
4	周波数	周波数	しない
5	周波数	振幅	する

解答 問124→4　問125→3　問126→5　問127→1

ミニ解説 問126　動作点は，B級またはAB級動作

問題

問 130

正解 □ 完璧 □ 直前CHECK □

次の記述は，FM（F3E）変調方式について述べたものである．［　　］内に入れるべき字句の正しい組合せを下の番号から選べ．

FM変調方式には，一般に自励発振器の同調回路における［ A ］を変調信号によって変化させる直接FM方式と，発振器の後段に［ B ］を設ける間接FM方式とがあり，前者には搬送波の周波数安定度を良くするために［ C ］回路を用いる．

	A	B	C
1	結合係数	平衡変調器	IDC
2	結合係数	位相変調器	AFC
3	リアクタンス	位相変調器	AFC
4	リアクタンス	平衡変調器	AFC
5	リアクタンス	位相変調器	IDC

問 131

正解 □ 完璧 □ 直前CHECK □

次の記述は，FM（F3E）送信機に用いられるIDC回路の働きについて述べたものである．このうち正しいものを下の番号から選べ．

1　最大周波数偏移が規定値以内になるようにする．
2　送信機出力電力が規定値以内になるようにする．
3　電力増幅段に過大な入力が加わらないようにする．
4　水晶発振器の周波数の変動を防止する．

問 132

正解 □ 完璧 □ 直前CHECK □

図は，FM（F3E）送信機に用いられる回路の構成例を示したものである．点線内の回路の名称を下の番号から選べ．ただし，送信機は，変調部に位相変調器を用いた一般的なものとする．

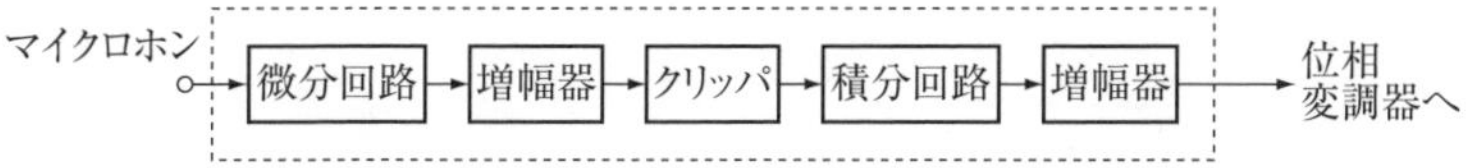

1　IDC回路　　2　AFC回路　　3　シュミットトリガ回路
4　ディエンファシス回路　　5　プレエンファシス回路

問 133　正解□　完璧□　直前CHECK□

次の記述は，AM（A1A，A2A）送信機に用いられる電けん操作回路について述べたものである．□内に入れるべき字句の正しい組合せを下の番号から選べ．

(1) 図1は，エミッタ回路を断続する場合の回路例を示す．図中の電けんに並列に挿入されているRとCの回路は，[A]フィルタである．
(2) 図2は，電圧が高い回路や電流の大きい回路を断続する場合の回路例を示す．断続する回路へ直接電けんを接続せず，[B]リレー（RL）を用いて間接的に回路の断続を行う．
(3) 単信方式では一般に，電けん操作による電けん回路の断続に合わせて，アンテナの切り換えや受信機の動作停止等を行う[C]リレーが用いられる．

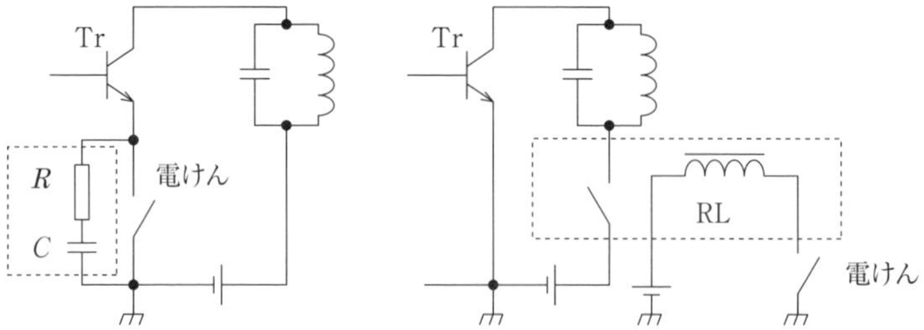

図1　　Tr：トランジスタ　　図2

	A	B	C
1	キーイング	チャタリング	ブレークイン
2	キーイング	ブレークイン	プレストーク
3	キークリック	キーイング	プレストーク
4	キークリック	キーイング	ブレークイン
5	キークリック	チャタリング	ブレークイン

解答　問128→1　問129→2　問130→3　問131→1　問132→1

▼解答

問題

問 134

正解 □ 完璧 □ 直前CHECK □

次の記述は，AM送信機を用いた副搬送波周波数変調（SCFM）方式によるファクシミリの伝送について述べたものである．このうち誤っているものを下の番号から選べ．

1　写真のような中間調を含む原画を送ることができる．
2　周波数偏移（FS）変調方式に比較して，一般に同じ画像を送信するときの所要周波数帯幅が広くなる．
3　周波数変調された副搬送波は，一般に可聴周波数が用いられ，AM送信機の音声入力端子に入力して送信できる．
4　直接周波数変調（FM）方式に比較して，一般に受信時の信号対雑音比（S/N）が大きくなり良質な受信画像が得られる．

問 135

正解 □ 完璧 □ 直前CHECK □

次の記述は，月面反射（EME）通信について述べたものである．□内に入れるべき字句の正しい組合せを下の番号から選べ．

(1) 月面反射通信は，電離層を通過できるような高い周波数帯の電波を約38万〔km〕離れた月に向けて発射し，月面で反射された電波を受信して通信を行うものである．伝搬減衰が大きいため，大電力送信機，高利得アンテナおよび［A］が必要である．
(2) 送信電波が地球から月まで往復するのに要する時間は［B］であり，月と地球上の観測者との相対運動による［C］効果により，戻ってきた送信電波は送信周波数から少し離れた周波数で受信される．

	A	B	C
1	高感度受信機	約2.5秒	ドプラ
2	高感度受信機	約1.5秒	ドプラ
3	高感度受信機	約1.5秒	ショットキー
4	広帯域受信機	約1.5秒	ドプラ
5	広帯域受信機	約2.5秒	ショットキー

問 136

正解 □ 完璧 □ 直前CHECK □

次の記述は，図に示すデジタル伝送系の原理的な構成例について述べたものである．□内に入れるべき字句の正しい組合せを下の番号から選べ．

(1) 標本化とは，一定の［A］で入力のアナログ信号の振幅を取り出すことをいい，標本化回路の出力は，パルス振幅変調 (PAM) 波である．

(2) 標本化回路の出力の振幅を所定の幅ごとに区切ってそれぞれの領域を1個の代表値で表し，アナログ信号の振幅をその代表値で近似することを量子化といい，量子化ステップの数が［B］ほど量子化雑音は小さくなる．

(3) 復号化回路で復号した出力からアナログ信号を復調するために用いる補間フィルタには，［C］が用いられる．

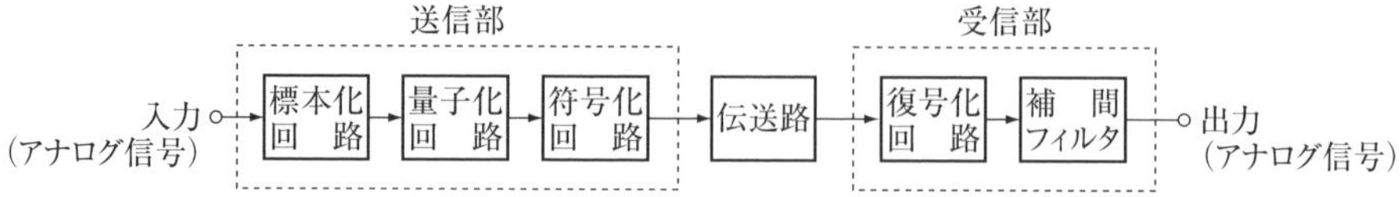

	A	B	C
1	時間間隔	多い	低域フィルタ (LPF)
2	時間間隔	少ない	高域フィルタ (HPF)
3	信号対雑音比	多い	高域フィルタ (HPF)
4	信号対雑音比	少ない	低域フィルタ (LPF)

解答 問133→4　問134→4　問135→1

問 137

正解 □ 完璧 □ 直前CHECK □

次の記述はアマチュアのデジタル通信について述べたものである．□内に入れるべき字句の正しい組合せを下の番号から選べ．ただし，同じ記号の□内には，同じ字句が入るものとする．

(1) アマチュア無線のデジタル通信システム（＊D-STAR）は，個々のユーザーが利用する無線送受信機相互間での音声通信，[A]のほかに，インターネットを活用したアマチュア無線のデジタル通信ネットワークを提供するものである．

(2) このシステムは，無線送受信機，[B]，アシスト局，リモコン局，ネットワーク関連装置などで構成され，[B]間を10〔GHz〕帯または5.6〔GHz〕帯のアマチュア局用周波数帯を用いたアシスト局の無線設備によって最大伝送速度[C]以下の無線回線で結び，TCP/IPによるネットワークを構成する．

＊ D-STAR：アマチュア無線用のデジタル通信システム（Digital Smart Technologies for Amateur Radio）の通称名．

	A	B	C
1	データ通信	レピータ局	10〔Mbps〕
2	データ通信	基地局	64〔Mbps〕
3	画像通信	レピータ局	64〔Mbps〕
4	画像通信	基地局	10〔Mbps〕

問 138

正解 □ 完璧 □ 直前CHECK □

次の記述は，電波障害対策のための高調波発射の防止フィルタについて述べたものである．このうち誤っているものを下の番号から選べ．

1 送信機で発生する高調波がアンテナから発射されるのを防止するために，高域フィルタを用いる．

2 高調波の発射を防止するフィルタの減衰量は，基本波に対してはなるべく小さく，高調波に対しては十分大きなものとする．

3 送信機で発生する第2または第3高調波等の特定の高調波を防止するために，高調波トラップを用いる．

4 高調波トラップは，特定の高調波周波数に正しく同調させ，その減衰量は高調波に対しては十分大きく，基本波に対してはなるべく小さなものとする．

問 139

正解 □ 完璧 □ 直前CHECK □

次の記述は，電波障害となる送信機の高調波の発射の防止について述べたものである．□内に入れるべき字句の正しい組合せを下の番号から選べ．

(1) 高調波の発射を防止するフィルタの遮断周波数は，基本波周波数より[A]．
(2) 高調波トラップは，[B]の周波数に正しく同調させる．
(3) 送信機で発生する高調波がアンテナから発射されるのを防止するため，[C]を用いる．

	A	B	C
1	低い	特定の高調波	高域フィルタ (HPF)
2	低い	基本波	低域フィルタ (LPF)
3	高い	特定の高調波	低域フィルタ (LPF)
4	高い	基本波	低域フィルタ (LPF)
5	高い	特定の高調波	高域フィルタ (HPF)

問 140

正解 □ 完璧 □ 直前CHECK □

次の記述は，送信機において発生することがあるスプリアスについて述べたものである．□内に入れるべき字句の正しい組合せを下の番号から選べ．

(1) 寄生発射は，送信機の発振回路が寄生振動を起こしたり，増幅器の出力側と入力側の部品や配線が結合して発振回路を形成し，希望周波数と[A]周波数で発射される不要な電波である．
(2) 高調波発射は，増幅器がC級動作によって[B]増幅を行うときに生ずる．このため，プッシュプル増幅器を用いたり，送信機の出力段に[C]やトラップを挿入するなどの方法によって除去する．

	A	B	C
1	関係のない	非線形	低域フィルタ (LPF)
2	関係のない	線形	高域フィルタ (HPF)
3	関係のある	非線形	高域フィルタ (HPF)
4	関係のある	非線形	低域フィルタ (LPF)
5	関係のある	線形	低域フィルタ (LPF)

解答 問136→1　問137→1　問138→1

問 141

正解 □ 完璧 □ 直前CHECK □

次の記述は，無線送信機などで生ずることのある寄生振動について述べたものである．□内に入れるべき字句の正しい組合せを下の番号から選べ．

(1) 寄生振動は，増幅器の入出力間の不要な結合によって［A］回路を形成することにより生ずる．
(2) 寄生振動が生ずると，占有周波数帯幅が［B］他の通信に妨害を与えたり，ひずみや雑音の原因になる．
(3) 寄生振動を防ぐには，増幅器や部品を遮へいして回路間の結合量を［C］するなどの方法がある．

	A	B	C
1	検波	広がって	大きく
2	検波	狭まって	小さく
3	発振	狭まって	大きく
4	発振	広がって	小さく

問 142

正解 □ 完璧 □ 直前CHECK □

次の記述は，無線送信機などで生ずることのある寄生発射について述べたものである．□内に入れるべき字句の正しい組合せを下の番号から選べ．

(1) 寄生発射は，増幅器の入出力間の不要な結合によって発振回路を形成することなどによって生ずる不要な発射で，その周波数は，通常，希望周波数と［A］である．
(2) 寄生発射は，他の通信に妨害を与えたり，ひずみや雑音の原因になるので，これを防ぐには，増幅器や部品を遮へいして回路間の結合量を［B］するなどの方法がある．

	A	B
1	無関係	小さく
2	無関係	大きく
3	同じ	大きく
4	同じ	小さく

問題

問 143

正解 □ 完璧 □ 直前CHECK □

次の記述は，アマチュア局の短波（HF）帯の基本波による電波障害を防止するため，放送用のFM受信機やテレビジョン受像機側で行う対策について述べたものである．□内に入れるべき字句の正しい組合せを下の番号から選べ．

(1) アマチュア局の基本波がFM受信機やテレビジョン受像機の入力段に加わらないようにするため，［A］をFM受信機やテレビジョン受像機のアンテナと給電線の間に挿入する．
(2) これによって，フィルタのカットオフ周波数以下のアマチュア局の短波（HF）帯の基本波の周波数成分を［B］させ，これ以上のFM受信機やテレビジョン受像機の受信周波数を［C］させて，電波障害対策を行うものである．

	A	B	C
1	低域フィルタ（LPF）	通過	減衰
2	低域フィルタ（LPF）	減衰	通過
3	高域フィルタ（HPF）	通過	減衰
4	高域フィルタ（HPF）	減衰	通過

問 144

正解 □ 完璧 □ 直前CHECK □

次の記述は，短波帯の送信機によるFM放送受信機に対する電波障害を避けるための対策について述べたものである．このうち誤っているものを下の番号から選べ．

1 送信機各部のシールドおよび接地を完全にする．
2 終段の同調回路とアンテナ結合回路との間を疎結合にする．
3 送信機とアンテナとの間に高調波防止用の低域フィルタ（LPF）を挿入する．
4 電信送信機のキークリックや電話送信機の過変調が生じないようにする．
5 電源を通して電灯線に電波が漏れないよう，電源線に高域フィルタ（HPF）を挿入する．

解答 問139→3　問140→1　問141→4　問142→1

問 145

正解 □　完璧 □　直前CHECK □

次の記述は，アマチュア無線局のTVIおよびBCIの防止対策について述べたものである．□内に入れるべき字句の正しい組合せを下の番号から選べ．

(1) 送信機の終段の同調回路とアンテナをできるだけ[A]にし，高調波防止用の[B]を送信機とアンテナとの間に挿入する．
(2) 電信送信機のキークリックや電話送信機の[C]を避ける．

	A	B	C
1	疎結合	HPF	出力低下
2	疎結合	LPF	過変調
3	疎結合	HPF	過変調
4	密結合	LPF	過変調
5	密結合	HPF	出力低下

問 146

正解 □　完璧 □　直前CHECK □

次の記述は，受信機の特性について述べたものである．□内に入れるべき字句の正しい組合せを下の番号から選べ．

(1) 感度とは，どの程度の**微弱**な電波まで受信できるかの能力を表すもので，受信機を構成する各部の利得等によって左右されるが，大きな影響を与えるのは，[A]増幅器で発生する[B]である．
(2) 選択度とは，受信しようとする電波を，多数の電波のうちからどの程度まで**分離**して受信することができるかの能力を表すもので，主として受信機を構成する**同調回路**やフィルタの[C]などによって定まる．

	A	B	C
1	高周波	熱雑音	せん鋭度 (Q)
2	高周波	ひずみ	安定度
3	中間周波	ひずみ	せん鋭度 (Q)
4	中間周波	ひずみ	安定度
5	中間周波	熱雑音	せん鋭度 (Q)

注：**太字**は，ほかの試験問題で穴あきになった用語を示す．

問 147 解説あり！ 正解 完璧 直前CHECK

次の記述は，スーパヘテロダイン受信機の感度を良くする方法について述べたものである．このうち正しいものを下の番号から選べ．

1 高周波同調回路のQを大きくする．
2 高周波増幅器に使用するトランジスタは，雑音指数が大きく，電流増幅率の大きいものを用いる．
3 周波数変換器に使用するトランジスタは，雑音指数の大きいものを用いる．
4 中間周波増幅器の利得を下げる．
5 単一調整は，高周波同調回路の同調周波数が受信電波の周波数と一致しないように，ずらして調整する．

▼解答

問 148 正解 完璧 直前CHECK

次の記述は，スーパヘテロダイン受信機の高周波増幅器について述べたものである．［　　］内に入れるべき字句の正しい組合せを下の番号から選べ．

(1) 総合利得および高周波増幅器の利得が十分大きいとき，受信機の感度は，初段の［A］でほぼ決まる．
(2) 高周波増幅器の同調回路は，希望する受信周波数を選択するための［B］フィルタとして働くほか，主として，［C］周波数混信を除去するために設けられる．

	A	B	C
1	利得	帯域	影像（イメージ）
2	利得	低域	近接
3	雑音指数	帯域	近接
4	雑音指数	低域	近接
5	雑音指数	帯域	影像（イメージ）

解答 問143→4　問144→5　問145→2　問146→1

問題

問 149　解説あり！　正解□　完璧□　直前CHECK□

次の記述は，受信機の高周波増幅回路に要求される条件について述べたものである．□内に入れるべき字句の正しい組合せを下の番号から選べ．ただし，同じ記号の□内には，同じ字句が入るものとする．

(1) 高周波増幅回路には，使用周波数帯域での**電力利得**が高いこと，発生する**内部雑音**が小さいこと，回路の［A］によって生ずる相互変調ひずみによる影響が少ないことなどが要求される．

(2) また，高周波増幅回路において有害な影響を与える［B］の相互変調ひずみについては，回路に基本波信号のみを入力したときの入出力特性を測定し，次に基本波信号とそれぞれ周波数の異なる2信号を入力したときに生ずる［B］の相互変調ひずみの入出力特性を測定して，図に示すようにそれぞれの直線部分を延長した線の交点Pを求めると，高周波増幅回路がどのくらい大きな不要信号に耐えて使えるかの目安となる．この交点のことを［C］ポイントという．

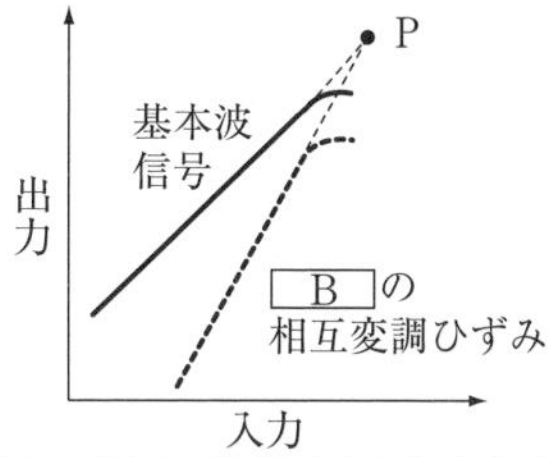

(入力および出力はそれぞれ対数軸表示)

	A	B	C
1	直線性	第2次	インターセプト
2	直線性	第3次	アクセス
3	非直線性	第3次	インターセプト
4	非直線性	第2次	アクセス

問 150　解説あり！　正解□　完璧□　直前CHECK□

図に示す高周波増幅部の同調回路において，可変コンデンサC_Vの最大静電容量が250〔pF〕，最小静電容量が30〔pF〕であった．このとき受信できる最低受信周波数を1.9〔MHz〕とするための同調コイルL_2のインダクタンスの値として，最も近いものを下の番号から選べ．ただし，同調回路全体の漂遊（浮遊）容量は30〔pF〕とする．また，コイルL_1の影響は無視するものとする．

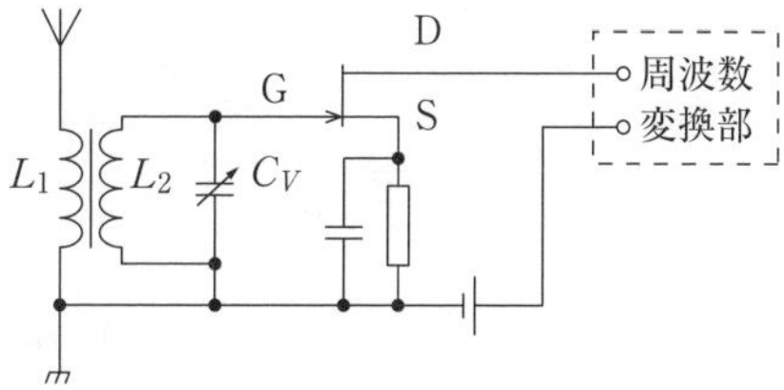

1　2.5〔μH〕
2　6.3〔μH〕
3　10〔μH〕
4　25〔μH〕
5　40〔μH〕

注：**太字**は，ほかの試験問題で穴あきになった用語を示す．

解説→問147

雑音指数は，増幅回路の雑音特性の良さを表し，入力のS/Nと出力のS/Nの比で表される．内部雑音がない増幅器の雑音指数は1となり雑音指数は小さい方が良い．

単一調整は，局部発振器の発振周波数に連動して，高周波増幅回路の同調周波数を受信電波の周波数に合わせること．

解説→問149

相互変調ひずみは，二つ以上の周波数成分が混合されることによって，それらの周波数の和または差の周波数成分が発生すること．

妨害となる二つの周波数をf_1，f_2〔Hz〕とすると，2次の相互変調ひずみは，

f_1+f_2,　　f_1-f_2

の周波数成分が発生する．f_1とf_2が増幅回路の帯域内の近接した周波数ならば，2次の相互変調ひずみによって発生する周波数は増幅回路の帯域から離れた周波数に発生するので妨害とはならない．

3次の相互変調ひずみは，

$2f_1+f_2$,　　f_1+2f_2,　　$2f_1-f_2$,　　$2f_2-f_1$

の周波数成分が発生する．f_1とf_2が増幅回路の帯域内の近接した周波数ならば，3次の相互変調ひずみによって発生する周波数のうち，$2f_1-f_2$と$2f_2-f_1$が増幅回路の帯域内の周波数に発生するので妨害となる．

解説→問150

同調用可変コンデンサC_Vが最大静電容量C_{max}〔pF〕のとき最低受信周波数となるので，漂遊静電容量をΔC〔pF〕，同調コイルL_2のインダクタンスをL〔H〕とすれば，最低受信周波数f_{min}〔Hz〕は，次式で表される．

$$f_{min}=\frac{1}{2\pi\sqrt{L(C_{max}+\Delta C)}}\text{〔Hz〕}$$

$f_{min}=1.9$〔MHz〕とするための同調コイルL_2のインダクタンスL〔H〕は，

$$L=\frac{1}{(2\pi)^2 f_{min}{}^2(C_{max}+\Delta C)}$$

$\pi^2 \fallingdotseq 10$として計算する

$$=\frac{1}{(2\pi)^2\times(1.9\times10^6)^2\times(250+30)\times10^{-12}}=\frac{1}{4\times\pi^2\times3.61\times10^{12}\times280\times10^{-12}}$$

$$\fallingdotseq\frac{1}{4\times10^4}=\frac{100}{4}\times10^{-6}\text{〔H〕}=25\text{〔}\mu\text{H〕}$$

解答　問147→1　問148→5　問149→3　問150→4

問 151

正解 □　完璧 □　直前CHECK □

次の記述は，スーパヘテロダイン受信機について述べたものである．□内に入れるべき字句の正しい組合せを下の番号から選べ．

(1) 中間周波増幅器は，A で作られた中間周波数の信号を増幅するとともに，B 周波数妨害を除去する働きをする．
(2) 中間周波数を低くすると，受信機の影像（イメージ）周波数妨害に対する選択度が C する．

	A	B	C
1	周波数混合器	近接	向上
2	周波数混合器	影像（イメージ）	低下
3	周波数混合器	近接	低下
4	高周波増幅器	影像（イメージ）	低下
5	高周波増幅器	近接	向上

問 152

正解 □　完璧 □　直前CHECK □

次の記述は，スーパヘテロダイン受信機の選択度を向上させる方法について述べたものである．このうち正しいものを1，誤っているものを2として解答せよ．

ア　近接周波数に対する選択度を向上させるために，中間周波変成器の同調回路のQを小さくする．
イ　近接周波数に対する選択度を向上させるために，中間周波数をできるだけ高い周波数にする．
ウ　近接周波数に対する選択度を向上させるために，帯域外の減衰傾度の大きいクリスタルフィルタを使用する．
エ　影像周波数に対する選択度を向上させるために，高周波増幅器を設ける．
オ　影像周波数に対する選択度を向上させるために，中間周波数をできるだけ高い周波数にする．

問 153

正解 完璧 直前CHECK

次の記述は，受信機の選択度および中間周波変成器について述べたものである．□内に入れるべき字句の正しい組合せを下の番号から選べ．

(1) 選択度は，通過帯域内の周波数特性が[ア]であり，通過帯域の両端では[イ]の大きい特性が求められている．

(2) 中間周波変成器で一般に用いられているものは，1次および2次側に同調回路を持つ[ウ]形である．この同調回路による中間周波帯域の周波数特性を大きく分けると，[エ]および双峰特性があり，双峰特性の中間周波変成器は，通過帯域幅を十分広くして[オ]を良くすることができる．

1	感度	2	円形	3	忠実度	4	複同調	5	減衰傾度
6	単峰特性	7	平坦	8	増幅度	9	結合度	10	単一同調

問 154

正解 完璧 直前CHECK

次の記述は，DSB (A3E) 受信機のAGC回路について述べたものである．□内に入れるべき字句を下の番号から選べ．ただし，同じ記号の□内には，同じ字句が入るものとする．

AGC回路では，[ア]出力から[イ]電圧を取り出し，この電圧を[ウ]などに加える．入力信号が[エ]場合には，この電圧が大きくなって[ウ]などの増幅度を低下させ，また，入力信号が[オ]場合には，増幅度があまり減少しないように自動的に増幅度を制御する．

1	検波器	2	局部発振器	3	電力増幅器	4	中間周波増幅器	5	強い
6	弱い	7	直流	8	交流	9	BFO	10	周波数混合器

解答 問151→3　問152→ア−2 イ−2 ウ−1 エ−1 オ−1

問 155

正解 □ 完璧 □ 直前CHECK □

次の記述は，AM（A3E）受信機に用いられる2乗検波器について述べたものである．このうち誤っているものを下の番号から選べ．

1　出力は，入力の搬送波の振幅の2乗にほぼ比例して大きくなる．
2　入力レベルが大きいとき，直線検波器に比べて復調出力のひずみが小さい．
3　出力を低域フィルタに通すと復調出力が得られる．
4　復調出力に含まれるひずみの主成分は，変調信号の第2高調波である．

問 156

正解 □ 完璧 □ 直前CHECK □

次の記述は，FM受信機等に用いられているセラミックフィルタについて述べたものである．□内に入れるべき字句の正しい組合せを下の番号から選べ．ただし，同じ記号の□内には，同じ字句が入るものとする．

(1) セラミックフィルタは，セラミックの［A］を利用したもので，図に示すように，セラミックに電極を貼り付けた構造をしている．この電極a-cに特定周波数の電圧（電気信号）を加えると，［A］によって一定周期の固有の機械的振動が発生して，セラミックが機械的に共振するので，この振動が電気信号に変換されて，もう一方の電極b-cから取り出すことができる．

(2) セラミックの材質と形状および寸法などを変えることによって，固有の機械的振動も変化するため，共振周波数や［B］を自由に設定することができ，［C］フィルタとして利用することができる．

	A	B	C
1	ゼーベック効果	尖鋭度Q	高域
2	ゼーベック効果	感度	帯域
3	トンネル効果	尖鋭度Q	帯域
4	圧電効果	感度	高域
5	圧電効果	尖鋭度Q	帯域

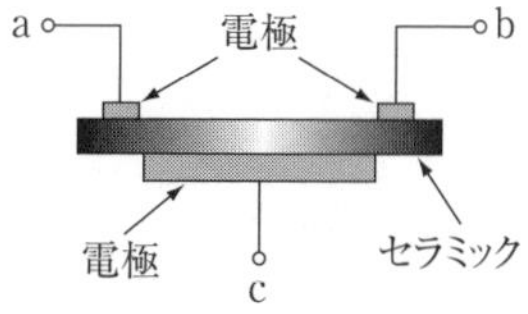

問 157

図は，FM (F3E) 受信機の構成例を示したものである．□内に入れるべき字句の正しい組合せを下の番号から選べ．

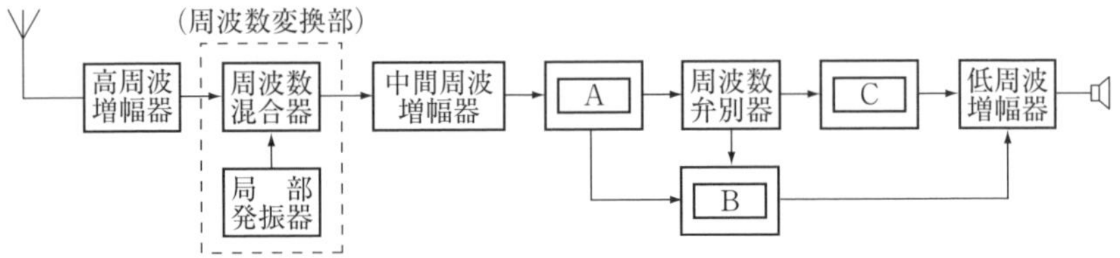

	A	B	C
1	振幅制限器	AGC回路	デエンファシス回路
2	振幅制限器	スケルチ回路	デエンファシス回路
3	デエンファシス回路	AFC回路	振幅制限器
4	デエンファシス回路	スケルチ回路	振幅制限器
5	デエンファシス回路	AGC回路	振幅制限器

問 158

次の記述は，FM (F3E) 受信機に用いられる振幅制限器について述べたものである．このうち正しいものを下の番号から選べ．

1 受信機の入力信号が無くなったときに生ずる大きな雑音を除去する．
2 受信機の入力信号の振幅の変動を除去し，振幅を一定にする．
3 受信機の入力信号の変動に応じて利得を制御し，受信機の出力変動を制限する．
4 周波数弁別器の後段に用い，音声信号の高域部分の雑音を制限する．

解答
問153→ア−7　イ−5　ウ−4　エ−6　オ−3
問154→ア−1　イ−7　ウ−4　エ−5　オ−6　問155→2　問156→5

問 159

正解　完璧　直前CHECK

次の記述は，図に示す構成の衝撃性（パルス性）雑音の抑制回路（ノイズブランカ）について述べたものである．[ ]内に入れるべき字句の正しい組合せを下の番号から選べ．ただし，同じ記号の[ ]内には，同じ字句が入るものとする．

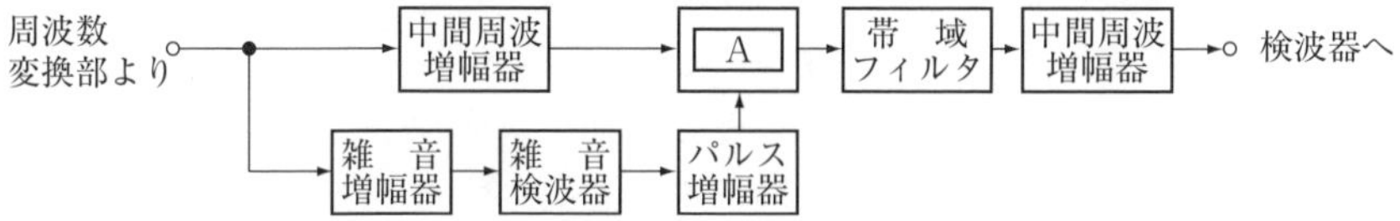

(1) 衝撃性雑音は，**自動車の点火プラグ**等から発生する急峻で幅の狭いパルス波のため，信号がその瞬間にとぎれても通話品質にはほとんど影響を与えない．

(2) ノイズブランカは，雑音が重畳した中間周波信号を，信号系とは別系の雑音増幅器で増幅し，雑音検波およびパルス増幅を行って波形の整ったパルスとし，このパルスによって信号系の[A]を開閉して，雑音および信号を除去する．

(3) ノイズブランカのほか，衝撃性雑音を抑制するのに有効な回路は，[B]回路である．

	A	B		A	B
1	ゲート回路	ノイズリミタ	2	トリガ回路	スケルチ
3	トリガ回路	ノイズリミタ	4	ゲート回路	スケルチ

問 160

正解　完璧　直前CHECK

次の記述は，受信機に用いられる周波数弁別器について述べたものである．[ ]内に入れるべき字句の正しい組合せを下の番号から選べ．

周波数弁別器は，[A]の変化を[B]の変化に変換して，音声信号波やその他の信号波を検出する回路である．この周波数弁別器は[C]波の復調に用いられており，代表的なものに[D]回路がある．

	A	B	C	D
1	振幅	周波数	FM	フォスターシーリー
2	振幅	周波数	SSB	アームストロング
3	周波数	振幅	SSB	フォスターシーリー
4	周波数	振幅	FM	アームストロング
5	周波数	振幅	FM	フォスターシーリー

注：**太字**は，ほかの試験問題で穴あきになった用語を示す．

問 161

正解 □ 完璧 □ 直前CHECK □

次の記述は，FM受信機のスケルチ回路について述べたものである．このうち正しいものを1，誤っているものを2として解答せよ．

ア　受信機への入力信号が一定以下または無信号のとき，雑音出力を消去する．
イ　受信電波の変動を除去し，振幅を一定にする．
ウ　受信機出力のうち周波数の高い成分を補正（低下）させる．
エ　周波数弁別器の出力の雑音が一定レベル以上のとき，低周波増幅器の動作を停止させる．
オ　受信電波の周波数変化を振幅の変化にする．

問 162

正解 □ 完璧 □ 直前CHECK □

次の記述は，FM受信機に用いられるスケルチ回路について述べたものである．□内に入れるべき字句の正しい組合せを下の番号から選べ．

(1) 受信機の入力レベルが所定の値より［A］なると，［B］増幅器の動作を停止して出力に雑音が現れるのを防ぐ回路である．
(2) スケルチ回路には代表的な3方式があるが，［C］の出力の音声帯域外の雑音を整流して得た電圧で動作するノイズスケルチ方式および受信信号の搬送波のレベルに応じて動作するキャリアスケルチ方式がよく用いられている．

	A	B	C
1	低く	高周波	周波数混合器
2	低く	低周波	周波数弁別器
3	高く	高周波	周波数弁別器
4	高く	低周波	周波数混合器

解答　問157→2　問158→2　問159→1　問160→5

問題

問 163　正解　完璧　直前CHECK

図に示す回路の名称を下の番号から選べ.

1　スケルチ回路
2　ノイズブランカ
3　レシオ（比）検波回路
4　平衡変調回路
5　2乗検波回路

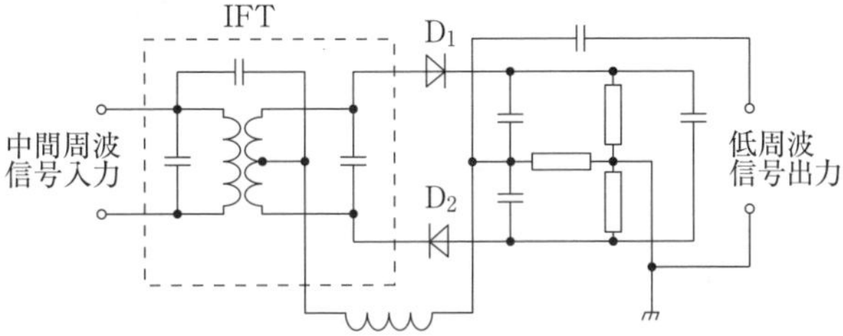

問 164　正解　完璧　直前CHECK

図に示す回路の名称として，正しいものを下の番号から選べ.

1　振幅制限器
2　AGC回路
3　スケルチ回路
4　比検波器
5　プレエンファシス回路

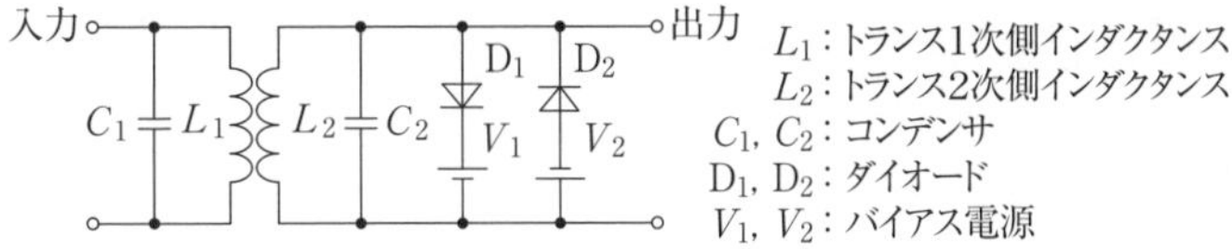

問 165　正解　完璧　直前CHECK

次の記述は，FM受信機の限界レベル（スレッショルドレベル）について述べたものである．このうち正しいものを下の番号から選べ.

1　目的とする周波数以外の周波数に対する受信機の感度の特性をいう.
2　受信機の振幅制限回路が動作する限界の受信入力レベルをいう.
3　受信機の入力レベルを小さくしていくと，ある値から急激に出力の信号対雑音比（S/N）が低下する現象が現れる．このときの受信レベルをいう.
4　受信信号の入力レベルに対する局部発振器の出力レベルが，最大の信号対雑音比（S/N）を得るために必要なレベルをいう.

問題

問 166　正解 □　完璧 □　直前CHECK □

次の記述は，AM (A3E) 受信機およびFM (F3E) 受信機の特徴について述べたものである．このうち誤っているものを下の番号から選べ．

1　AM受信機には，受信入力が無くなったときに出る大きな雑音を自動的に抑圧するため，自動利得調整 (AGC) 回路が設けられている．
2　AM受信機には，受信波の振幅の変化を検出して音声信号を取り出すため，直線検波回路などが設けられている．
3　FM受信機には，フェージングや雑音などによって生ずる受信波の振幅の変化を除去するため，リミタが設けられている．
4　FM受信機には，送信側で強調された高い周波数成分を減衰させるとともに，高い周波数成分の雑音も減衰させ，信号対雑音比 (S/N) を改善するため，ディエンファシス回路が設けられている．

問 167　正解 □　完璧 □　直前CHECK □

図は，AM (A1A) 受信機の構成例を示したものである．□内に入れるべき字句の正しい組合せを下の番号から選べ．

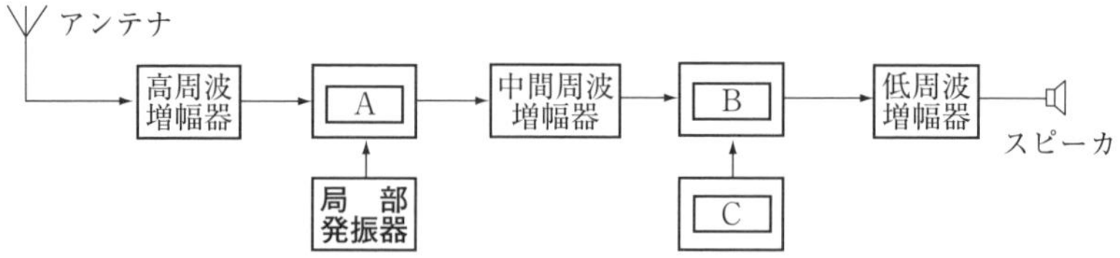

	A	B	C
1	周波数混合器	振幅制限器	BFO（うなり発振器）
2	周波数混合器	検波器	BFO（うなり発振器）
3	周波数混合器	検波器	AGC回路
4	平衡復調器	検波器	AGC回路
5	平衡復調器	振幅制限器	BFO（うなり発振器）

注：**太字**は，ほかの試験問題で穴あきになった用語を示す．

解答　問161→ア－1　イ－2　ウ－2　エ－1　オ－2　　問162→2　問163→3
問164→1　問165→3

問 168

正解 □　完璧 □　直前CHECK □

次の記述は，受信機で発生する相互変調による混信について述べたものである．□内に入れるべき字句の正しい組合せを下の番号から選べ．

相互変調による混信とは，ある周波数の電波を受信しているとき，受信機に希望波以外の二つ以上の強力な不要波が混入したときに，回路の［A］により，不要波の［B］の**和または差**の周波数が生じ，これらの周波数の中に受信機の［C］や影像周波数に合致したものがあるときに生じる混信をいう．

	A	B	C
1	直線性	低調波	局部発振周波数
2	直線性	高調波	中間周波数
3	非直線性	低調波	中間周波数
4	非直線性	高調波	中間周波数
5	非直線性	低調波	局部発振周波数

問 169

正解 □　完璧 □　直前CHECK □

次の記述は，AM受信機における混変調の発生原因について述べたものである．このうち正しいものを下の番号から選べ．

1　増幅器および音響系を含む伝送回路が，不要な帰還のため発振して，可聴音を生ずるためである．

2　増幅器の調整不良等により，本来希望しない周波数の振動を生ずるためである．

3　受信機に不要波が混入したとき，回路の非直線性により希望波が不要波の変調信号により変調されるためである．

4　受信機に希望波以外に二つ以上の不要波が混入したとき，回路の非直線性により不要波の周波数の整数倍の和または差の周波数を生ずるためである．

注：**太字**は，ほかの試験問題で穴あきになった用語を示す．

問 170

正解 □ 完璧 □ 直前CHECK □

次の記述は，スーパヘテロダイン受信機における影像周波数妨害の発生原理とその対策について述べたものである．□内に入れるべき字句を下の番号から選べ．

(1) 局部発振周波数f_Lが受信周波数f_Rよりも中間周波数f_iだけ高い場合は，[ア] $=f_i$となる．一方，f_Lより更にf_iだけ高い周波数f_Uの到来電波は，[イ]の出力において，[ウ] $=f_i$の関係が生じて同じ中間周波数f_iができ，影像周波数の関係となって，希望波の受信への妨害となる．

(2) 局部発振周波数f_Lが受信周波数f_Rよりも中間周波数f_iだけ低い場合，影像周波数妨害を生ずるのは，周波数$f_U=$ [エ]のときである．

(3) 影像周波数妨害を軽減するためには，中間周波数を高く選び，[オ]の**選択度**を向上させるなどの対策が有効である．

1 f_U-f_L	2 検波器	3 f_L-f_U	4 f_L-f_R	5 局部発振器
6 f_R-f_L	7 周波数変換器	8 f_L-f_i	9 f_L+f_i	10 高周波増幅器

問 171

正解 □ 完璧 □ 直前CHECK □

次の記述は，スーパヘテロダイン受信機における影像（イメージ）周波数妨害を軽減する方法について述べたものである．このうち誤っているものを下の番号から選べ．

1 中間周波増幅部の同調回路の選択度を良くする．
2 中間周波数をできるだけ高く設定する．
3 高周波増幅部の同調回路の選択度を良くする．
4 影像周波数に対するフィルタ（トラップ回路）を受信機の入力端に入れる．

注：**太字**は，ほかの試験問題で穴あきになった用語を示す．

解答 問166→1　問167→2　問168→4　問169→3

問 172

正解 □ 完璧 □ 直前CHECK □

次の記述は，等価雑音温度について述べたものである．□内に入れるべき字句の正しい組合せを下の番号から選べ．

(1) 微弱な信号を受信する衛星通信における受信系の雑音は，受信アンテナを含む受信機自体で発生する雑音とアンテナで受信される宇宙からの外来雑音などの電力和を，低雑音増幅器入力やアンテナ入力に換算した雑音電力で表す．

(2) この雑音電力の値が，絶対温度T〔K〕の[A]から発生する[B]の電力値と等しいとき，Tをアンテナを含む受信機システム全体の等価雑音温度という．したがって，受信機の周波数帯域幅をB〔Hz〕，ボルツマン定数をk〔J/K〕とすると，このときの雑音電力P_Nは，$P_N=$[C]〔W〕で表される．

	A	B	C
1	絶縁体	熱雑音	kTB
2	絶縁体	ショット雑音	TB/k
3	抵抗体	熱雑音	TB/k
4	抵抗体	ショット雑音	kTB
5	抵抗体	熱雑音	kTB

問 173

正解 □ 完璧 □ 直前CHECK □

次の記述は，受信機における信号対雑音比（S/N）の改善について述べたものである．このうち誤っているものを下の番号から選べ．

1　受信機の通過帯域幅を受信信号電波の占有周波数帯幅と同程度にすると，受信機の通過帯域幅がそれより広い場合に比べて，受信機出力の信号対雑音比（S/N）は改善される．

2　受信機の総合利得を大きくしても，受信機内部で発生する雑音が大きくなると，受信機出力の信号対雑音比（S/N）は改善されない．

3　受信機の雑音指数が大きいほど，受信機出力における信号対雑音比（S/N）の劣化度が小さい．

4　雑音電波の到来方向と受信信号電波の到来方向とが異なる場合，一般に受信アンテナの指向性を利用して，受信機入力における信号対雑音比（S/N）を改善することができる．

問 174

正解 完璧 直前CHECK

図1に示す単相ブリッジ形全波整流回路において，ダイオードD_3が断線して開放状態となった．このとき図2に示す波形の電圧を入力した場合の出力の波形として，正しいものを下の番号から選べ．ただし，図1のダイオードは，すべて同一特性のものとする．

図 1

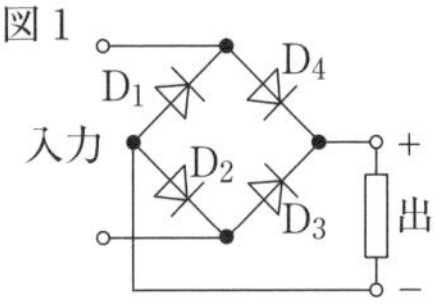

図 2

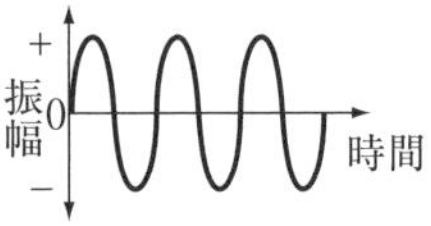

1

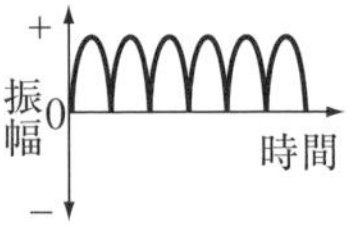

2

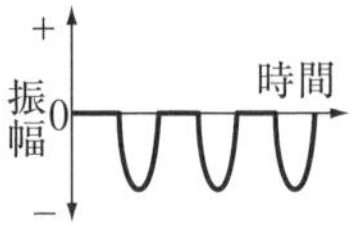

3

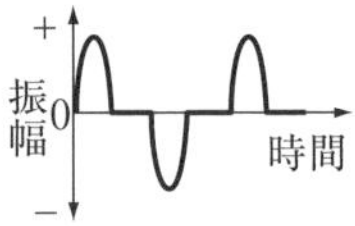

4

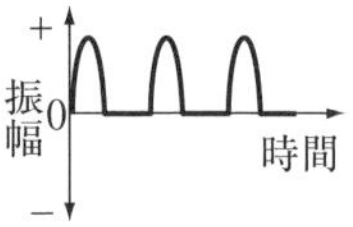

問 175

正解 完璧 直前CHECK

図1に示す同一特性のダイオードを用いた単相ブリッジ形全波整流回路において，図2に示す波形（正弦波）を入力して動作させているとき，ダイオードD_3が断線して開放状態となった．このときの出力の電圧の変化についての記述として，正しいものを下の番号から選べ．

1　出力の電圧が零になる．
2　出力の電圧の平均値が1/2になる．
3　出力の電圧の極性が反転する．
4　入力電圧がそのまま出力される．

図 1

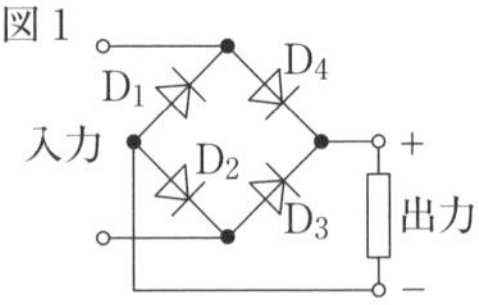

図 2

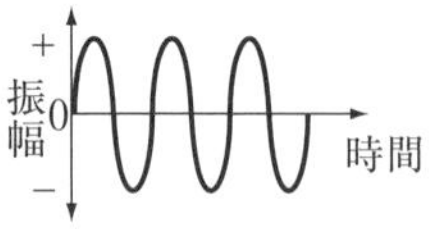

解答 問170→ア−4　イ−7　ウ−1　エ−8　オ−10　問171→1　問172→5
問173→3

問 176　解説あり！　正解 □　完璧 □　直前CHECK □

図に示すコンデンサ入力形平滑回路を持つ単相半波整流回路において，交流入力が実効値106〔V〕の単一正弦波であるとき，無負荷のときのダイオードDに加わる逆方向電圧の最大値として，最も近いものを下の番号から選べ．

1　150〔V〕
2　212〔V〕
3　300〔V〕
4　318〔V〕
5　424〔V〕

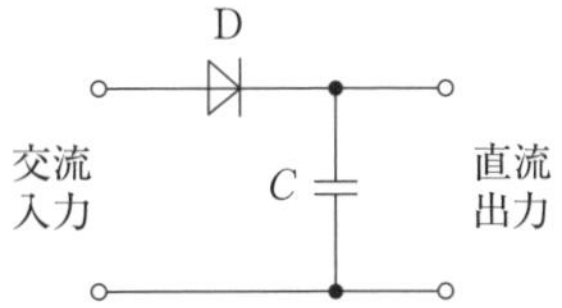

問 177　解説あり！　正解 □　完璧 □　直前CHECK □

図に示す半波整流回路およびコンデンサ入力形平滑回路において，端子ab間に交流電圧V_iを加えたとき，端子cd間に現れる無負荷電圧の値が148〔V〕であった．V_iの実効値として，最も近いものを下の番号から選べ．ただし，ダイオードDおよび変成器（変圧器）Tは理想的に動作するものとし，Tの1次側と2次側の巻線比は1：1とする．

1　50〔V〕
2　77〔V〕
3　95〔V〕
4　105〔V〕
5　120〔V〕

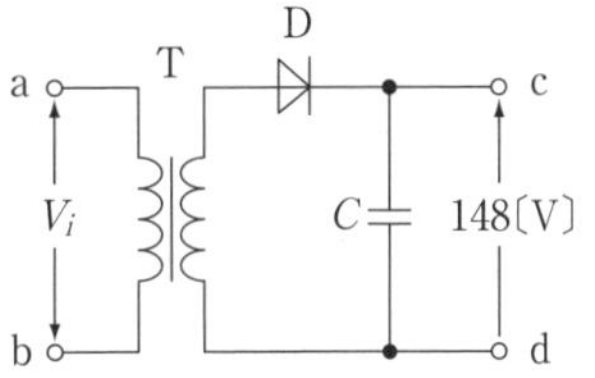

C：コンデンサ〔F〕

問 178　解説あり！　正解 □　完璧 □　直前CHECK □

図に示す整流回路における端子ab間の電圧の値として，最も近いものを下の番号から選べ．ただし，電源は実効値が24〔V〕の正弦波交流とし，また，ダイオードDの順方向の抵抗は零，逆方向の抵抗は無限大とする．

1　24〔V〕
2　34〔V〕
3　48〔V〕
4　68〔V〕
5　84〔V〕

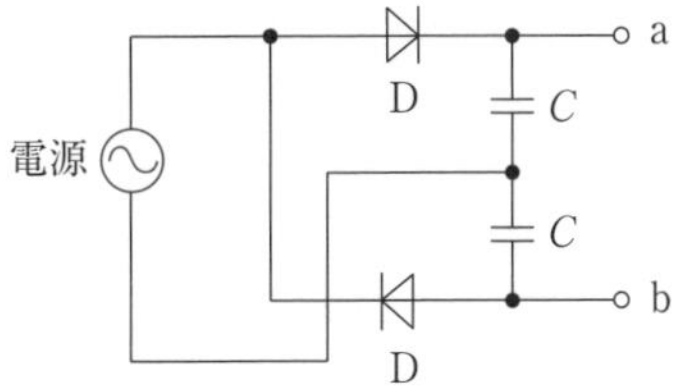

解答

解説→問176

ダイオードDに逆方向電圧の最大値V_D〔V〕が加わるのは，コンデンサCが交流入力の正の半サイクルの最大値まで充電されていて，かつ，負の半サイクルが最大値になったときだから，交流入力の実効値をV_e〔V〕とすれば，次式で表される．

$$V_D = 2\sqrt{2}\,V_e$$

この式に題意の数値を代入すると，

$$V_D \fallingdotseq 2 \times 1.41 \times 106$$
$$\fallingdotseq 298.9 \fallingdotseq 300\text{〔V〕}$$

解説→問177

実効値V_e〔V〕の正弦波電圧を加えると，正の半サイクルの電圧のときは，ダイオードDに順方向電圧が加わるので電流が流れ，コンデンサCの端子電圧は正弦波電圧の最大値まで充電され，この電圧が無負荷電圧になる．

最大値V_m〔V〕は，次式で表される．

$$V_m = \sqrt{2}\,V_e$$

よって，V_eを求めると，

$$V_e = \frac{V_m}{\sqrt{2}} \fallingdotseq \frac{148}{1.41} \fallingdotseq 105\text{〔V〕}$$

解説→問178

倍電圧整流回路の出力端子ab間には，電源の正弦波交流の最大値V_mの約2倍の直流電圧が現れる．実効値V_e=24〔V〕の正弦波交流電圧の最大値V_mは，

$$V_m = \sqrt{2}\,V_e = 1.41 \times 24 = 33.84 \fallingdotseq 34\text{〔V〕}$$

になる．よって，端子ab間の電圧V_{ab}は，

$$V_{ab} = 2V_m = 2 \times 34 = 68\text{〔V〕}$$

解答 問174→4　問175→2　問176→3　問177→4　問178→4

問 179　解説あり!　正解 □　完璧 □　直前CHECK □

電源の出力波形が図のように示されるとき，この電源のリプル率（リプル含有率）の値として，最も近いものを下の番号から選べ．ただし，リプルの波形は単一周波数の正弦波とする．

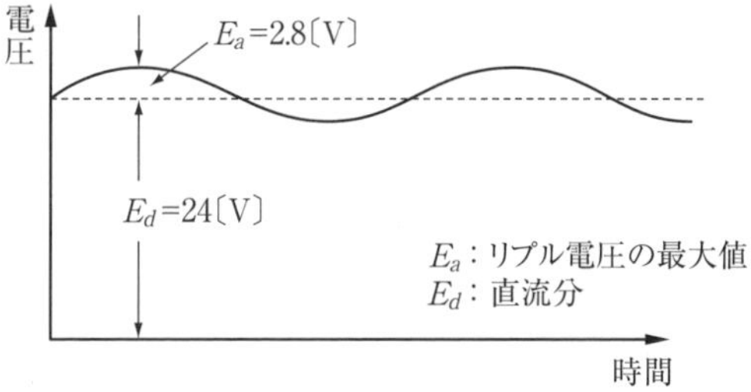

1　4〔%〕
2　8〔%〕
3　12〔%〕
4　15〔%〕
5　20〔%〕

問 180　解説あり!　正解 □　完璧 □　直前CHECK □

無負荷のときの出力電圧が63.0〔V〕および定格負荷のときの出力電圧が60.0〔V〕である電源装置の電圧変動率の値として，正しいものを下の番号から選べ．

1　1.5〔%〕　2　3.0〔%〕　3　4.4〔%〕　4　5.0〔%〕　5　6.3〔%〕

問 181　解説あり!　正解 □　完璧 □　直前CHECK □

図に示す直流電源回路の出力電圧が50〔V〕であるとき，抵抗R_1，R_2およびR_3を用いた電圧分割器により，出力端子Aから24〔V〕160〔mA〕および出力端子Bから12〔V〕60〔mA〕を取り出す場合，R_1，R_2およびR_3の抵抗値の正しい組合せを下の番号から選べ．ただし，接地端子をGとし，R_3を流れるブリーダ電流は40〔mA〕とする．

	R_1	R_2	R_3
1	80〔Ω〕	120〔Ω〕	300〔Ω〕
2	80〔Ω〕	150〔Ω〕	200〔Ω〕
3	100〔Ω〕	120〔Ω〕	150〔Ω〕
4	100〔Ω〕	150〔Ω〕	200〔Ω〕
5	100〔Ω〕	120〔Ω〕	300〔Ω〕

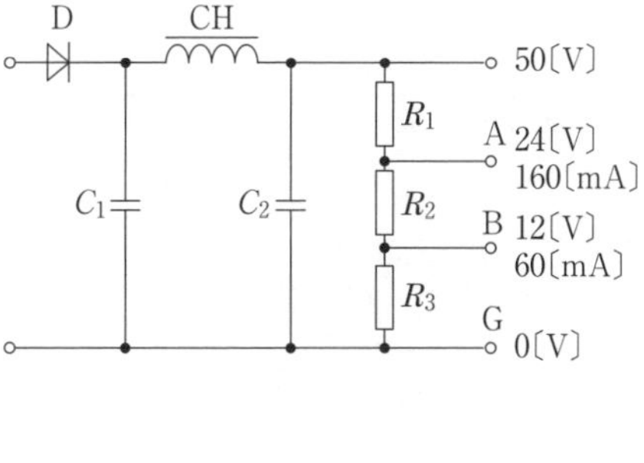

▼解答

解説 → 問179

リプルの波形は問題の条件より正弦波なので，リプル電圧の最大値がE_a〔V〕のときのリプル電圧の実効値V_e〔V〕は，次式で表される．

$$V_e = \frac{E_a}{\sqrt{2}} = \frac{2.8}{\sqrt{2}} \fallingdotseq 2 \text{〔V〕}$$

直流電圧をE_d〔V〕とするとリプル率γ〔%〕は，

$$\gamma = \frac{V_e}{E_d} \times 100 = \frac{2}{24} \times 100 \fallingdotseq 8 \text{〔%〕}$$

解説 → 問180

無負荷のときの出力電圧をV_0〔V〕，定格負荷のときの出力電圧をV_S〔V〕とすると，電圧変動率δ〔%〕は次式で表される．

$$\delta = \frac{V_0 - V_S}{V_S} \times 100 = \frac{63-60}{60} \times 100$$

$$= \frac{300}{60} = 5 \text{〔%〕}$$

解説 → 問181

記号の順番とは逆にR_3から答えを求める．

R_3を流れるブリーダ電流は40〔mA〕，R_3の両端の電圧が12〔V〕だから，

$$R_3 = \frac{12}{40 \times 10^{-3}} = 0.3 \times 10^3 \text{〔Ω〕} = 300 \text{〔Ω〕} \quad (R_3\text{の答})$$

R_2の両端の電圧は，24－12＝12〔V〕で，流れる電流は端子Bの出力電流60〔mA〕とブリーダ電流の40〔mA〕の和の100〔mA〕だから，

$$R_2 = \frac{12}{100 \times 10^{-3}} = 0.12 \times 10^3 \text{〔Ω〕} = 120 \text{〔Ω〕} \quad (R_2\text{の答})$$

R_1の両端の電圧は50－24＝26〔V〕で，流れる電流は端子Aの出力電流160〔mA〕と端子Bの出力電流60〔mA〕とブリーダ電流40〔mA〕の和の260〔mA〕だから，

$$R_1 = \frac{26}{260 \times 10^{-3}} = 0.1 \times 10^3 \text{〔Ω〕} = 100 \text{〔Ω〕} \quad (R_1\text{の答})$$

解答 問179 → 2　問180 → 4　問181 → 5

問 182 解説あり! 正解 完璧 直前CHECK

図に示すように，1次電圧E_1が120〔V〕，2次電圧E_2が100〔V〕の単巻変圧器において，2次側の電流I_2が5〔A〕のとき，変圧器の巻線yz間に流れる電流の大きさの値として，最も近いものを下の番号から選べ．ただし，変圧器の巻線のインダクタンスは十分大きく，負荷の力率は100〔%〕および変圧器の効率は90〔%〕とする．

1　0.4〔A〕
2　1.4〔A〕
3　2.4〔A〕
4　4.2〔A〕
5　4.6〔A〕

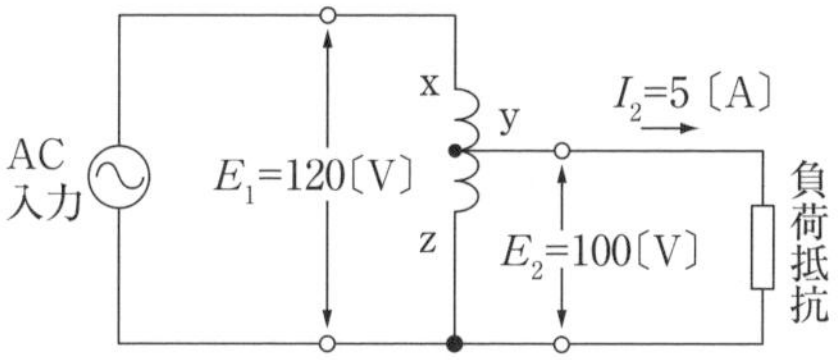

問 183 解説あり! 正解 完璧 直前CHECK

図に示すツェナーダイオードを用いた定電圧回路の安定抵抗Rの値および負荷抵抗R_Lに流し得る電流I_Lの最大値I_{Lmax}の組合せとして，最も近いものを下の番号から選べ．ただし，入力電圧は24〔V〕，ツェナーダイオードD_Zの規格はツェナー電圧が12〔V〕，許容電力が3〔W〕とする．また，Rの許容電力は十分大きいものとする．

	R	I_{Lmax}
1	24〔Ω〕	350〔mA〕
2	24〔Ω〕	300〔mA〕
3	24〔Ω〕	250〔mA〕
4	48〔Ω〕	300〔mA〕
5	48〔Ω〕	250〔mA〕

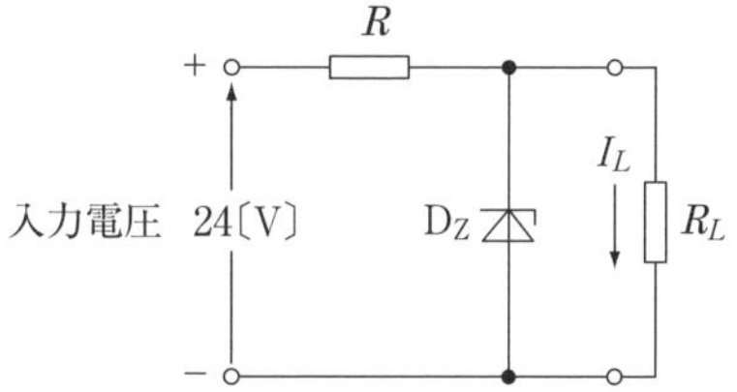

ヒント： 無負荷（I_L=0）のときにツェナーダイオードを流れる電流とI_{Lmax}は同じ値．

解説→問182

2次側に接続された負荷抵抗で消費する電力P_2〔W〕は，次式で表される．

$$P_2 = E_2 I_2 = 100 \times 5 = 500 \text{〔W〕}$$

変圧器の効率を$\eta = 90$〔%〕$= 0.9$とすると，1次側の電力P_1〔W〕は，

$$P_1 = \frac{P_2}{\eta} = \frac{500}{0.9} \fallingdotseq 556 \text{〔W〕}$$

1次側の回路を流れる電流I_1〔A〕は，

$$I_1 = \frac{P_1}{E_1} = \frac{556}{120} \fallingdotseq 4.6 \text{〔A〕}$$

2次側は1次側の逆起電力（逆方向の電圧）が発生するので，1次側と2次側を流れる電流は逆方向となり，yz間に流れる電流I〔A〕は，

$$I = I_2 - I_1 = 5 - 4.6 = 0.4 \text{〔A〕}$$

解説→問183

ツェナーダイオードのツェナー電圧をV_Z〔V〕，許容電力をP_D〔W〕とすると，負荷に流すことができる最大電流I_{Lmax}〔A〕は，次式で表される．

$$I_{Lmax} = \frac{P_D}{V_Z} = \frac{3}{12} = 0.25 \text{〔A〕} = 250 \times 10^{-3} \text{〔A〕} = 250 \text{〔mA〕}$$

（I_{Lmax}の答）

次に，入力電圧をV_I〔V〕とすると，安定抵抗R〔Ω〕は，次式で表される．

$$R = \frac{V_I - V_Z}{I_{Lmax}} = \frac{24 - 12}{0.25} = \frac{1{,}200}{25} = 48 \text{〔Ω〕}$$

（Rの答）

解答　問182→1　問183→5

問 184

正解 □ 完璧 □ 直前CHECK □

次の記述は，図に示す整流回路について述べたものである．□内に入れるべき字句を下の番号から選べ．ただし，ダイオードの順方向抵抗の値は零，逆方向抵抗の値は無限大とする．

(1) この整流回路は，交流を4個のダイオードで整流する単相［ア］整流回路である．
(2) 交流電源を流れる電流について，その振幅（電流の最大値）をI_mとすると，平均値は［イ］，実効値は［ウ］であり，波形率は約［エ］となる．
(2) 図中の直流電流計Mは可動コイル形電流計であり，その指示値が1〔mA〕であるとき，I_mの値は約［オ］〔mA〕である．

1	全波	2	$2I_m / \pi$
3	I_m / π	4	$I_m / \sqrt{2}$
5	$I_m / 2$	6	倍電圧
7	1.11	8	1.41
9	1.57	10	3.14

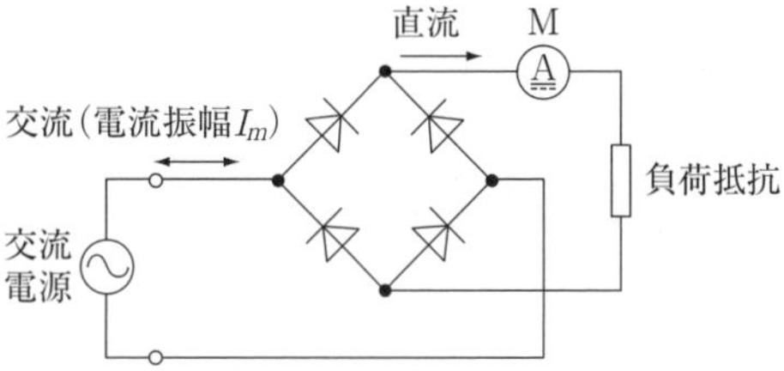

問 185

正解 □ 完璧 □ 直前CHECK □

次の記述は，鉛蓄電池について述べたものである．□内に入れるべき字句の正しい組合せを下の番号から選べ．

(1) 充電と放電を繰り返して行うことができる［A］であり，規定の状態に充電された鉛蓄電池の1個当たりの公称電圧は，［B］である．
(2) 放電終止電圧が定められており，それ以上放電すると鉛蓄電池が劣化する．この放電終止電圧は，［C］程度である．

	A	B	C
1	1次電池	1.8〔V〕	1.2〔V〕
2	1次電池	2.0〔V〕	1.8〔V〕
3	2次電池	1.8〔V〕	1.2〔V〕
4	2次電池	2.0〔V〕	1.2〔V〕
5	2次電池	2.0〔V〕	1.8〔V〕

問 186

正解 □ 完璧 □ 直前CHECK □

次の記述は，リチウムイオン蓄電池について述べたものである．このうち誤っているものを下の番号から選べ．

1　ニッケルカドミウム蓄電池に比べ自己放電量が小さい．
2　ニッケルカドミウム蓄電池と異なり，メモリー効果がないので継ぎ足し充電が可能である．
3　セル1個の公称電圧は2.0〔V〕より低い．
4　小型軽量・高エネルギー密度であるため，移動機器用の電源として広く用いられている．
5　ニッケルカドミウム蓄電池に比べ，放電特性は，放電の初期から末期まで，比較的なだらかな下降曲線を描く．

問 187

正解 □ 完璧 □ 直前CHECK □

次の記述は，ニッケル・水素蓄電池について述べたものである．□内に入れるべき字句の正しい組合せを下の番号から選べ．

(1) 電解液として水酸化カリウムを用い，陽極板として［A］を，陰極板として水素吸蔵合金（Metal-Hydride）を用いた2次電池であり，1個当たりの公称電圧は［B］である．
(2) また，［C］が小さく比較的大電流の放電にも向き，保守は鉛蓄電池に比べて容易である．

	A	B	C
1	水酸化ニッケル	1.5〔V〕	自己放電
2	水酸化ニッケル	1.2〔V〕	内部抵抗
3	亜鉛	1.5〔V〕	内部抵抗
4	亜鉛	1.2〔V〕	自己放電

解答 問184→ア−1 イ−2 ウ−4 エ−7 オ−9　問185→5

ミニ解説

問184　$波形率=\frac{実効率}{平均値}=\frac{I_m/\sqrt{2}}{2I_m/\pi}=\frac{\pi}{2\sqrt{2}}\fallingdotseq 1.11$

指示値は平均値I_aなので，$I_m=\frac{\pi}{2}I_a\fallingdotseq 1.57I_a$

問 188

正解 □ 完璧 □ 直前CHECK □

次の記述は，鉛蓄電池について述べたものである．□内に入れるべき字句の正しい組合せを下の番号から選べ．

(1) 規定の状態に充電された鉛蓄電池の公称電圧は，1個当たり約[A]〔V〕であり，電解液の比重は，[B]程度である．
(2) 電池の容量は，完全に充電された電池を一定の負荷で放電させて，放電終止電圧となるまでに取り出し得た電気量で示される．この放電終止電圧は，一般に[C]〔V〕程度である．
(2) 充電開始により，電圧および電解液の比重は徐々に上昇し，充電終期には端子電圧が[D]〔V〕程度になる．

	A	B	C	D
1	1.2	0.9～1.0	1.0	1.6
2	1.6	1.0～1.1	1.0	1.8
3	1.8	1.1～1.2	1.2	2.0
4	2.0	1.2～1.3	1.8	2.8
5	2.4	1.8～2.0	2.2	3.2

問 189

正解 □ 完璧 □ 直前CHECK □

次の記述は，電池について述べたものである．□内に入れるべき字句の正しい組合せを下の番号から選べ．

(1) マンガン乾電池は1次電池で，リチウムイオン蓄電池や[A]は，2次電池である．
(2) 電池単体の公称電圧は，マンガン乾電池が[B]〔V〕で，リチウムイオン蓄電池は，3.0〔V〕より[C]．

	A	B	C
1	アルカリマンガン電池	1.5	高い
2	アルカリマンガン電池	2.0	低い
3	鉛蓄電池	1.5	低い
4	鉛蓄電池	2.0	低い
5	鉛蓄電池	1.5	高い

問題

問 190

正解 □ 完璧 □ 直前CHECK □

図は，電源として用いられるDC－DCコンバータの構成例を示したものである．□内に入れるべき字句の正しい組合せを下の番号から選べ．

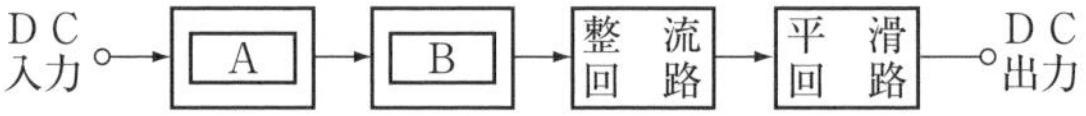

	A	B		A	B
1	インバータ	定電流回路	2	インバータ	変成器（変圧器）
3	定電圧回路	定電流回路	4	定電圧回路	充電器
5	定電圧回路	変成器（変圧器）			

▼解答

問 191

正解 □ 完璧 □ 直前CHECK □

次の記述は，図に示す直列形定電圧回路について述べたものである．□内に入れるべき字句の正しい組合せを下の番号から選べ．

(1) 出力電圧V_0は，V_ZよりV_{BE}だけ［A］電圧である．

(2) 出力電圧V_0が低下すると，トランジスタTrのベース電圧はツェナーダイオードD_Zにより一定電圧V_Zに保たれているので，ベース・エミッタ間電圧V_{BE}の大きさが［B］する．したがって，ベース電流およびコレクタ電流が増加して，出力電圧を上昇させる．また，反対に出力電圧V_0が上昇するとこの逆の動作をして，出力電圧は常に一定電圧となる．

(3) 過負荷または出力の短絡に対する，トランジスタTrの保護回路が［C］である．

	A	B	C
1	低い	増加	必要
2	低い	減少	不要
3	低い	増加	不要
4	高い	減少	不要
5	高い	増加	必要

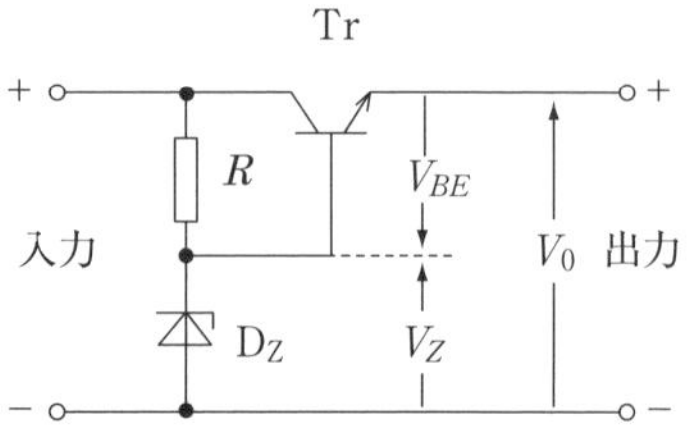

解答 問186→3　問187→2　問188→4　問189→5

ミニ解説 **問189** リチウムイオン蓄電池の電圧は，一般に3.6～3.7〔V〕．

問題

問 192

正解 [　] 完璧 [　] 直前CHECK [　]

次の記述は，図に示す電源回路において，電源電圧または負荷の値が変動した場合について述べたものである．[　　]内に入れるべき字句の正しい組合せを下の番号から選べ．

(1) 交流電源の電圧が増加したとき，ツェナーダイオードD_Zに流れる電流が[A]して，負荷電圧は一定に保たれる．

(2) 交流電源の電圧が一定で負荷電流が増加したとき，ツェナーダイオードD_Zに流れる電流が[B]して，負荷電圧が一定に保たれる．

(3) 負荷電流が最大のとき，ツェナーダイオードD_Zの消費電力は[C]となる．

	A	B	C
1	増加	減少	最大
2	増加	減少	最小
3	増加	増加	最小
4	減少	減少	最小
5	減少	増加	最大

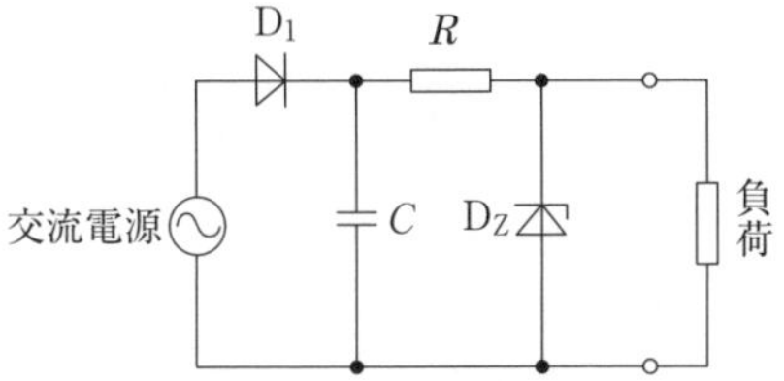

問 193

正解 [　] 完璧 [　] 直前CHECK [　]

次の記述は，図に示す並列形定電圧回路の動作について述べたものである．[　　]内に入れるべき字句の正しい組合せを下の番号から選べ．

出力電圧が上昇すると，トランジスタTrのコレクタとエミッタの間の電圧が上昇するが，トランジスタTrのコレクタとベース間は[A]により一定電圧に保たれているので，エミッタとベース間の電圧が[B]し，コレクタ電流が増加する．したがって抵抗R_1における電圧降下が[C]し，出力電圧の上昇を抑える．また，反対に出力電圧が低下するとこの逆の動作をして，出力電圧の低下を抑える．

	A	B	C
1	バラクタダイオード	減少	減少
2	バラクタダイオード	増加	増加
3	ツェナーダイオード	増加	減少
4	ツェナーダイオード	減少	減少
5	ツェナーダイオード	増加	増加

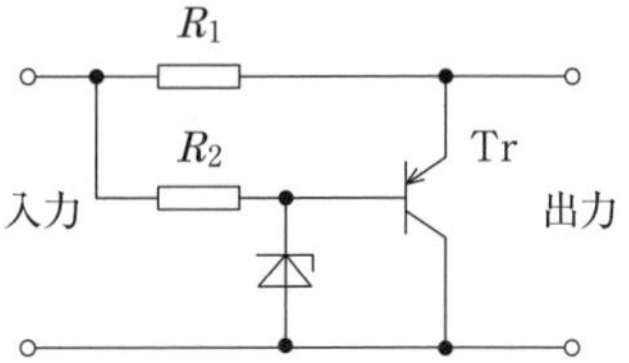

問 194　正解□　完璧□　直前CHECK□

次の記述は，1/4波長垂直接地アンテナについて述べたものである．このうち誤っているものを下の番号から選べ．

1　定在波アンテナの一種である．
2　水平面の指向性は全方向性（無指向性）である．
3　アンテナの電流分布は先端で最小である．
4　放射抵抗は約73〔Ω〕である．
5　電気影像の理により半波長ダイポールアンテナと同じような動作原理である．

問 195　正解□　完璧□　直前CHECK□

次の記述は，1/4波長垂直接地アンテナおよび短縮形アンテナについて述べたものである．このうち誤っているものを下の番号から選べ．

1　1/4波長垂直接地アンテナは，大地の電気影像により半波長ダイポールアンテナと同じように動作する．
2　1/4波長垂直接地アンテナの場合，電波の放射に最も役立つのは，アンテナの頂部付近である．
3　短縮形アンテナの一つに，アンテナの中央部にローディングコイルを挿入したものがある．
4　アンテナの基部にローディングコイルを挿入した短縮形アンテナをボトムローディング形アンテナという．
5　アンテナの頂部に容量冠や延長コイルを挿入した短縮形アンテナをトップローディング形アンテナという．

解答　問190→2　問191→1　問192→2　問193→5

問 196 解説あり! 正解 □ 完璧 □ 直前CHECK □

1/4波長垂直接地アンテナからの放射電力が576〔W〕であった．このときのアンテナへの給電電流の値として，最も近いものを下の番号から選べ．

1　2〔A〕　　2　4〔A〕　　3　6〔A〕　　4　8〔A〕　　5　10〔A〕

ヒント： 1/4波長垂直接地アンテナの放射抵抗は，約36〔Ω〕

問 197 解説あり! 正解 □ 完璧 □ 直前CHECK □

送信機とアンテナを完全に整合させたとき，アンテナ電流は2〔A〕であった．この状態でアンテナからの放射電力およびアンテナの実効抵抗がそれぞれ170〔W〕および50〔Ω〕のとき，アンテナの放射抵抗および放射効率の値として，正しい組合せを下の番号から選べ．

	放射抵抗	放射効率		放射抵抗	放射効率
1	30.5〔Ω〕	70〔%〕	2	30.5〔Ω〕	65〔%〕
3	42.5〔Ω〕	85〔%〕	4	42.5〔Ω〕	65〔%〕
5	42.5〔Ω〕	70〔%〕			

問 198 正解 □ 完璧 □ 直前CHECK □

次の記述は，接地アンテナの接地（アースまたはグランド）方法について述べたものである．□内に入れるべき字句の正しい組合せを下の番号から選べ．

(1) 接地アンテナの電力損失は，ほとんど接地抵抗による［A］損失であるので，このアンテナの放射効率をよくするためには，接地抵抗を［B］する必要がある．
(2) 乾燥地など大地の導電率が悪い所での接地のためには，地上に導線や導体網を張り，これらと大地との容量を通して接地効果を得る［C］が用いられる．

	A	B	C
1	誘電体	小さく	カウンターポイズ
2	誘電体	大きく	ラジアルアース
3	誘電体	大きく	カウンターポイズ
4	熱	大きく	ラジアルアース
5	熱	小さく	カウンターポイズ

解説 → 問196

放射電力をP〔W〕，放射抵抗をR_r〔Ω〕，給電電流をI〔A〕とすると，

$$P = I^2 R_r$$

1/4波長接地アンテナの放射抵抗は約36〔Ω〕であるから，

$$576 = I^2 \times 36$$

よって，

$$I^2 = \frac{576}{36}$$

$$I = \sqrt{\frac{576}{36}} = \sqrt{16} = 4 \text{〔A〕}$$

解説 → 問197

アンテナに供給される電力をP〔W〕，放射電力をP_r〔W〕，実効抵抗をR〔Ω〕とすると，放射効率ηは，次式で表される．

$$\eta = \frac{P_r}{P}$$

$$= \frac{P_r}{I^2 R}$$

$$= \frac{170}{2^2 \times 50}$$

$$= \frac{17}{20}$$

$$= 0.85$$

$$= 0.85 \times 100 \text{〔\%〕} = 85 \text{〔\%〕}$$　（放射効率の答）

放射抵抗をR_r〔Ω〕とすると，

$$\eta = \frac{R_r}{R}$$

より，

$$R_r = \eta R$$

$$= 0.85 \times 50 = 42.5 \text{〔Ω〕}$$　（放射抵抗の答）

解答　問194 → 4　問195 → 2　問196 → 2　問197 → 3　問198 → 5

問 199

正解 □　完璧 □　直前CHECK □

次の記述は，半波長ダイポールアンテナの電気的特性について述べたものである．□内に入れるべき字句の正しい組合せを下の番号から選べ．ただし，波長を λ〔m〕とする．

半波長ダイポールアンテナにおいて，中央部分から給電したときの放射抵抗は約［A］〔Ω〕，実効長は［B］〔m〕であり，アンテナ利得を［C］で表すと約2.15〔dB〕である．

	A	B	C
1	50	$\dfrac{\lambda}{\pi}$	絶対利得
2	50	$\dfrac{\lambda}{2\pi}$	相対利得
3	73	$\dfrac{\lambda}{\pi}$	相対利得
4	73	$\dfrac{\lambda}{2\pi}$	相対利得
5	73	$\dfrac{\lambda}{\pi}$	絶対利得

問 200

正解 □　完璧 □　直前CHECK □

次の記述は，アンテナの利得について述べたものである．□内に入れるべき字句の正しい組合せを下の番号から選べ．

(1) 利得は，基準アンテナに対する性能を表すものであり，基準アンテナとして［A］アンテナを用いたときの利得を絶対利得という．また，通常，［B］アンテナを用いたときの利得を相対利得という．

(2) 同一アンテナの相対利得と絶対利得の数値を比較すると，［C］利得の方が大きな値となる．

	A	B	C
1	半波長ダイポール	等方性	相対
2	半波長ダイポール	等方性	絶対
3	半波長ダイポール	3素子八木	相対
4	等方性	半波長ダイポール	相対
5	等方性	半波長ダイポール	絶対

問 201　正解 □ 完璧 □ 直前CHECK □

次の記述は，超短波 (VHF) 帯のアンテナの利得について述べたものである．□内に入れるべき字句の正しい組合せを下の番号から選べ．

(1) 試験アンテナの放射電力P〔W〕および基準アンテナの放射電力P_0〔W〕を，同一距離で同一電界強度を生ずるように調整したとき，試験アンテナの利得Gは，G ＝ [A] (真数) で定義される．
(2) 基準アンテナを**等方性**アンテナにしたときの利得を絶対利得，**半波長ダイポール**アンテナにしたときの利得を相対利得という．
(3) 半波長ダイポールアンテナの最大放射方向の [B] は1.64 (真数) で，等方性アンテナの絶対利得の値より [C] ．

	A	B	C
1	P_0/P	絶対利得	大きい
2	P_0/P	相対利得	小さい
3	P/P_0	絶対利得	小さい
4	P/P_0	相対利得	大きい

問 202　正解 □ 完璧 □ 直前CHECK □

次の記述は，折り返し半波長ダイポールアンテナについて述べたものである．□内に入れるべき字句の正しい組合せを下の番号から選べ．

(1) 給電点インピーダンスは，約 [A] 〔Ω〕である．
(2) 実効長は，使用する電波の波長をλ〔m〕とすれば，[B] 〔m〕である．
(3) 八木アンテナの [C] として多く用いられている．

	A	B	C
1	292	$\frac{2\lambda}{\pi}$	放射器
2	292	$\frac{\lambda}{\pi}$	導波器
3	292	$\frac{2\lambda}{\pi}$	導波器
4	75	$\frac{\lambda}{\pi}$	導波器
5	75	$\frac{2\lambda}{\pi}$	放射器

注：**太字**は，ほかの試験問題で穴あきになった用語を示す．

解答　**問199→5**　**問200→5**

問 203

正解 □ 完璧 □ 直前CHECK □

次の記述は，アンテナの電流分布および短縮形アンテナについて述べたものである．[　　]内に入れるべき字句を下の番号から選べ．

(1) 1/4波長垂直接地アンテナの電流分布は，アンテナ基部において[ア]，頂部（先端部）において[イ]となり，頂部付近は電波の放射にはあまり役立たない．
(2) このため，頂部に容量冠や[ウ]を挿入して，実際の高さを低くし，実効高をあまり低下させずに効率良く電波を放射する[エ]形アンテナが用いられている．
(3) また，アンテナの基部にローディングコイルを挿入した[オ]形アンテナや，アンテナの中央部にローディングコイルを挿入した短縮形アンテナなども用いられている．

1　零	2　延長コイル	3　センタローディング	4　トップローディング
5　逆L形	6　最大	7　短縮コンデンサ	8　ボトムローディング
9　ループ	10　T形		

問 204

正解 □ 完璧 □ 直前CHECK □

次の記述は，八木アンテナについて述べたものである．[　　]内に入れるべき字句の正しい組合せを下の番号から選べ．ただし，波長をλとする．

(1) 3素子の八木アンテナは，放射器，導波器および反射器で構成されており，放射器の長さは[A]となっている．
(2) 指向性は，放射器から見て[B]の方向に得られる．
(3) 利得を増加させるには，[C]の数を増やす方法がある．
(4) 3素子八木アンテナの各素子の中で，一番長いのは[D]である．

	A	B	C	D
1	$\frac{\lambda}{2}$	導波器	放射器	導波器
2	$\frac{\lambda}{2}$	反射器	導波器	放射器
3	$\frac{\lambda}{2}$	導波器	導波器	反射器
4	$\frac{\lambda}{4}$	反射器	放射器	導波器
5	$\frac{\lambda}{4}$	導波器	導波器	反射器

問 205

正解 □ 完璧 □ 直前CHECK □

次の記述は，図に示すキュビカルクワッドアンテナについて述べたものである．□内に入れるべき字句の正しい組合せを下の番号から選べ．

(1) キュビカルクワッドアンテナは，一辺の長さが1/4波長で全長がほぼ1波長の四角形ループの放射器と，全長が放射器より数パーセント［A］四角形ループの反射器とを0.1～0.25波長の間隔で配置したアンテナである．

(2) キュビカルクワッドアンテナの指向特性は，ループの面と［B］の方向が最大であり，また，放射される電波は，［C］偏波である．

	A	B	C
1	長い	直角	水平
2	長い	平行	垂直
3	短い	直角	垂直
4	短い	平行	水平
5	短い	直角	水平

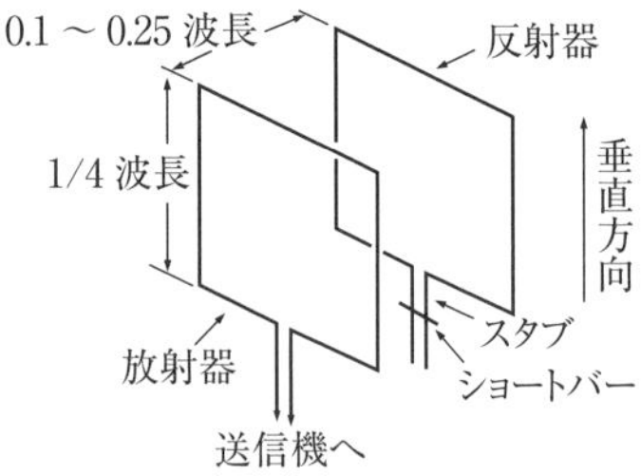

問 206

正解 □ 完璧 □ 直前CHECK □

次の記述は，図に示すスリーブアンテナについて述べたものである．このうち誤っているものを下の番号から選べ．

1　スリーブアンテナは，同軸ケーブルの内部導体に長さ1/4波長のアンテナ素子を取り付け，外部導体に長さ1/4波長のスリーブを接続したものである．

2　スリーブアンテナは，全体として半波長ダイポールアンテナと同じ動作をする．

3　スリーブアンテナを大地に垂直に設置した場合，水平面の指向性は8字形で，垂直面の指向性は，全方向性（無指向性）である．

4　通常，特性インピーダンス75〔Ω〕の同軸ケーブルを図のように接続したとき，整合回路は不要である．

5　利得は，半波長ダイポールアンテナと同じである．

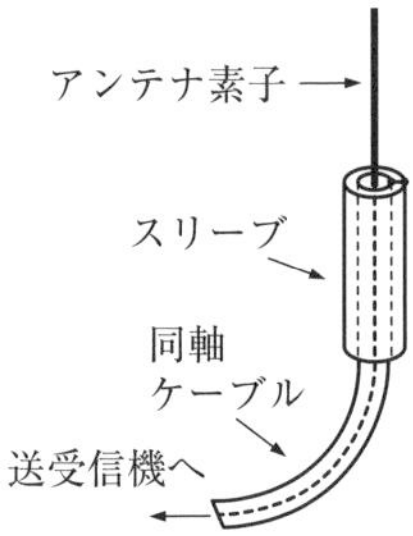

解答　問201→1　問202→1　問203→ア－6　イ－1　ウ－2　エ－4　オ－8
問204→3

問 207 解説あり!　正解□　完璧□　直前CHECK□

半波長ダイポールアンテナに32〔W〕の電力を加え，また，八木アンテナに4〔W〕の電力を加えたとき，両アンテナの最大放射方向の同一距離の所で，それぞれのアンテナから放射される電波の電界強度が等しくなった．このとき八木アンテナの相対利得の値として，最も近いものを下の番号から選べ．ただし，整合損失や給電線損失などの損失は，無視できるものとする．

1　9〔dB〕　2　12〔dB〕　3　16〔dB〕　4　20〔dB〕　5　32〔dB〕

問 208 解説あり!　正解□　完璧□　直前CHECK□

利得12〔dB〕の同一特性の八木アンテナ4個を用いて，2列2段スタックの配置とし，各アンテナの給電点が同じ位相となるように給電するとき，このアンテナ（スタックドアンテナ）の総合利得の値として，最も近いものを下の番号から選べ．

ただし，$\log_{10}2 \fallingdotseq 0.3$とする．

1　12〔dB〕　2　14〔dB〕　3　15〔dB〕　4　16〔dB〕　5　18〔dB〕

問 209　正解□　完璧□　直前CHECK□

次の記述は，図に示す八木アンテナについて述べたものである．□内に入れるべき字句の正しい組合せを下の番号から選べ．ただし，波長をλとする．

(1) 八木アンテナは，[A]アンテナの一種で，放射器，導波器および反射器で構成されており，放射器の長さは，ほぼ$\lambda/2$となっている．
(2) 最大放射方向は，放射器から見て[B]の方向に得られる．
(3) 放射器の給電点インピーダンスは，導波器や反射器と放射器との間隔により変化するが，単独の半波長ダイポールアンテナより[C]なる．

	A	B	C
1	定在波	導波器	低く
2	定在波	反射器	高く
3	定在波	導波器	高く
4	進行波	反射器	高く
5	進行波	導波器	低く

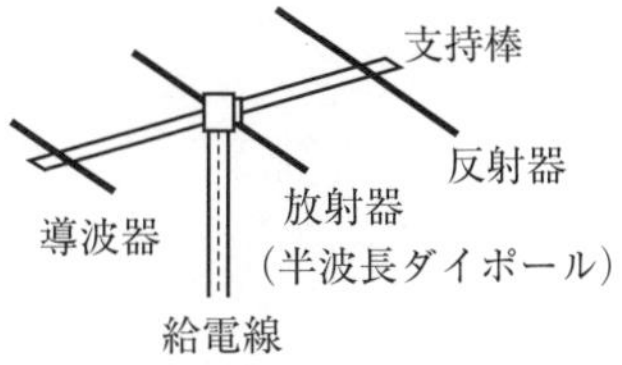

解説 → 問207

基準アンテナの半波長ダイポールアンテナに加える電力をP_0〔W〕，八木アンテナに加える電力をP〔W〕とすると，送信アンテナの利得Gは次式で表される．

$$G = \frac{P_0}{P}$$

これをデシベルG_{dB}〔dB〕で表すと，

$$G_{dB} = 10\log_{10}\frac{P_0}{P}$$

$$= 10\log_{10}\frac{32}{4} = 10\log_{10}8$$

$$= 10\log_{10}(2\times2\times2)$$

$$= 10\log_{10}2 + 10\log_{10}2 + 10\log_{10}2$$

$$\fallingdotseq 3+3+3 = 9\ \text{〔dB〕}$$

> **真数の積はlogの和**
>
> $\log_{10}2 \fallingdotseq 0.3$

基準アンテナとして半波長ダイポールアンテナを用いたときの利得を相対利得，等方性アンテナを用いたときの利得を絶対利得という．

解説 → 問208

同一の特性で，利得が同じアンテナをM段，N列組み合わせてスタック配置としたとき，利得の増加G_{sdB}は，次式で表される．

$$G_{sdB} = 10\log_{10}(M\times N)$$

$$= 10\log_{10}(2\times2)$$

$$= 10\log_{10}2 + 10\log_{10}2$$

$$\fallingdotseq 3+3 = 6\ \text{〔dB〕}$$

利得G_{dB}の八木アンテナ4個をスタック配置した場合の総合利得G_{0dB}は，

$$G_{0dB} = G_{dB} + G_{sdB}$$

$$= 12+6 = 18\ \text{〔dB〕}$$

解答　問205→1　問206→3　問207→1　問208→5　問209→1

問題

問 210 解説あり！ 正解 □ 完璧 □ 直前CHECK □

周波数が10.1〔MHz〕，電界強度が30〔mV/m〕の電波を半波長ダイポールアンテナで受信したとき，受信機の入力端子電圧の最大値として，最も近いものを下の番号から選べ．ただし，アンテナと受信機入力回路は整合しているものとする．

1　30〔mV〕　2　51〔mV〕　3　71〔mV〕　4　142〔mV〕　5　284〔mV〕

ヒント：整合しているときの入力電圧は，アンテナの誘起電圧の$\frac{1}{2}$となる．

問 211 解説あり！ 正解 □ 完璧 □ 直前CHECK □

次の記述は，ホーンアンテナ（電磁ラッパ）の特徴について述べたものである．このうち誤っているものを下の番号から選べ．

1　ホーンの開き角を変えても，ホーン開口面の面積が一定の場合には利得が変わらない．
2　反射鏡付きアンテナの1次放射器として用いられることが多い．
3　主にマイクロ波以上の周波数で使用されている．
4　導波管の先端を円すい形，角すい形等の形状で開口したアンテナである．
5　構造が簡単であり調整もほとんど不要である．

問 212 正解 □ 完璧 □ 直前CHECK □

次に挙げるアンテナのうち，進行波アンテナとして動作するものを下の番号から選べ．

1　キュビカルクワッドアンテナ
2　八木アンテナ
3　ダイポールアンテナ
4　コリニアアレーアンテナ
5　ロンビックアンテナ

解説→問210

波長λ〔m〕，電界強度E〔V/m〕の電波を半波長ダイポールアンテナで受信したとき，アンテナに誘起する電圧V〔V〕は，次式で表される．ただし，$\ell_e = \lambda / \pi$〔m〕を半波長ダイポールアンテナの実効長とする．

$$V = E\ell_e = \frac{\lambda}{\pi} E$$

周波数がf〔MHz〕の電波の波長λは，次式で表される．

$$\lambda = \frac{300}{f}\text{〔m〕}$$

アンテナと受信機入力回路が整合しているときは，受信機入力端子電圧V_I〔V〕は，アンテナに誘起する電圧Vの1/2となるので，次式で表される．

$$V_I = \frac{V}{2} = \frac{\lambda E}{2\pi} = \frac{300E}{2\pi f}$$

$$\fallingdotseq \frac{0.16 \times 300 \times 30 \times 10^{-3}}{10.1}$$

$$\fallingdotseq 142 \times 10^{-3}\text{〔V〕} = 142\text{〔mV〕}$$

ただし，$\dfrac{1}{2\pi} \fallingdotseq 0.16$

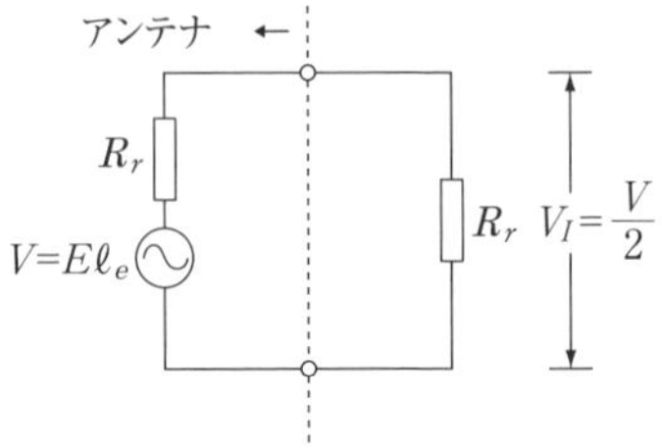

解説→問211

ホーンアンテナは，開口面の面積を一定にしたままホーンの開き角が小さくなるように，ホーンの長さを長くすると利得が大きくなる．

解答 問210→4　問211→1　問212→5

問 213

正解□　完璧□　直前CHECK□

次の記述は，進行波アンテナと定在波アンテナについて述べたものである．このうち誤っているものを下の番号から選べ．

1　進行波アンテナの周波数特性は，通常，定在波アンテナより狭帯域である．
2　終端がその線路の特性インピーダンスと等しい抵抗に接続されたアンテナ上には進行波のみが流れ，これにより電波を放射するアンテナを進行波アンテナという．
3　先端が開放されているアンテナ上には定在波が発生し，これにより電波を放射するアンテナを定在波アンテナという．
4　定在波アンテナは，放射素子を共振状態のもとで使用する．

問 214

正解□　完璧□　直前CHECK□

次のアンテナのうち，通常水平面内における指向性が全方向性（無指向性）として使用するアンテナを下の番号から選べ．

1　八木アンテナ
2　対数周期アンテナ
3　グランドプレーンアンテナ
4　逆（インバーテッド）Vアンテナ
5　キュビカルクワッドアンテナ

問 215

正解□　完璧□　直前CHECK□

次に挙げるアンテナのうち，主に水平面内における無指向性が利用されるアンテナを下の番号から選べ．

1　折り返しダイポールアンテナ
2　ターンスタイルアンテナ
3　キュビカルクワッドアンテナ
4　八木アンテナ
5　ロンビックアンテナ

問 216

正解 □ 完璧 □ 直前CHECK □

次の記述は，アンテナの給電線について述べたものである．□内に入れるべき字句を下の番号から選べ．ただし，□内の同じ記号は，同じ字句を示す．

(1) 特性インピーダンスZ_0の給電線の終端にインピーダンスZ_iのアンテナを接続したとき，[ア]であれば，給電線に加えた電力はその途中の[イ]を除いてすべてアンテナに供給される．
(2) この場合，電圧波と電流波が同じ位相でアンテナの給電点に向かって移動し，給電線上の電圧波と電流波は，どの場所でも[ウ]がほぼ一定である．このような波動を[エ]という．
(3) このように[エ]だけを伝送する給電線を[オ]という．

1 減衰	2 $Z_0 < Z_i$	3 非同調給電線	4 進行波	5 $Z_0 = Z_i$
6 同調給電線	7 平行二線式給電線	8 振幅	9 反射波	10 定在波

問 217

正解 □ 完璧 □ 直前CHECK □

次の記述は，同軸形給電線について述べたものである．□内に入れるべき字句の正しい組合せを下の番号から選べ．

(1) 同軸形給電線は，[A]形給電線として広く用いられており，外部導体がシールドの役割をするので，**放射**損失が少なく，また，外部電磁波の影響を受けにくい．
(2) 特性インピーダンスは，内部導体の外径，外部導体の[B]および各導体の間に使用している絶縁物質の**比誘電率**で決まり，**比誘電率**が大きくなるほど特性インピーダンスは[C]なる．また，周波数が高くなるほど誘電体損失が大きくなるため，主に極超短波（UHF）帯以下の周波数で使用される．

	A	B	C
1	平衡	外径	大きく
2	平衡	内径	小さく
3	不平衡	外径	小さく
4	不平衡	内径	小さく
5	不平衡	外径	大きく

注：**太字**は，ほかの試験問題で穴あきになった用語を示す．

解答 問213→1　問214→3　問215→2

問 218

正解 □ 完璧 □ 直前CHECK □

次の記述は，給電線における定在波および定在波比について述べたものである．このうち誤っているものを下の番号から選べ．

1　定在波は，給電線上に入射波と反射波が合成されて生ずる．
2　反射波がないときの電圧定在波比（VSWR）は0である．
3　電圧定在波比（VSWR）は，電圧定在波の波腹（最大振幅の点）と波節（最小振幅の点）における電圧振幅の比で示される．
4　特性インピーダンスが50〔Ω〕の給電線に入力インピーダンスが75〔Ω〕のアンテナを接続すると，電圧定在波比（VSWR）は1.5となる．
5　定在波比は，給電線とアンテナのインピーダンス整合の度合を表す．

問 219

正解 □ 完璧 □ 直前CHECK □

次の記述は，半波長ダイポールアンテナに同軸給電線で給電するときの整合について述べたものである．□内に入れるべき字句の正しい組合せを下の番号から選べ．

半波長ダイポールアンテナに同軸給電線で直接給電すると，［A］形アンテナと不平衡給電線とを直接接続することになり，同軸給電線の外部導体の外側表面に［B］が流れる．このため，半波長ダイポールアンテナの素子に流れる電流が不平衡になるほか，同軸給電線からも電波が放射されるので，これらを防ぐため，［C］を用いて整合をとる．

	A	B	C
1	平衡	漏えい電流	バラン
2	平衡	うず電流	Qマッチング
3	平衡	漏えい電流	Qマッチング
4	不平衡	うず電流	Qマッチング
5	不平衡	漏えい電流	バラン

問 220　解説あり！

正解 □ 完璧 □ 直前CHECK □

アンテナの電圧反射係数が$0.2+j0.1$であるときの電圧定在波比（VSWR）の値として，最も近いものを下の番号から選べ．

1　2.6　　2　2.0　　3　1.6　　4　1.1　　5　1.0

解説 → 問220

給電線にその特性インピーダンスと異なる入力インピーダンスのアンテナを接続したとき，給電線に加えた電圧の進行波は接合部において一部または全部が反射し，給電線上には入射波と反射波が合成されて定在波が生じる．このとき進行波$\dot{V}_f$と反射波の電圧$\dot{V}_r$の比を電圧反射係数Γといい，次式で表される．

$$\Gamma = \frac{\dot{V}_r}{\dot{V}_f}$$

給電線上の定在波の大きさを表す電圧定在波比（VSWR）Sは，進行波および反射波の電圧の絶対値の和V_{max}と，差V_{min}の比だから，次式で表される関係となる．

$$S = \frac{V_{max}}{V_{min}} = \frac{|\dot{V}_f| + |\dot{V}_r|}{|\dot{V}_f| - |\dot{V}_r|} = \frac{1 + \dfrac{|\dot{V}_r|}{|\dot{V}_f|}}{1 - \dfrac{|\dot{V}_r|}{|\dot{V}_f|}}$$

したがって，VSWRを電圧反射係数Γで表せば，

$$S = \frac{1 + |\Gamma|}{1 - |\Gamma|}$$

題意の電圧反射係数$\Gamma = 0.2 + j0.1$の絶対値$|\Gamma|$は，

$$|\Gamma| = \sqrt{0.2^2 + 0.1^2}$$
$$= \sqrt{0.04 + 0.01}$$
$$= \sqrt{0.05} \fallingdotseq 0.22$$

$\sqrt{5} \fallingdotseq 2.24$

よって，電圧定在波比Sは，

$$S = \frac{1 + 0.22}{1 - 0.22}$$

$$= \frac{1.22}{0.78} \fallingdotseq 1.56 \fallingdotseq 1.6$$

解答 問216→ア−5 イ−1 ウ−8 エ−4 オ−3　問217→4　問218→2
問219→1　問220→3

問 221 解説あり! 正解 完璧 直前CHECK

図に示すように，送信点Bと受信点Cとの間の距離が600〔km〕で，電離層のF層1回反射伝搬において，最高使用可能周波数（MUF）が20〔MHz〕であるとき，臨界周波数f_C〔MHz〕の値として，正しいものを下の番号から選べ．ただし，F層の反射点Aの高さは400〔km〕とする．また，MUFをf_M〔MHz〕とし，θを電離層への入射角および反射角とすれば，f_Mは，次式で与えられるものとする．

$$f_M = f_C \sec\theta$$

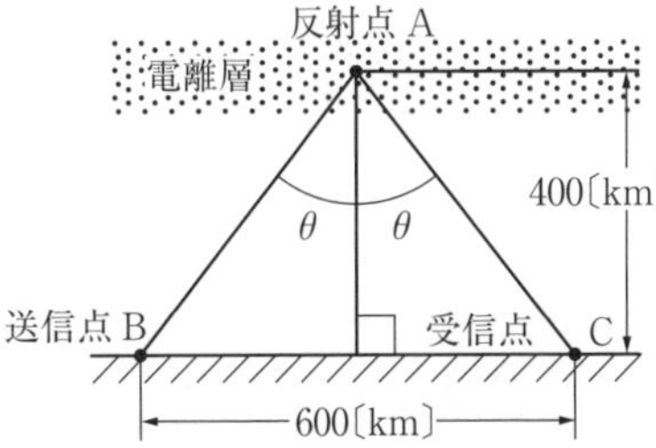

1　18〔MHz〕
2　16〔MHz〕
3　14〔MHz〕
4　12〔MHz〕
5　10〔MHz〕

問 222 正解 完璧 直前CHECK

次の記述は，電離層の状態について述べたものである．このうち誤っているものを下の番号から選べ．

1　E層は地上約100〔km〕の高さに現れ，F層は地上約200〔km〕から400〔km〕の高さに現れる．
2　F層の電子密度は，E層の電子密度に比較して大きい．
3　電離層の電子密度は，昼間は大きく夜間は小さい．
4　F層の高さは，季節および時刻によって変化する．
5　太陽黒点数の多い年は，少ない年よりも電離層の電子密度は小さくなる．

問 223 解説あり! 正解 完璧 直前CHECK

電離層の臨界周波数が12.6〔MHz〕であるとき，800〔km〕離れた地点と交信しようとするときのMUF（最高使用周波数）の値として，最も近いものを下の番号から選べ．ただし，電離層の見掛けの高さを300〔km〕とし，地表は平らな面と仮定する．

1　7〔MHz〕　2　14〔MHz〕　3　18〔MHz〕　4　21〔MHz〕　5　28〔MHz〕

解説 → 問221

解説図のように，送受信点間の1/2の距離をd_hとすると$d_h = 300$〔km〕だから，電離層の高さをh〔km〕とすると，反射点までの電波経路ℓ〔km〕は，

$$\ell = \sqrt{{d_h}^2 + h^2} = \sqrt{300^2 + 400^2}$$
$$= \sqrt{(3^2+4^2) \times 100^2}$$
$$= \sqrt{25} \times 100 = 500 \text{〔km〕}$$

$\sqrt{(3^2+4^2)} = 5$
を覚えると計算が楽になる

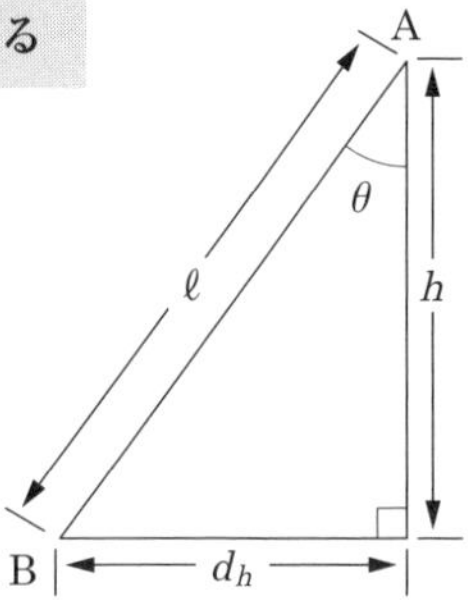

よって，臨界周波数をf_C〔MHz〕とすると，MUFのf_M〔MHz〕は次式で表される．

$$f_M = f_C \sec\theta = f_C \frac{1}{\cos\theta} = f_C \frac{\ell}{h}$$

臨界周波数f_Cを求めると，

$$f_C = f_M \frac{h}{\ell} = 20 \times \frac{400}{500}$$
$$= \frac{80}{5} = 16 \text{〔MHz〕}$$

解説 → 問223

解説図のように，送受信点間の1/2の距離をd_hとすると$d_h = 400$〔km〕だから，電離層の高さをh〔km〕とすると，反射点までの電波経路ℓ〔km〕は，

$$\ell = \sqrt{{d_h}^2 + h^2} = \sqrt{400^2 + 300^2}$$
$$= \sqrt{(4^2+3^2) \times 100^2}$$
$$= \sqrt{25} \times 100 = 500 \text{〔km〕}$$

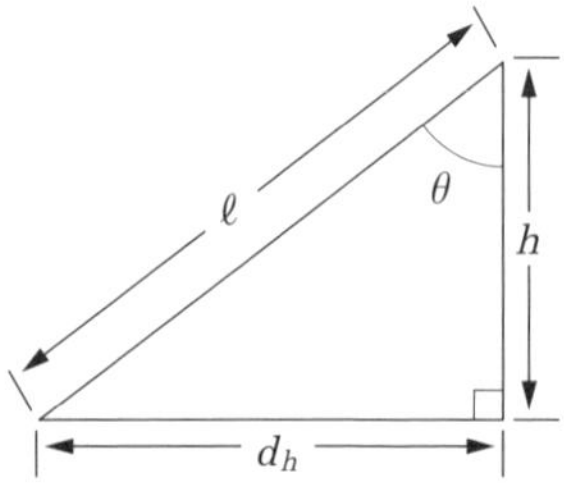

よって，臨界周波数をf_C〔MHz〕とすると，MUFのf_M〔MHz〕は，

$$f_M = f_C \frac{\ell}{h} = 12.6 \times \frac{500}{300}$$
$$= \frac{12.6 \times 5}{3} = 4.2 \times 5 = 21 \text{〔MHz〕}$$

解答　問221 → 2　問222 → 5　問223 → 4

問題

問 224

正解　完璧　直前CHECK

次の記述は，短波（HF）帯の電波伝搬について述べたものである．[　　]内に入れるべき字句の正しい組合せを下の番号から選べ．

2地点間の短波通信回線において，使用周波数を次第に[A]すると，電離層のD層およびE層における[B]減衰が大きくなってゆき，ついに通信ができなくなる．この限界の周波数を[C]という．

	A	B	C		A	B	C
1	高く	第2種	LUF	2	高く	第1種	MUF
3	低く	第1種	MUF	4	低く	第2種	MUF
5	低く	第1種	LUF				

問 225

正解　完璧　直前CHECK

次の記述は，周波数帯ごとの電波の伝搬の特徴について述べたものである．[　　]内に入れるべき字句の正しい組合せを下の番号から選べ．

(1) 中波（MF）帯の電波の伝搬では，昼間はD層による**減衰**が大きいため電離層反射波はほとんど無く，主に[A]が伝搬するが，夜間はE層またはF層で反射して遠くまで伝わる．

(2) 短波（HF）帯の電波は，電離層波により遠距離に伝搬する．電離層の電子密度は，[B]の影響を受け**季節**や時刻によって変化するため，使用できる**周波数**も変化する．

(3) 超短波（VHF）帯の電波は，伝搬距離が短いときは主に**直接波**が伝わる．通常は電離層反射波は無いが，[C]での反射により遠距離まで伝搬することがある．

	A	B	C
1	散乱波	地球磁界	F層
2	散乱波	太陽活動	スポラジックE層
3	地表波	太陽活動	F層
4	地表波	太陽活動	スポラジックE層
5	地表波	地球磁界	F層

注：**太字**は，ほかの試験問題で穴あきになった用語を示す．

問題

問 226

正解 □ 完璧 □ 直前CHECK □

次の記述は，電離層伝搬を用いた短波通信におけるMUF，LUFおよびFOTについて述べたものである．このうち誤っているものを下の番号から選べ．

1　MUFは，送受信点間で短波通信を行うために使用可能な周波数のうち最高の周波数である．
2　MUFより高い周波数は，電離層の第1種減衰により通信不能となる．
3　MUFの85〔%〕の周波数をFOTといい，通信に最も適当な周波数とされている．
4　電離層伝搬による国内通信でのMUFは，日中は高く，夜間には低くなる変化をする．
5　LUFは，送受信点間で短波通信を行うために使用可能な周波数のうち最低の周波数である．

問 227

正解 □ 完璧 □ 直前CHECK □

次の記述は，電波の散乱現象について述べたものである．□内に入れるべき字句の正しい組合せを下の番号から選べ．

(1)　電波の散乱は，物体によるものだけに限らず，大気中の［A］にむらがある場合にも生じ，対流圏散乱通信は，この現象を利用するものである．
(2)　**短波（HF）**帯の**不感地帯**において弱い電波が受信されることがあるのは，［B］の乱れによって生ずる電波の散乱によるものと考えられている．

	A	B
1	透磁率	電離層
2	透磁率	大気
3	誘電率	大気
4	誘電率	電離層

注：**太字**は，ほかの試験問題で穴あきになった用語を示す．

解答　**問224→5**　**問225→4**

問 228 正解 ☐ 完璧 ☐ 直前CHECK ☐

次の記述は，電離層の特徴について述べたものである．この記述に該当する電離層の名称（または略称）として，正しいものを下の番号から選べ．

地上から約100キロメートル付近にあり，電子密度は，年間を通して太陽の南中時（正午）に最大となり，夜間には非常に低下する．

1　F_2層　　2　F_1層　　3　E_S層　　4　E層　　5　D層

問 229 正解 ☐ 完璧 ☐ 直前CHECK ☐

次の記述は，短波通信において生じるフェージングについて述べたものである．この記述に該当するフェージングの名称を下の番号から選べ．

電離層における電波の減衰が，時間とともに比較的ゆるやかに変化するために生じるフェージング

1　偏波性フェージング　　2　跳躍性フェージング
3　吸収性フェージング　　4　干渉性フェージング
5　K形フェージング

問 230 正解 ☐ 完璧 ☐ 直前CHECK ☐

次の記述は，短波 (HF) 帯の電波伝搬におけるフェージング現象について述べたものである．このフェージング現象の名称として，正しいものを下の番号から選べ．

電離層の高さや電子密度，使用周波数の関係により，受信点において，送信点からの電離層反射波が受信できたり，送信電波が電離層を突き抜けるため受信不能になったりする現象で，主としてHF帯で生ずる．

1　吸収フェージング　　2　K形フェージング
3　偏波フェージング　　4　干渉フェージング
5　跳躍フェージング

問 231　正解 □　完璧 □　直前CHECK □

次の記述は，電離層伝搬におけるフェージングについて述べたものである．[　　]内に入れるべき字句の正しい組合せを下の番号から選べ．

(1) 送信点から放射された電波が，二つ以上の異なった伝搬通路を通って受信点に到来すると，電波は通路差に応じた位相差を持って合成されるから，その位相差が時間の経過とともに変動すると受信電界も変動する．このようなフェージングを[A]フェージングという．
(2) また，電離層から反射してくる電波は，一般に[B]になっており時々刻々変化するが，受信アンテナが水平または，垂直導体で構成されているときは，[C]フェージングが生じる．

	A	B	C
1	選択性	だ円偏波	偏波性
2	選択性	直線偏波	吸収性
3	干渉性	だ円偏波	吸収性
4	干渉性	直線偏波	吸収性
5	干渉性	だ円偏波	偏波性

問 232　正解 □　完璧 □　直前CHECK □

次の記述は，フェージングの軽減方法について述べたものである．[　　]内に入れるべき字句を下の番号から選べ．

(1) フェージングを軽減する方法には，受信電界強度の変動分を補償するために電話(A3E)受信機に[ア]回路を設けたり，電信(A1A)受信機の検波回路の次に**リミタ**回路を設けて，検波された電信波形を正しい[イ]に修正するなどの方法がある．
(2) ダイバーシティによる軽減方法も有効である．[ウ]ダイバーシティは，同一送信点から二つ以上の周波数で同時送信し,受信信号を合成または切り換える方法であり，一方，[エ]ダイバーシティは，受信アンテナを数波長以上離れた場所に設置して，その信号出力を合成または切り換えるという方法である．また，受信アンテナに垂直アンテナと水平アンテナの二つを設け，それぞれの出力を合成または切り換えて使用する[オ]ダイバーシティという方法も用いられている．

1	正弦波	2	スケルチ	3	AGC	4	周波数	5	同期
6	方形波	7	空間	8	偏波	9	干渉	10	スキップ

注：**太字**は，ほかの試験問題で穴あきになった用語を示す．

解答　問226→2　問227→4　問228→4　問229→3　問230→5

問 233

正解 □　完璧 □　直前CHECK □

次の記述は，電離層伝搬について述べたものである．□内に入れるべき字句の正しい組合せを下の番号から選べ．

ダイポールアンテナから放射された短波（HF）帯の水平偏波の電波が電離層で反射して伝搬するとき，電波は，[A]の影響を受けて[B]偏波となって地上に到達する．このため，受信点では垂直偏波用のアンテナでも受信できるようになるが，この偏波の状態は時間的に変化するために[C]フェージングを生ずる．

	A	B	C
1	第2種減衰	垂直	吸収性
2	第2種減衰	だ円	偏波性
3	地球磁界	だ円	吸収性
4	地球磁界	だ円	偏波性
5	地球磁界	垂直	吸収性

問 234

正解 □　完璧 □　直前CHECK □

次の記述は，短波帯の電波のフェージングについて述べたものである．□内に入れるべき字句を下の番号から選べ．ただし，同じ記号の□内には，同じ字句が入るものとする．

(1) 短波帯の遠距離伝搬においては，送信点から放射された電波が二つ以上の異なった伝搬通路を通り，その距離に応じて[ア]を持って受信点に到来するため，[イ]フェージングが生ずる．

(2) 電波が電離層に入射するときは直線偏波であっても，一般に電離層から反射してくるとだ円偏波に変わる．受信アンテナは普通水平または垂直導体で構成されているので，受信アンテナの起電力は時々刻々変化し，[ウ]フェージングが生ずる．

(3) 被変調波の全帯域が同様に変化する同期性フェージングは，受信機の[エ]の動作が十分であれば相当軽減できる．被変調波の帯域の部分によってフェージングの状態が異なる選択性フェージングは，[エ]の動作で軽減ができず，電話（A3E）電波受信のとき[オ]が悪くなる．

1	位相差	2	振幅差	3	干渉性	4	吸収性	5	感度
6	偏波性	7	スケルチ	8	AGC	9	忠実度	10	選択度

問題

問 235　正解□ 完璧□ 直前CHECK□

次の記述は，主にVHFおよびUHF帯の通信において発生するフェージングについて述べたものである．この記述に該当するフェージングの名称を下の番号から選べ．

気象状況の影響で，大気の屈折率の高さによる減少割合の変動にともなう，電波の通路の変化により発生するフェージング．

1　偏波性フェージング	2　K形フェージング	3　吸収性フェージング
4　跳躍性フェージング	5　ダクト形フェージング	

▼解答

問 236　正解□ 完璧□ 直前CHECK□

次の記述は，短波（HF）帯の電波伝搬について述べたものである．［　　］内に入れるべき字句の正しい組合せを下の番号から選べ．

(1) 一般に電波は送受信点間を結ぶ［ A ］を通り，そのうち図のSのように最も短い伝搬通路を通る電離層波は電界強度が大きく無線通信に用いられる．しかし短波帯の遠距離通信においては，Sの伝搬通路が昼間で［ B ］減衰が大きく，Lの伝搬通路が夜間で減衰が少ないときは，Sの伝搬通路よりも図のLの伝搬通路を通る電波の電界強度の方が大きくなり，十分通信できることがある．

(2) このような逆回りの長い伝搬通路による電波の伝搬を**ロングパス**といい，条件により同時にSとLの二つの伝搬通路を通って伝搬すると，電波の到達時間差により［ C ］を生ずることがある．

	A	B	C
1	大円通路	第2種	ドプラ効果
2	大円通路	第1種	エコー
3	大円通路	第2種	エコー
4	対流圏	第1種	エコー
5	対流圏	第2種	ドプラ効果

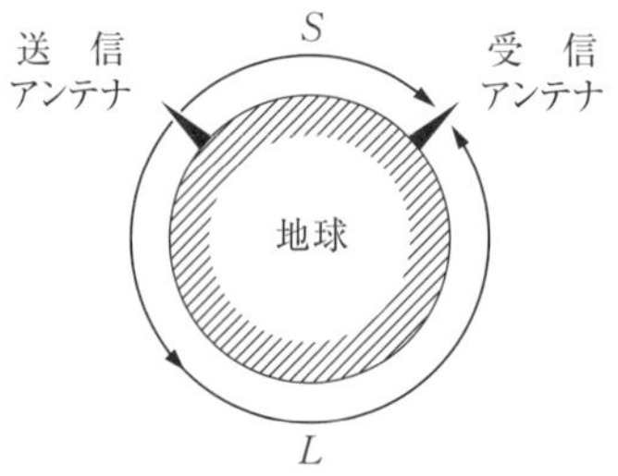

注：**太字**は，ほかの試験問題で穴あきになった用語を示す．

解答　問231→5　問232→ア－3 イ－6 ウ－4 エ－7 オ－8　問233→4
問234→ア－1 イ－3 ウ－6 エ－8 オ－9

問 237

正解 □　完璧 □　直前CHECK □

次の記述は，短波（HF）帯の電波伝搬について述べたものである．□内に入れるべき字句の正しい組合せを下の番号から選べ．

デリンジャ現象は，受信電界強度が突然［ア］なり，この状態が短いもので数分，長いもので［イ］続く現象であり，電波伝搬路に［ウ］部分がある場合に発生する．また，受信電界強度がデリンジャ現象のように突然変化するのではなく，徐々に低下し，このような状態が数日続くじょう乱現象を［エ］という．これらの発生原因は［オ］に起因している．

1　数カ月	2　高く	3　数時間	4　電離層（磁気）あらし	5　太陽活動
6　夜間	7　低く	8　K形フェージング	9　日照	10　潮の干満

問 238

正解 □　完璧 □　直前CHECK □

次の記述は，短波（HF）帯の電波伝搬において発生するデリンジャ現象および電離層あらし（磁気あらし）について述べたものである．このうち正しいものを1，誤っているものを2として解答せよ．

ア　デリンジャ現象は，受信電界強度が突然低くなる現象である．

イ　デリンジャ現象は，短いもので数時間，長いもので数日間続くことがある．

ウ　デリンジャ現象は，夜間にのみ発生する．

エ　電離層あらし（磁気あらし）が発生すると，受信電界強度が徐々に低下し数箇月間低下した状態が続く．

オ　電離層あらし（磁気あらし）の発生原因は，太陽活動に起因している．

問 239

正解 □ 完璧 □ 直前CHECK □

次の記述は，電離層伝搬において発生する障害について述べたものである．□内に入れるべき字句の正しい組合せを下の番号から選べ．

(1) D層を突き抜けてF層で反射する電波は，D層の電子密度に ア した減衰を受ける．太陽の表面で爆発が起きると，多量のX線が放出され，このX線が地球に到来すると，D層の電子密度を急激に イ させるため，短波（HF）帯の通信が，太陽**に照らされている**地球の半面で突然不良または受信電界強度が低下することがある．このような現象を ウ という．この現象が発生すると，短波（HF）帯における通信が最も大きな影響を受ける．

(2) この障害が発生したときは，電離層における減衰は，使用周波数の エ にほぼ反比例するので， オ 周波数に切り替えて通信を行うなどの対策がとられている．

1	磁気嵐	2	3乗	3	下降	4	高い	5	反比例
6	2乗	7	低い	8	比例	9	上昇	10	デリンジャー現象

問 240

正解 □ 完璧 □ 直前CHECK □

次の記述は，電波伝搬における電離層のじょう乱現象について述べたものである．□内に入れるべき字句の正しい組合せを下の番号から選べ．

(1) 太陽面上で局所的に突然生ずる大爆発（フレア）によって放射される大量のX線および A が，下部電離層に異常電離を引き起こすため，太陽に照らされている地球の半面で，短波（HF）帯における通信が突然不良となり，この状態が数分から数十分間継続する現象を B という．

(2) これはD層を中心とする電離層の電子密度が急に上昇して，HF帯電波の吸収が増加するために受信電界強度が突然低下するもので，太陽に照らされている地球の半面における C 地方を通る電波伝搬路ほど大きな影響を受ける．

	A	B	C
1	荷電粒子	デリンジャー現象	高緯度
2	荷電粒子	電離層（磁気）あらし	低緯度
3	紫外線	デリンジャー現象	低緯度
4	紫外線	電離層（磁気）あらし	高緯度
5	紫外線	デリンジャー現象	高緯度

注：**太字**は，ほかの試験問題で穴あきになった用語を示す．

解答 問235→2　問236→2　問237→ア−7 イ−3 ウ−9 エ−4 オ−5
問238→ア−1 イ−2 ウ−2 エ−2 オ−1

問 241　解説あり!　正解　完璧　直前CHECK

相対利得3〔dB〕，地上高20〔m〕の送信アンテナに，周波数150〔MHz〕で50〔W〕の電力を供給して電波を放射したとき，最大放射方向における受信電界強度が40〔dB〕（1〔μV/m〕を0〔dB〕とする.）となる受信点と送信点間の距離の値として，最も近いものを下の番号から選べ. ただし，受信アンテナの地上高は10〔m〕とし，受信点の電界強度Eは，次式で与えられるものとする.

$$E=E_0\frac{4\pi h_1 h_2}{\lambda d}\ \text{〔V/m〕}$$

E_0：送信アンテナによる直接波の電界強度〔V/m〕
h_1，h_2：送信，受信アンテナの地上高〔m〕
λ：波長〔m〕
d：送受信点間の距離〔m〕

1　11.9〔km〕
2　29.7〔km〕
3　38.8〔km〕
4　46.3〔km〕
5　51.4〔km〕

問 242　解説あり!　正解　完璧　直前CHECK

相対利得が6〔dB〕で地上高25〔m〕の送信アンテナに周波数150〔MHz〕で25〔W〕の電力を供給して電波を放射したとき，最大放射方向で送受信間の距離が20〔km〕の地点における受信電界強度の値として，最も近いものを下の番号から選べ. ただし，受信アンテナの地上高は10〔m〕とし，自由空間電界強度をE_0〔V/m〕，送信および受信アンテナの地上高をそれぞれh_1，h_2〔m〕，波長をλ〔m〕および送受信間の距離をd〔m〕とすると，受信電界強度Eは次式で与えられるものとする.

$$E=E_0\frac{4\pi h_1 h_2}{\lambda d}\ \text{〔V/m〕}$$

1　570〔μV/m〕
2　440〔μV/m〕
3　385〔μV/m〕
4　275〔μV/m〕
5　210〔μV/m〕

解説→問241

受信電界強度の値がデシベルE_{dB}〔dBμV/m〕なので，真数E〔μV/m〕に変換すると，

$$E_{dB}=20\log_{10}E \qquad 40=20\log_{10}E \qquad 2=\log_{10}E$$

したがって，

$$E=10^2\text{〔}\mu\text{V/m〕}=10^2\times10^{-6}\text{〔V/m〕}=10^{-4}\text{〔V/m〕}$$

周波数150〔MHz〕の波長は$\lambda=2$〔m〕，相対利得3〔dB〕の真数は$G_D=2$，また，放射電力をP〔W〕とすると，受信点の電界強度E〔V/m〕は，

$$E=E_0\frac{4\pi h_1h_2}{\lambda d}=\frac{7\sqrt{G_DP}}{d}\times\frac{4\pi h_1h_2}{\lambda d}=\frac{28\pi h_1h_2\sqrt{G_DP}}{\lambda d^2}$$

$$10^{-4}=\frac{28\times3.14\times20\times10\times\sqrt{2\times50}}{2\times d^2}$$

距離d〔m〕を求めると，

$$d^2=28\times3.14\times100\times\sqrt{100}\times10^4$$

$$\fallingdotseq8.8\times10^8$$

$$(2.97\times10^4)\times(2.97\times10^4)\fallingdotseq8.8\times10^8$$

したがって，

$$d=2.97\times10^4\text{〔m〕}=29.7\text{〔km〕}$$

> **√の解を筆算で求めるのは面倒なので，選択肢の方を2乗して答えを見つける．**
> **概略の値の3×3＝9から探せば，すべての選択肢を2乗しなくても答が見つかる．**

解説→問242

相対利得6〔dB〕の真数G_Dは，

$$6\text{〔dB〕}=3\text{〔dB〕}+3\text{〔dB〕}$$

より，$G_D=2\times2=4$

周波数150〔MHz〕の波長は$\lambda=2$〔m〕なので，放射電力をP〔W〕，相対利得をG_D，距離をd〔m〕とすると直接波の電界強度E_0は，次式で表される．

$$E_0=\frac{7\sqrt{G_DP}}{d}=\frac{7\times\sqrt{4\times25}}{20\times10^3}$$

$$=\frac{7\times\sqrt{10^2}}{20}\times10^{-3}=3.5\times10^{-3}\text{〔V/m〕}$$

受信点の電界強度Eは，次式で表される．

$$E=E_0\frac{4\pi h_1h_2}{\lambda d}=3.5\times10^{-3}\times\frac{4\times3.14\times25\times10}{2\times20\times10^3}$$

$$=3.5\times3.14\times25\times10^{-3-3}\text{〔V/m〕}\fallingdotseq275\text{〔}\mu\text{V/m〕}$$

解答
問239→ア−8　イ−9　ウ−10　エ−6　オ−4　問240→3
問241→2　問242→4

問題

問 243

正解 □ 完璧 □ 直前CHECK □

次の記述は，ラジオダクトについて述べたものである．[　　]内に入れるべき字句を下の番号から選べ．

電波についての標準大気の屈折率は，高さ（地表高）とともに[ア]する．また，大気の屈折率に[イ]および地表高を関連づけて表した修正屈折示数（指数）Mは，標準大気中で高さとともに[ウ]する．しかし，上層の大気の状態が[エ]で，下層の大気がその逆の状態となるとき，Mの高さ方向の変化が標準大気中と逆になる．このような状態の大気の層を逆転層という．この層はラジオダクトを形成し，[オ]以上の電波を見通し外の遠距離まで伝搬させることがある．

1　減少　　2　高温低湿　　3　電離層　　4　超短波　　5　短波
6　増大　　7　低温高湿　　8　地球半径　　9　中波　　10　電離層の高さ

問 244

正解 □ 完璧 □ 直前CHECK □

次の記述は，超短波（VHF）帯電波伝搬における山岳回折波について述べたものである．[　　]内に入れるべき字句の正しい組合せを下の番号から選べ．

(1) 電波の伝搬路上に山岳があるとき，山岳の尾根の厚みが波長に比べて[A]，かつ，完全導体と見なせるような場合には，山岳回折波の電界強度は，山岳がないとした場合の球面大地回折波より著しく[B]なることがある．
(2) 山岳回折波に生ずるフェージングの強さは，伝搬路上に山岳がない場合の通常のフェージングよりも[C]．

	A	B	C
1	厚く	強く	弱い
2	厚く	弱く	強い
3	厚く	弱く	弱い
4	薄く	弱く	強い
5	薄く	強く	弱い

問 245

正解 □ 完璧 □ 直前CHECK □

次の記述は，スポラジックE層（E_S層）の特徴について述べたものである．□内に入れるべき字句を下の番号から選べ．

(1) 地域によって，発生する季節および時間が異なり，赤道地帯では［ア］の昼間に多く発生し，日本では，夏季の夜間にも現れることがある．また，電子密度の時間的変化が［イ］．
(2) ［ウ］の電波が反射されて，遠距離まで強い電界強度で伝搬することがある．
(3) 地上からの高さは，ほぼ［エ］層と同じで，この高さは季節の違いにより大きく［オ］．

1 冬季	2 変化する	3 D	4 大きい
5 変化しない	6 夏季	7 小さい	8 E
9 マイクロ波（SHF）帯	10 超短波（VHF）帯		

問 246

正解 □ 完璧 □ 直前CHECK □

次の記述は，超短波（VHF）帯電波伝搬における山岳回折波について述べたものである．□内に入れるべき字句の正しい組合せを下の番号から選べ．なお，同じ記号の□内には，同じ字句が入るものとする．

(1) 見通し外の遠距離の通信において，伝搬路上に山岳があり，送受信点からその山頂が見通せるとき，山岳による［A］波の電界強度は，山岳がないとした場合の球面大地を伝搬した波の電界強度より著しく［B］なることがある．
(2) 山岳［A］波に生ずるフェージングの強さは，一般に，伝搬路上に山岳がない場合の通常のフェージングよりも［C］．

	A	B	C
1	回折	弱く	強い
2	回折	強く	弱い
3	回折	弱く	弱い
4	散乱	強く	強い
5	散乱	弱く	弱い

解答 問243→ア－1 イ－8 ウ－6 エ－2 オ－4　問244→5

問題

問 247 正解 □ 完璧 □ 直前CHECK □

次の記述は，極超短波（UHF）帯等の移動体通信とその電波伝搬について述べたものである．［　］内に入れるべき字句の正しい組合せを下の番号から選べ．

(1) 市街地を移動する無線局が電波を送受信するとき，直接波および複数の建物などからの反射波や回折波は少しずつ伝搬時間が異なり，それらが互いに干渉して電界強度が移動する［A］フェージングが発生する．
(2) ある速度で移動する無線局が送受信する電波には，［B］効果により周波数がずれる影響が加わる．
(3) このような電界強度や周波数の変動による影響を緩和して明瞭な通信を行うため，一般に［C］通信方式においては複雑な信号処理が用いられる．

	A	B	C
1	マルチパス	トムソン	アナログ
2	シンチレーション	トムソン	デジタル
3	マルチパス	ドプラ	アナログ
4	シンチレーション	ドプラ	デジタル
5	マルチパス	ドプラ	デジタル

問 248 正解 □ 完璧 □ 直前CHECK □

次の記述は，標準大気中の等価地球半径係数について述べたものである．［　］内に入れるべき字句を下の番号から選べ．

(1) 大気の屈折率は高さにより変化し，上層に行くほど屈折率が［ア］なる．そのため電波の通路は［イ］に曲げられる．しかし，電波の伝わり方を考えるとき，電波は［ウ］するものとして取り扱った方が便利である．
(2) このため，地球の半径を実際より**大きく**した仮想の地球を考え，この半径と実際の地球の半径との［エ］を等価地球半径係数といい，これを通常Kで表す．
(3) Kの値は［オ］である．

1	比	2	差	3	大きく	4	下方	5	直進
6	小さく	7	3/4	8	4/3	9	屈折	10	上方

注：**太字**は，ほかの試験問題で穴あきになった用語を示す．

問 249 正解 完璧 直前CHECK

次の記述は，アマチュア衛星通信について述べたものである．□内に入れるべき字句の正しい組合せを下の番号から選べ．

(1) 現在，アマチュア無線に利用される衛星は，[A]衛星のみであり，この衛星を通信に利用するときは，ドプラ効果による周波数の変化を考慮する必要がある．
(2) 衛星からのダウンリンクの電波は，衛星が近付くにつれて周波数が[B]なり，遠ざかるにつれてその逆となるため，それに合わせて受信周波数を微調整する．
(3) アップリンクの送信周波数は，衛星が近付くにつれて[C]して，遠ざかるにつれてその逆の操作を行う．

	A	B	C
1	周回	高く	低く
2	周回	低く	高く
3	静止	高く	高く
4	静止	低く	高く
5	静止	高く	低く

問 250 正解 完璧 直前CHECK

次の記述は，電波雑音について述べたものである．□内に入れるべき字句を下の番号から選べ．ただし，同じ記号の□内には，同じ字句が入るものとする．

(1) 受信装置のアンテナ系から入ってくる電波雑音は，[ア]および自然雑音に大きく分類され，[ア]は各種の電気設備や電気機械器具等から発生する．
(2) 自然雑音には，[イ]による空電雑音のほか，太陽から到来する太陽雑音および他の天体から到来する[ウ]がある．これらの自然雑音のうち，特に短波 (HF) 帯以下の周波数帯の通信に最も大きな影響があるのは[エ]である．また，[ウ]は，[オ]のように微弱な電波を受信する場合には留意する必要があるが，一般には通常の通信に影響のない強度である．

1 空電雑音　2 グロー雑音　3 宇宙雑音　4 太陽雑音　5 宇宙無線通信
6 コロナ雑音　7 人工雑音　8 短波帯通信　9 雷　10 熱雑音

解答
問245→ア−6 イ−4 ウ−10 エ−8 オ−5　問246→2　問247→5
問248→ア−6 イ−4 ウ−5 エ−1 オ−8

問 251 解説あり！ 正解 完璧 直前CHECK

次の記述は，電波の強度に対する安全基準および電波の強度の算出方法の概要について述べたものである．□内に入れるべき字句の正しい組合せを下の番号から選べ．

無線局の開設には，電波の強度に対する安全施設の設置が義務づけられている．人が通常出入りする場所で無線局から発射される電波の強度が基準値を超える場所がある場合には，無線局の開設者が柵などを施設し，一般の人が容易に出入りできないようにする必要がある．

周波数	電界強度の実効値〔V/m〕	磁界強度の実効値〔A/m〕	電力束密度〔mW/cm^2〕	平均時間〔分〕
30〔MHz〕－300〔MHz〕	27.5	0.0728	0.2	6
300〔MHz〕－1.5〔GHz〕	$1.585\sqrt{f}$	$\sqrt{f}/237.8$	$f/1500$	
1.5〔GHz〕－300〔GHz〕	61.4	0.163	1	

f：周波数〔MHz〕

上の表は，通常用いる基準値の表（電波の強度の値の表）の一部を示したものである．この表の電力束密度Sを算出する基本算出式は，次式で与えられている．

$S =$ □A□ $\times K$〔mW/cm^2〕

ただし，Pは空中線入力電力〔W〕，Gは空中線の主放射方向の絶対利得（真数），Rは空中線からの距離（算出地点までの距離）〔m〕およびKは大地等の反射係数を表す．

通常の場合，定められた算出地点でその基本算出式を用いた算出結果が表の基準値を満たしていれば（基準値以下であれば），実測の□B□．

	A	B
1	$\dfrac{PG}{40\pi R^2}$	必要はない
2	$\dfrac{PG}{40\pi R^2}$	必要がある
3	$\dfrac{P}{40\pi RG}$	必要はない
4	$\dfrac{P}{40\pi RG}$	必要がある

解説→問251

電波の強度に対する安全施設について，電波法施行規則では次のように定められている．

第21条の3 無線設備には，当該無線設備から発射される電波の強度（電界強度，磁界強度及び電力束密度をいう．以下同じ．）が別表第2号の3の2に定める値を超える場所（人が通常，集合し，通行し，その他出入りする場所に限る．）に取扱者のほか容易に出入りすることができないように，施設をしなければならない．ただし，次の各号に掲げる無線局の無線設備については，この限りではない．

一 平均電力が20ミリワット以下の無線局の無線設備

二 移動する無線局の無線設備

三 地震，台風，洪水，津波，雪害，火災，暴動その他非常の事態が発生し，又は発生するおそれがある場合において，臨時に開設する無線局の無線設備

四 前3号に掲げるもののほか，この規定を適用することが不合理であるものとして総務大臣が別に告示する無線局の無線設備

2 前項の電波の強度の算出方法及び測定方法については，総務大臣が別に告示する．

告示の算出方法により，計算の方法が定められている．

電界強度の算出に当たっては，次式により電力束密度の値を求めることとする．

$$S=\frac{PG}{40\pi R^2}K\,[\mathrm{mW/cm^2}] \qquad \cdots\cdots (1)$$

ただし，S〔mW/cm^2〕は電力束密度，P〔W〕はアンテナ（空中線）入力電力，Gはアンテナの絶対利得，R〔m〕はアンテナから算出点までの距離，Kは大地等の反射係数である．Kは大地面の反射を考慮する場合で，送信周波数が76〔MHz〕未満の場合は4，反射を考慮しない場合は1，等の値が定められている．

これらの規定により，通常の場合，基本算出式を用いて算出結果が電波法施行規則別表の基準値（問題の表の値）を満たしていれば，実測の必要はない．

式(1)において，電力束密度Sの単位を〔W/m^2〕として，$K=1$とすると次式が成り立つ．

$$S=\frac{PG}{4\pi R^2}\,[\mathrm{W/m^2}] \qquad \cdots\cdots (2)$$

> **$4\pi R^2$は，半径Rの球の表面積を表す**

式(2)は，自由空間の電力束密度を表す．

ここで，

$$1\,[\mathrm{mW/cm^2}]=10^{-3}\times 1/10^{-4}\,[\mathrm{W/m^2}]$$
$$=10^{1}\,[\mathrm{W/m^2}]$$

> **1〔mW〕＝10^{-3}〔W〕**
> **1〔cm^2〕＝10^{-4}〔m^2〕**

解答 問249→1　問250→ア－7　イ－9　ウ－3　エ－1　オ－5　問251→1

問 252

正解 □ 完璧 □ 直前CHECK □

図は，指示電気計器の分類と図記号を組み合わせたものである．□内に入れるべき字句を下の番号から選べ．

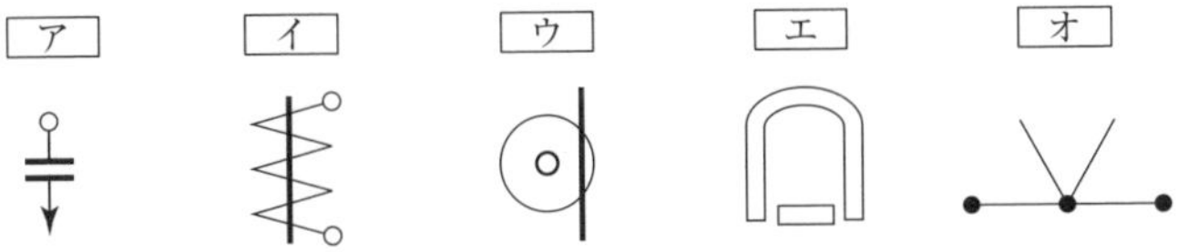

1　可動コイル形　　2　誘導形　　3　電流力計形　　4　可動鉄片形
5　熱電（熱電対）形　　6　静電形　　7　整流形　　8　反射型
9　振動片形　　10　比率計形

問 253

正解 □ 完璧 □ 直前CHECK □

次の記述は，図に示す原理的構造の可動コイル形電流計の動作原理について述べたものである．□内に入れるべき字句を下の番号から選べ．

(1) 電流が流れると，フレミングの［ア］の法則に従った電磁力により，可動コイルに駆動トルクが生じる．
(2) 可動コイルの駆動トルクは，［イ］に比例する．
(3) 交流電流を流したとき［ウ］ごとに駆動トルクの向きが逆になる．
(4) スプリングの制御トルクは，指針の振れ（角度）に［エ］するので，指針の目盛は**平等目盛**となる．
(5) スプリングの制御トルクと可動コイルの駆動トルクが**等しい**とき指針が［オ］する．

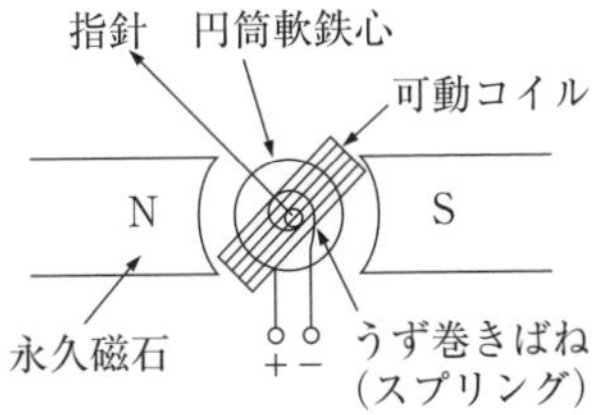

1　反比例　　2　半周期　　3　左手　　4　抵抗　　5　比例
6　電流　　7　静止　　8　1周期　　9　駆動　　10　右手

注：**太字**は，ほかの試験問題で穴あきになった用語を示す．

問 254

正解 □ 完璧 □ 直前CHECK □

次の記述は，可動コイル形電流計で測定誤差を生ずる一般的な要因について述べたものである．このうち正しいものを1，誤っているものを2として解答せよ．

ア　外部光による影響
イ　うず電流の発生による影響
ウ　外部磁界による影響
エ　使用状態における計器の姿勢の影響
オ　周囲温度の変化による影響

問 255

正解 □ 完璧 □ 直前CHECK □

次の記述は，電気計器について述べたものである．［　］内に入れるべき字句の正しい組合せを下の番号から選べ．

熱電対形は，通常，熱電対と［A］計器を組み合わせて指示電気計器を構成する．高周波電流も直接［B］を測定できる．また，そのとき，目盛は［C］目盛になる．

	A	B	C
1	可動鉄片形	平均値	2乗
2	可動鉄片形	実効値	平等
3	可動コイル形	平均値	平等
4	可動コイル形	実効値	2乗

解答
問252→ア−6　イ−4　ウ−2　エ−1　オ−5
問253→ア−3　イ−6　ウ−2　エ−5　オ−7

問 256

正解 □　完璧 □　直前CHECK □

次の記述は，図に示す整流形計器について述べたものである．[　　]内に入れるべき字句の正しい組合せを下の番号から選べ．ただし，同じ記号の[　　]内には，同じ字句が入るものとする．

整流形計器は，[ア]と整流器を組合わせた交流用計器で，交流をダイオードで整流して直流に変換した値を指示させる．[ア]は，入力の[イ]を指示するが，正弦波形の[ウ]は約1.11であるから，その目盛値を約1.11倍して[エ]目盛を指示するようにしてある．このため，測定する交流の波形が正弦波でないときは，指示値に[オ]が生ずる．

1	最大値	2	誘導形	3	波形率	4	誤差
5	波高率	6	実効値	7	可動コイル形計器		
8	平均値	9	位相差	10	静電形計器		

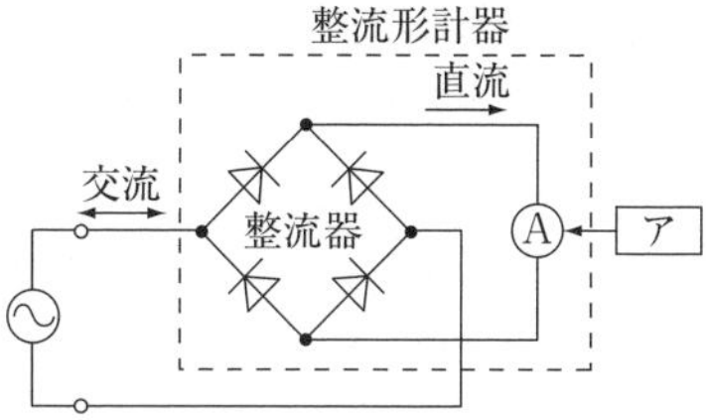

問 257

正解 □　完璧 □　直前CHECK □

高周波電流を測定するための計器として，最も適しているものを下の番号から選べ．

1　誘導形電流計
2　整流形電流計
3　熱電（対）形電流計
4　可動コイル形電流計
5　可動鉄片形電流計

問 258 解説あり! 正解 □ 完璧 □ 直前CHECK □

図に示す直流電圧計を用いた測定回路において，スイッチSをaに接続したとき，測定可能な最大電圧が25〔V〕であった．Sをbに接続したときの測定可能な最大電圧の値として，正しいものを下の番号から選べ．ただし，直流電圧計の最大目盛値を5〔V〕とする．

1　40〔V〕
2　45〔V〕
3　50〔V〕
4　60〔V〕

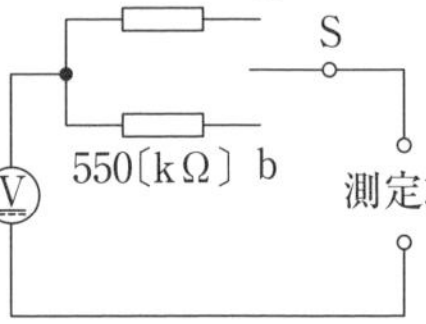

問 259 解説あり! 正解 □ 完璧 □ 直前CHECK □

階級精度が1.0（級）で最大目盛値が250〔V〕の電圧計で測定したとき，110〔V〕を指示した．真の電圧値の範囲として，正しいものを下の番号から選べ．ただし，電圧計の読み取りによる誤差はないものとする．

1　105.0～110.0〔V〕　2　105.0～111.1〔V〕　3　107.5～112.5〔V〕
4　108.9～111.1〔V〕　5　110.0～112.5〔V〕

問 260 解説あり! 正解 □ 完璧 □ 直前CHECK □

図に示す測定回路において，電流計の指示値をI〔A〕，電圧計の指示値をE〔V〕および電圧計の内部抵抗をr〔Ω〕としたとき，抵抗R〔Ω〕の消費電力P〔W〕を表す式として，正しいものを下の番号から選べ．

1　$P=EI-\dfrac{E^2}{r}$

2　$P=EI+I^2r$

3　$P=EI+I^2r-\dfrac{E^2}{r}$

4　$P=EI-I^2r$

5　$P=EI+\dfrac{E^2}{r}$

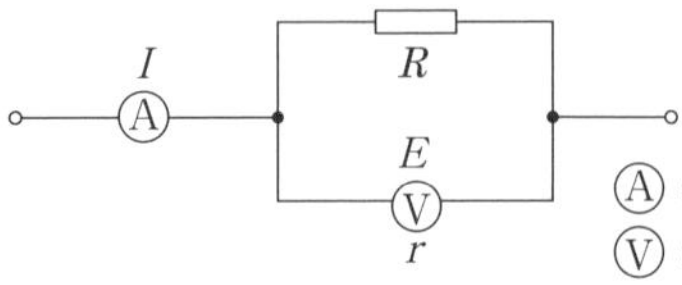

解答
問254→ア－2　イ－2　ウ－1　エ－1　オ－1　問255→4
問256→ア－7　イ－8　ウ－3　エ－6　オ－4　問257→3

問 261

正解□　完璧□　直前CHECK□

次の記述は，デジタル電圧計について述べたものである．[　　]内に入れるべき字句の正しい組合せを下の番号から選べ．ただし，同じ記号の[　　]内には，同じ字句が入るものとする．

(1) 被測定電圧がアナログ量である電圧を，デジタル電圧計によって計測するためには，[A]変換器によってアナログ量をデジタル量に変換する必要がある．

(2) [A]変換器は，その変換回路形式により，主に積分形と逐次比較形の二つの方式に分けられ，両者を比較した場合，一般に回路構成が簡単なのは[B]であり，変換速度が速いのは[C]である．

	A	B	C
1	A-D	積分形	逐次比較形
2	A-D	逐次比較形	積分形
3	D-A	逐次比較形	積分形
4	D-A	積分形	逐次比較形

問 262

正解□　完璧□　直前CHECK□

次の記述は，図に示す逐次比較形デジタル電圧計に用いられるサンプルホールド回路の動作原理について述べたものである．[　　]内に入れるべき字句の正しい組合せを下の番号から選べ．

(1) 回路は，演算増幅器（オペアンプ）の出力を反転入力端子に接続し，電圧増幅度をほぼ1にしたバッファアンプ2個，コンデンサCおよびスイッチSで構成されている．

(2) スイッチSが接（ON）の状態では，出力電圧V_aは入力電圧V_{in}に等しい．スイッチSが断（OFF）の状態では，入出力間が遮断されるが，コンデンサCにはスイッチSが[A]になる直前までの入力電圧が保持されたままになっているので，Cの電圧が出力電圧V_aとなる．

(3) 入力の電圧のサンプリングは，Sが[B]の状態のときに行われる．

(4) コンデンサへの充放電時間は，入力電圧が変化する時間よりも十分[C]ことが必要である．

	A	B	C
1	接（ON）	断（OFF）	短い
2	接（ON）	接（ON）	長い
3	断（OFF）	断（OFF）	長い
4	断（OFF）	接（ON）	短い

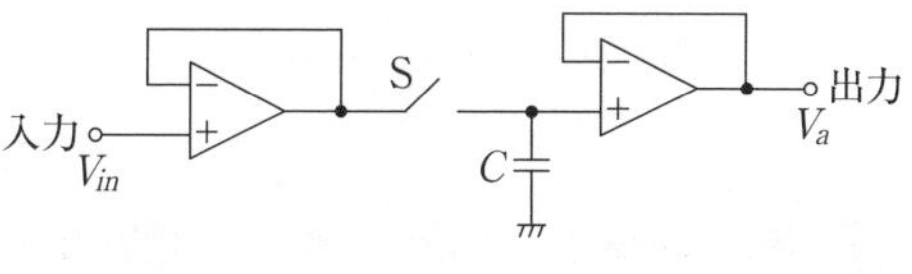

解説→問258

スイッチSをaに接続したときの測定範囲の倍率N_a〔倍〕は，次式で表される．

$$N_a = \frac{25〔V〕}{5〔V〕} = 5$$

倍率器の抵抗R_aは200〔kΩ〕だから，電圧計の内部抵抗r〔Ω〕は，次式によって求めることができる．

$R_a = (N_a - 1)\,r$

$200 \times 10^3 = (5-1)\,r$　　　　　よって，$r = 50 \times 10^3$〔Ω〕

同様に，スイッチSをbに接続したときの測定範囲の倍率をN_b〔倍〕，倍率器の抵抗をR_bとすると，

$R_b = (N_b - 1)\,r$

$550 \times 10^3 = (N_b - 1) \times 50 \times 10^3$

$550 = 50N_b - 50$

$50N_b = 600$　　　　　よって，$N_b = 12$

したがって，測定可能な最大電圧V〔V〕は，

$V = 5 \times N_b = 5 \times 12 = 60$〔V〕

解説→問259

階級精度が1.0（級）の電圧計の許容差は，最大目盛値の±1.0〔%〕であるので，最大目盛値が250〔V〕の電圧計の場合は，

$$250〔V〕\times \frac{1.0}{100} = \pm 2.5〔V〕$$

指示値が110〔V〕だから，真の電圧値の範囲は，110±2.5〔V〕，

よって，(110−2.5=) 107.5から (110+2.5=) 112.5〔V〕となる．

解説→問260

抵抗R〔Ω〕と内部抵抗r〔Ω〕の電圧計の並列回路に流れる電流の和がI〔A〕，加わる電圧がE〔V〕だから，これらで消費される電力P_0〔W〕は，$P_0 = EI$である．電圧計の内部抵抗rで消費される電力P_V〔W〕は，$P_V = E^2/r$だから，抵抗Rで消費される電力P〔W〕は，これらの差となるので次式で表される．

$$P = P_0 - P_V = EI - \frac{E^2}{r}〔W〕$$

解答　問258→4　問259→3　問260→1　問261→1　問262→4

問 263

正解 □ 完璧 □ 直前CHECK □

次の記述は，図に示す携帯型デジタルマルチメータ（DMM）の原理的構成例における各部の働きについて述べたものである．［　　］内に入れるべき字句を下の番号から選べ．

(1) 入力信号変換部は，測定端子に加えられた被測定量（電気量）を適当な大きさの［ア］に変換する．

(2) A-D変換部には，変換速度はやや遅いが［イ］や精度が優れている［ウ］型のA-D変換器が用いられることが多い．

(3) 表示部に表示桁数が3−1/2桁（または$3\frac{1}{2}$桁）のものが用いられる場合，表示数値の最大値は［エ］となるほか，数字以外に［オ］，単位，負号なども自動的に表示される．

1	最大値	2	1999	3	二重積分	4	雑音指数	5	直流電圧
6	計数	7	9999	8	小数点	9	直線性	10	交流電圧

問 264

正解 □ 完璧 □ 直前CHECK □

次の記述は，P形電子電圧計について述べたものである．［　　］内に入れるべき字句の正しい組合せを下の番号から選べ．

P形電子電圧計は，［A］電圧の測定に用いられ，プローブと呼ぶ［B］と［C］などを利用した指示部で構成される．

	A	B	C
1	高周波	発振部	交流電流計
2	高周波	検出部	直流電流計
3	高周波	変調部	直流電流計
4	直流	発振部	交流電流計
5	直流	検出部	直流電流計

▼解答

問 265

正解 □　完璧 □　直前CHECK □

次の記述は，図に示す計数式周波数計（周波数カウンタ）の動作原理について述べたものである．□内に入れるべき字句の正しい組合せを下の番号から選べ．ただし，□内の同じ記号は，同じ字句を示す．

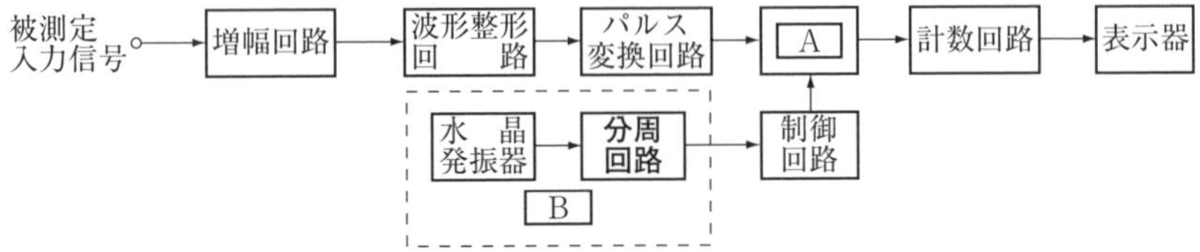

(1) 被測定入力信号は，同一周波数のパルス列に変換され，一定時間だけ開いた[A]を通過するパルスが計数回路で数えられ，その数値が直接周波数として表示されるものである．

(2) 水晶発振器と**分周回路**による[B]で正確な T〔s〕周期でパルスが作られ，制御回路への入力となる．Tが1〔s〕のときは，計数回路でのカウント数がそのまま周波数〔Hz〕の表示となる．

(3) 測定誤差としては，**水晶発振器**の確度による誤差のほか，制御回路の出力信号と通過パルスの時間的位置関係から生ずる[C]誤差などがある．

	A	B	C
1	ゲート回路	基準時間発生部	±１カウント
2	ゲート回路	周波数変換部	トリガ
3	ゲート回路	基準時間発生部	トリガ
4	トリガ回路	周波数変換部	トリガ
5	トリガ回路	基準時間発生部	±１カウント

問 266

正解 □　完璧 □　直前CHECK □

次に掲げる，無線通信用の測定器材等のうち，通常，5.6〔GHz〕帯の周波数での測定に用いられないものを下の番号から選べ．

1　導波管
2　空洞波長（周波数）計
3　LCコルピッツ発振器によるディップメータ
4　ボロメータ形電力計
5　ダイオード検波器

注：**太字**は，ほかの試験問題で穴あきになった用語を示す．

解答　問263→ア−5　イ−9　ウ−3　エ−2　オ−8　問264→2

問題

問 267 解説あり!

正解 完璧 直前CHECK

同軸給電線とアンテナの接続部において，CM形電力計で測定した進行波電力が900〔W〕，反射波電力が100〔W〕であるとき，接続部における定在波比（SWR）の値として，正しいものを下の番号から選べ．

1 1.1　　2 1.5　　3 2.0　　4 2.5　　5 3.0

問 268 解説あり!

正解 完璧 直前CHECK

オシロスコープで，図に示すようなパルス電圧波形を観測した．この波形に関する記述について，□内に入れるべき最も近い値の組合せを下の番号から選べ．

(1) パルス繰り返し周波数は，[A]である．
(2) パルス繰り返し周期は，[B]である．

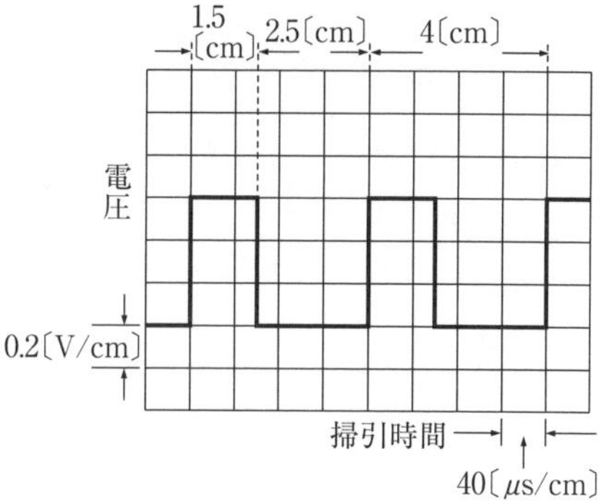

	A	B
1	3.12〔kHz〕	160〔μs〕
2	6.25〔kHz〕	60〔μs〕
3	6.25〔kHz〕	160〔μs〕
4	10.0〔kHz〕	60〔μs〕
5	10.0〔kHz〕	160〔μs〕

問 269 解説あり!

正解 完璧 直前CHECK

2現象オシロスコープに二つの交流電圧を加えたとき，図に示すような波形が得られた．二つの交流電圧の位相差として，正しいものを下の番号から選べ．

1 π〔rad〕
2 $\pi/2$〔rad〕
3 $\pi/3$〔rad〕
4 $\pi/4$〔rad〕
5 $\pi/6$〔rad〕

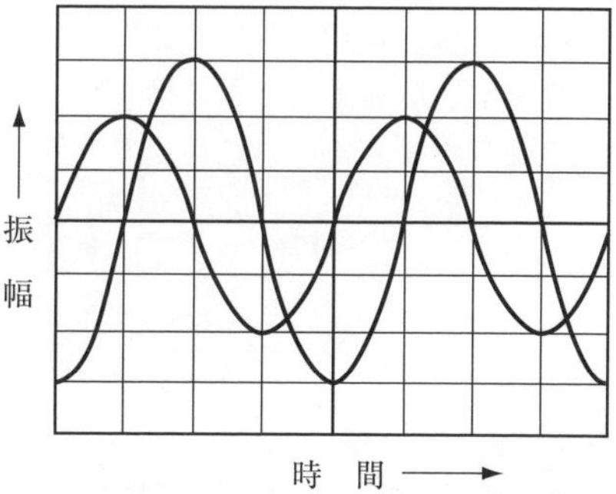

▼解答

解説→問267

定在波比Sは，進行波電力をP_f〔W〕，反射電力をP_r〔W〕とすると，次式で求められる．

$$S=\frac{\sqrt{P_f}+\sqrt{P_r}}{\sqrt{P_f}-\sqrt{P_r}}$$

したがって，

$$S=\frac{\sqrt{900}+\sqrt{100}}{\sqrt{900}-\sqrt{100}}=\frac{30+10}{30-10}=\frac{40}{20}=2.0$$

解説→問268

問題の図のパルス電圧波形の繰り返し周波数f〔Hz〕は，繰り返し周期をT〔s〕とすれば，次式で表される．

$$f=\frac{1}{T} \qquad \cdots\cdots (1)$$

問題の図のパルス電圧波形の掃引時間（横軸）T_s〔s/cm〕$=40$〔μs/cm〕，繰り返し周期の目盛$n=4$〔cm〕だから，繰り返し周期Tは，次式で表される．

$$T=T_s n=40\times10^{-6}\times4$$
$$=160\times10^{-6}〔\text{s}〕=160〔\mu\text{s}〕 \quad (\text{B}の答) \qquad \cdots\cdots (2)$$

式(1)，(2)より，繰り返し周波数f〔Hz〕を求めれば，

$$f=\frac{1}{T}=\frac{1}{160\times10^{-6}}$$
$$=6.25\times10^{-3}\times10^{6}$$
$$=6.25\times10^{3}〔\text{Hz}〕=6.25〔\text{kHz}〕 \quad (\text{A}の答)$$

解説→問269

1周期をT，位相の時間差をtとすると，2現象オシロスコープに周波数が等しい二つの交流電圧を加えたときに得られる波形から二つの交流電圧の位相差ϕ〔rad〕は，次式で表される．

$$\phi=2\pi\times\frac{t}{T}=2\pi\times\frac{1}{4}=\frac{\pi}{2}〔\text{rad}〕$$

解答 問265→1　問266→3　問267→3　問268→3　問269→2

問題

問 270

正解 □ 完璧 □ 直前CHECK □

次の記述は，オシロスコープおよびスーパヘテロダイン方式スペクトルアナライザについて述べたものである．□内に入れるべき字句の正しい組合せを下の番号から選べ．

(1) スペクトルアナライザは，信号に含まれる[ア]を観測できる．
(2) オシロスコープは，信号の[イ]を観測できる．
(3) オシロスコープの表示器の横軸は時間軸を，またスペクトルアナライザの表示器の[ウ]は周波数軸を表す．
(4) スペクトルアナライザは分解能帯域幅を所定の範囲で変えることが[エ]．
(5) レベル測定に用いた場合，感度が高く，より弱い信号レベルの測定ができるのは，[オ]である．

1 符号誤り率　2 横軸　3 できない　4 周波数成分ごとの振幅
5 スペクトルアナライザ　6 波形　7 縦軸　8 できる
9 周波数成分ごとの位相　10 オシロスコープ

問 271

正解 □ 完璧 □ 直前CHECK □

次の記述は，CM形電力計による電力の測定について述べたものである．□内に入れるべき字句を下の番号から選べ．

CM形電力計は，送信機と[ア]またはアンテナとの間に挿入して電力の測定を行うもので，容量結合と[イ]を利用し，給電線の電流および電圧に[ウ]する成分の和と差から，進行波電力と[エ]電力を測定することができるため，負荷の消費電力のほかに負荷の[オ]を知ることもできる．CM形電力計は，超短波（VHF）帯における実用計器として，取り扱いが容易なことから広く用いられている．

1 整合状態　2 擬似負荷　3 比例　4 静電結合　5 反射波
6 誘導結合　7 受信機　8 能率　9 入射波　10 反比例

問 272

次の記述は，図に示す構成によるSSB（J3E）送信機の出力電力の測定方法について述べたものである．☐内に入れるべき字句の正しい組合せを下の番号から選べ．ただし，同じ記号の☐内には，同じ字句が入るものとする．

```
低周波発振器 → 可変減衰器 → SSB送信機 → CM形電力計 → 擬似空中線
                ↓
              レベル計
```

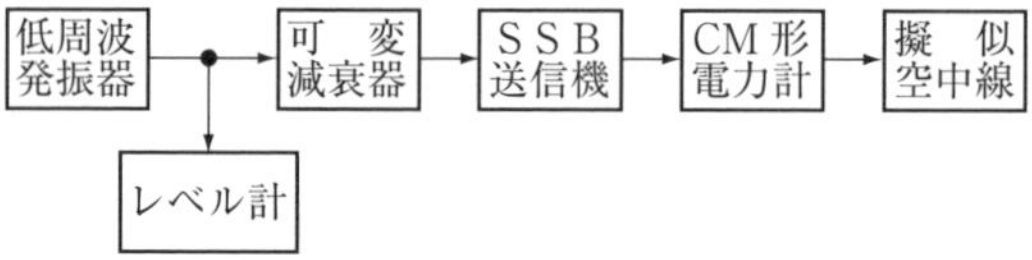

(1) 低周波発振器の発振周波数を1,500〔Hz〕とし，その出力をレベル計で監視して常に一定に保ち，可変減衰器を変化させてSSB送信機への変調入力を順次増加させ，SSB送信機から擬似空中線に供給される ☐A☐ をCM形電力計の入射電力と反射電力の差から求める．

(2) この操作をSSB送信機の出力電力が最大になるまで繰り返し行い，変調入力対出力電力のグラフを作り，☐B☐ を読みとる．このときの ☐B☐ の値がSSB送信機から出力されるJ3E電波の ☐C☐ となる．

	A	B	C
1	尖頭電力	飽和電力	尖頭電力
2	尖頭電力	平均電力	飽和電力
3	平均電力	飽和電力	平均電力
4	平均電力	平均電力	飽和電力
5	平均電力	飽和電力	尖頭電力

解答　問270→ア-4　イ-6　ウ-2　エ-8　オ-5
　　　問271→ア-2　イ-6　ウ-3　エ-5　オ-1

問 273　解説あり!

正解　完璧　直前CHECK

図は，接地板の接地抵抗を測定するときの概略図である．図において端子①－②，①－③，②－③間の抵抗値がそれぞれ0.3〔Ω〕，0.4〔Ω〕，0.5〔Ω〕のとき，端子①に接続された接地板の接地抵抗の値として，正しいものを下の番号から選べ．

1　0.1〔Ω〕
2　0.2〔Ω〕
3　0.3〔Ω〕
4　0.4〔Ω〕
5　0.5〔Ω〕

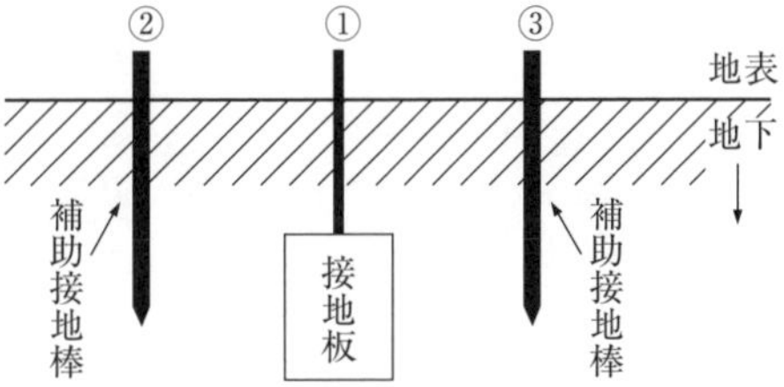

補助接地棒の長さ：数 10〔cm〕
接地板と補助接地棒相互の距離：10〔m〕程度

問 274　解説あり!

正解　完璧　直前CHECK

図に示す単相半波整流回路において，交流電源電圧の波形が正弦波でその実効値が100〔V〕のとき，負荷抵抗50〔kΩ〕に流れる電流を平均値指示形の電流計Mで測定した．このときのMの指示値として，最も近いものを下の番号から選べ．ただし，Mの内部抵抗およびダイオードDの順方向抵抗の値は零であり，Dの逆方向抵抗の値は無限大とする．

1　0.5〔mA〕
2　0.9〔mA〕
3　1.5〔mA〕
4　1.8〔mA〕
5　2.0〔mA〕

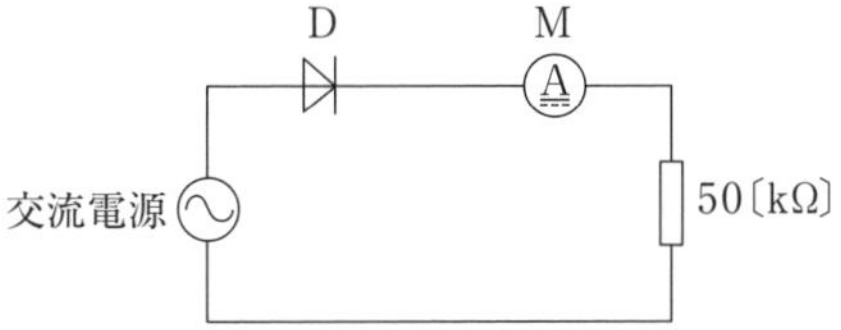

ヒント： 最大値I_mの半波整流波の平均値I_aは，$I_a = \dfrac{I_m}{\pi}$

解説 → 問273

端子①，②，③の接地抵抗をR_1，R_2，R_3〔Ω〕，端子①－②，①－③，②－③間の抵抗値をそれぞれR_{12}，R_{13}，R_{23}〔Ω〕とすると，

$$R_{12} = R_1 + R_2 = 0.3〔\Omega〕 \quad \cdots\cdots (1)$$

$$R_{13} = R_1 + R_3 = 0.4〔\Omega〕 \quad \cdots\cdots (2)$$

$$R_{23} = R_2 + R_3 = 0.5〔\Omega〕 \quad \cdots\cdots (3)$$

式(1)＋式(2)－式(3)より，

$$(R_1 + R_2) + (R_1 + R_3) - (R_2 + R_3) = 0.3 + 0.4 - 0.5$$

$$2R_1 = 0.2$$

よって，

$$R_1 = 0.1〔\Omega〕$$

解説 → 問274

交流電源電圧の実効値をV_e〔V〕とすると，最大値V_m〔V〕は，

$$V_m = \sqrt{2}\,V_e \fallingdotseq 1.41 \times 100 = 141〔V〕$$

回路に接続された抵抗をR〔Ω〕とすると，交流電流の最大値I_m〔A〕は，

$$I_m = \frac{V_m}{R}$$

$$= \frac{141}{50 \times 10^3} = 2.82 \times 10^{-3}〔A〕$$

半波整流回路によって電流計を流れる脈流電流の最大値をI_m〔A〕とすると，平均値I_a〔A〕は，

$$I_a = \frac{1}{\pi} I_m$$

$$= \frac{2.82}{3.14} \times 10^{-3} \fallingdotseq 0.9 \times 10^{-3}〔A〕 = 0.9〔mA〕$$

解答 問272→5　問273→1　問274→2

問題

問 275

正解 □ 完璧 □ 直前CHECK □

次の記述は，電波法及び電波法に基づく命令において使用する用語の定義について述べたものである．電波法（第2条）の規定に照らし，□内に入れるべき最も適切な字句の組合せを下の1から4までのうちから一つ選べ．

① 「電波」とは，**300万メガヘルツ**以下の周波数の電磁波をいう．
② 「無線電信」とは，電波を利用して，□A□を送り，又は受けるための通信設備をいう．
③ 「無線電話」とは，電波を利用して，**音声その他の音響**を送り，又は**受けるための通信設備**をいう．
④ 「無線設備」とは，無線電信，無線電話その他電波を送り，又は**受けるための**□B□をいう．
⑤ 「無線局」とは，無線設備及び無線設備の□C□を行う者の総体をいう．ただし，**受信**のみを目的とするものを含まない．
⑥ 「無線従事者」とは，無線設備の**操作又はその監督**を行う者であって，総務大臣の免許を受けたものをいう．

	A	B	C
1	モールス符号	電気的設備	管理
2	モールス符号	通信設備	操作
3	符号	電気的設備	操作
4	符号	通信設備	管理

問 276

正解 □ 完璧 □ 直前CHECK □

次の記述のうち，電波法（第2条）に規定する「無線局」の定義として正しいものを1から4までのうちから一つ選べ．

1 免許人及び無線設備の総体をいう．ただし，受信のみを目的とするものを含まない．
2 無線設備及び無線従事者の総体をいう．ただし，受信のみを目的とするものを含まない．
3 無線設備及び無線設備の操作を行う者の総体をいう．ただし，受信のみを目的とするものを含まない．
4 免許人，無線設備及び無線設備の操作又はその監督を行う者の総体をいう．ただし，受信のみを目的とするものを含まない．

注：**太字**は，ほかの試験問題で穴あきになった用語を示す．

問 277 解説あり！ 正解 □ 完璧 □ 直前CHECK □

次に掲げる者のうち，無線局の免許を与えられないことがある者はどれか．電波法（第5条）の規定に照らし，正しいものを下の1から4までのうちから一つ選べ．

1 無線局の運用の停止の命令を受け，その停止期間終了の日から2年を経過しない者
2 電波の発射の停止の命令を受け，その停止命令の解除の日から2年を経過しない者
3 刑法に規定する罪を犯し懲役に処せられ，その執行を終わった日から2年を経過しない者
4 電波法に規定する罪を犯し罰金以上の刑に処せられ，その執行を終わった日から2年を経過しない者

問 278 解説あり！ 正解 □ 完璧 □ 直前CHECK □

次に掲げる事項のうち，無線局の予備免許の際に総務大臣から指定される事項に該当しないものを，電波法（第8条）の規定に照らし1から5までのうちから一つ選べ．

1 工事落成の期限
2 呼出符号
3 運用許容時間
4 空中線電力
5 無線設備の設置場所

解答 問275 → 3 問276 → 3

ミニ解説 問275 穴あきの部分や太字の部分の用語が変わって，誤りや正しい記述を探す問題も出題されている．

問題

問 279　正解□　完璧□　直前CHECK□

次の記述は，アマチュア無線局の予備免許及び予備免許中の変更等について述べたものである．電波法（第8条，第9条及び第11条）の規定に照らし，□内に入れるべき最も適切な字句を下の1から10までのうちから一つ選べ．なお，同じ記号の□内には，同じ字句が入るものとする．

① 総務大臣は，無線局の免許の申請を電波法第7条（申請の審査）の規定により審査した結果，その申請が同条の規定に適合していると認めるときは，申請者に対し，次に掲げる事項を指定して，無線局の予備免許を与える．
(1) 工事落成の期限　(2) 電波の型式及び周波数　(3) 識別信号
(4) [ア]　(5) 運用許容時間

② 総務大臣は，予備免許を受けた者から申請があった場合において，相当と認めるときは，①の (1) の期限を延長することができる．

③ ①の予備免許を受けた者は，[イ]を変更しようとするときは，あらかじめ総務大臣の許可を受けなければならない．ただし，総務省令で定める軽微な事項については，この限りでない．

④ ③のただし書の事項について[イ]を変更したときは，遅滞なくその旨を総務大臣に届け出なければならない．

⑤ ③の変更は，[ウ]に変更を来すものであってはならず，かつ，電波法第7条の[エ]に合致するものでなければならない．

⑥ ①の予備免許を受けた者は，総務大臣の許可を受けて，**通信の相手方**，**通信事項**又は無線設備の設置場所を変更することができる．

⑦ ①の (1) の期限（②の規定による期限の延長があったときは，その期限）経過後[オ]以内に電波法第10条（落成後の検査）の規定による工事落成の届出がないときは，総務大臣は，その無線局の免許を拒否しなければならない．

1　1週間　　2　技術基準　　3　工事設計　　4　無線局の開設の根本的基準
5　電波の型式又は周波数　　6　2週間　　7　無線設備　　8　空中線電力
9　空中線の型式及び構成並びに空中線電力
10　周波数，電波の型式又は空中線電力

注：**太字**は，ほかの試験問題で穴あきになった用語を示す．

解説 → 問277

電波法第５条第３項

次の各号のいずれかに該当する者には，無線局の免許を与えないことができる．

一　電波法又は放送法に規定する罪を犯し罰金以上の刑に処せられ，その執行を終わり，又はその執行を受けることがなくなった日から2年を経過しない者

二　無線局の免許の取消しを受け，その取消の日から2年を経過しない者

解説 → 問278

電波法第8条第1項

総務大臣は，前条［第７条］の規定により審査した結果，その申請が同条第1項各号又は第2項各号に適合していると認めるときは，申請者に対し，次に掲げる事項を指定して，無線局の予備免許を与える．

一　工事落成の期限

二　電波の型式及び周波数

三　呼出符号（標識符号を含む．），呼出名称その他の総務省令で定める識別信号（「識別信号」という．）

四　空中線電力

五　運用許容時間

第２項

総務大臣は，予備免許を受けた者から申請があった場合において，相当と認めるときは，前項第一号の期限を延長することができる．

解答　問277→4　問278→5　問279→ア－8　イ－3　ウ－10　エ－2　オ－6

問 280 正解 □ 完璧 □ 直前CHECK □

無線局の予備免許を受けた者が，総務省令で定める軽微な事項について工事設計を変更したときは，どうしなければならないか．電波法（第9条）の規定に照らし，下の1から4までのうちから一つ選べ．

1　遅滞なくその旨を総務大臣に届け出なければならない．
2　落成後の検査において受けた指示に従ってその旨を総務大臣に届け出なければならない．
3　総務省令で定めるところにより，その旨を総務大臣に申請し，登録を受けなければならない．
4　落成後の検査終了後交付される無線局検査結果通知書の記載欄にその旨を記載しなければならない．

問 281 正解 □ 完璧 □ 直前CHECK □

次の記述は，申請による指定事項の変更について述べたものである．電波法（第19条）の規定に照らし，□内に入れるべき正しい字句の組合せを下の1から4までのうちから一つ選べ．

総務大臣は，免許人又は電波法第8条（予備免許）の予備免許を受けた者が［A］の指定の変更を申請した場合において，［B］と認めるときは，その指定を変更することができる．

	A	B
1	通信の相手方，通信事項，無線設備又は無線設備の設置場所	電波の規整その他公益上必要がある
2	通信の相手方，通信事項，無線設備又は無線設備の設置場所	混信の除去その他特に必要がある
3	識別信号，電波の型式，周波数，空中線電力又は運用許容時間	電波の規整その他公益上必要がある
4	識別信号，電波の型式，周波数，空中線電力又は運用許容時間	混信の除去その他特に必要がある

問 282

正解 □ 完璧 □ 直前CHECK □

次の記述のうち，アマチュア無線局の免許人がその無線局についてあらかじめ総務大臣の許可を受けなければならないものに該当するものはどれか．電波法（第17条）及び電波法施行規則（第10条）の規定に照らし，正しいものを下の1から4までのうちから一つ選べ．

1　無線局の運用を1箇月以上休止しようとするとき．
2　無線局の受信機を取り替えようとするとき．
3　無線局の運用の停止の処分を受けた後，運用を再開しようとするとき．
4　通信事項を変更しようとするとき．

▼解答

問 283

正解 □ 完璧 □ 直前CHECK □

次の記述は，無線局の予備免許中の指定事項及び工事設計の変更等について述べたものである．電波法（第8条及び第9条）の規定に照らし，誤っているものを下の1から4までのうちから一つ選べ．

1　総務大臣は，予備免許を受けた者から申請があった場合において，相当と認めるときは，工事落成の期限を延長することができる．
2　予備免許を受けた者は，工事設計を変更しようとするときは，あらかじめ総務大臣の許可を受けなければならない．ただし，総務省令で定める軽微な事項については，この限りでない．
3　工事設計の変更は，周波数，電波の型式又は空中線電力に変更を来すものであってはならず，かつ，電波法第3章（無線設備）に定める技術基準に合致するものでなければならない．
4　予備免許を受けた者は，総務大臣に届け出て，無線設備の設置場所を変更することができる．

解答 問280→1　問281→4

問題

問 284　正解 □　完璧 □　直前CHECK □

次の記述は，アマチュア無線局の予備免許を受けた者が工事設計を変更しようとする場合等について述べたものである．電波法（第8条及び第9条）の規定に照らし，□内に入れるべき最も適切な字句の組合せを下の1から4までのうちから一つ選べ．

① 総務大臣は，電波法第8条の予備免許を受けた者から［A］ときは，予備免許を与える際に指定した工事落成の期限を延長することができる．

② 電波法第8条の予備免許を受けた者は，工事設計を変更しようとするときは，あらかじめ［B］なければならない．ただし，総務省令で定める軽微な事項については，この限りでない．

③ ②の変更は，［C］に変更を来すものであってはならず，かつ，電波法第3章の技術基準に合致するものでなければならない．

	A	B	C
1	申請があった場合において，相当と認める	総務大臣の許可を受け	周波数，電波の型式又は空中線電力
2	申請があった場合において，相当と認める	総務大臣に届け出	送信装置の発射可能な電波の型式及び周波数の範囲
3	届出があった	総務大臣に届け出	周波数，電波の型式又は空中線電力
4	届出があった	総務大臣の許可を受け	送信装置の発射可能な電波の型式及び周波数の範囲

問題

問 285 正解 □ 完璧 □ 直前CHECK □

次の記述は，アマチュア無線局の免許内容の変更等の許可及び変更検査について述べたものである．電波法（第17条及び第18条）の規定に照らし，［　　］内に入れるべき最も適切な字句を下の1から10までのうちから一つ選べ．

① 免許人は，**通信の相手方**，**通信事項**若しくは［ア］を変更し，又は無線設備の**変更の工事**をしようとするときは，あらかじめ総務大臣の許可を受けなければならない．ただし，無線設備の**変更の工事**であって総務省令で定める軽微な事項のものについては，この限りでない．

② ①のただし書の事項について無線設備の**変更の工事**をしたときは，遅滞なくその旨を総務大臣に届け出なければならない．

③ ①の無線設備の**変更の工事**は，［イ］に変更を来すものであってはならず，かつ，第7条（申請の審査）の**技術基準**に合致するものでなければならない．

④ ①の規定により無線設備の設置場所の変更又は無線設備の変更の工事の許可を受けた免許人は，総務大臣の検査を受け，当該変更又は工事の結果が［ウ］に適合していると認められた後でなければ，［エ］してはならない．ただし，総務省令で定める場合は，この限りでない．

⑤ ④の検査は，④の検査を受けようとする者が，当該検査を受けようとする無線設備について登録検査等事業者（注1）又は登録外国点検事業者（注2）が総務省令で定めるところにより行った当該登録に係る点検の結果を記載した書類を総務大臣に提出した場合においては，その［オ］を省略することができる．

注1 登録検査等事業者とは，電波法第24条の2（検査等事業者の登録）第1項の登録を受けた者をいう．

注2 登録外国点検事業者とは，電波法第24条の13（外国点検事業者の登録等）第1項の登録を受けた者をいう．

1	全部	2	無線設備の常置場所	3	①の許可の内容
4	電波の型式及び周波数	5	電波を発射	6	一部
7	無線設備の設置場所	8	周波数，電波の型式又は空中線電力		
9	許可に係る無線設備を運用	10	第3章に定める技術基準		

注：**太字**は，ほかの試験問題で穴あきになった用語を示す．

解答 **問282→4**　**問283→4**　**問284→1**

ミニ解説 **問283** 予備免許を受けた者は，無線設備の設置場所を変更しようとするときは，あらかじめ総務大臣の許可を受けなければならない．

問題

問 286

正解 □ 完璧 □ 直前CHECK □

無線局の無線設備の変更の工事の許可を受けた免許人は，許可に係る無線設備を運用するためには，総務省令で定める場合を除き，どうしなければならないか．電波法（第18条）の規定に照らし，正しいものを下の1から4までのうちから一つ選べ．

1　試験電波を発射し，その電波が正常であることを確認しなければ，許可に係る無線設備を運用してはならない．
2　その工事の結果について文書を提出し，総務大臣の審査を受けた後でなければ，許可に係る無線設備を運用してはならない．
3　総務大臣の検査を受け，その工事の結果が許可の内容に適合していると認められた後でなければ，許可に係る無線設備を運用してはならない．
4　その工事が完了した後，速やかにその工事の結果が許可の内容に適合している旨を総務大臣に届け出なければならない．

問 287

正解 □ 完璧 □ 直前CHECK □

次の記述は，アマチュア無線局の落成後の検査について述べたものである．電波法（第10条）の規定に照らし，□内に入れるべき最も適切な字句の組合せを下の1から4までのうちから一つ選べ．

電波法第8条（予備免許）の予備免許を受けた者は，[A]は，その旨を総務大臣に届け出て，その無線設備，無線従事者の[B]並びに[C]について検査を受けなければならない．

	A	B	C
1	工事が落成したとき	資格及び業務経歴	周波数測定装置
2	工事が落成したとき	資格及び員数	時計及び書類
3	工事落成後試験電波を発射しようとするとき	資格及び業務経歴	時計及び書類
4	工事落成後試験電波を発射しようとするとき	資格及び員数	周波数測定装置

問 288　正解□　完璧□　直前CHECK□

次の記述は，無線局の変更検査について述べたものである．電波法（第18条）の規定に照らし，□内に入れるべき最も適切な字句の組合せを下の1から4までのうちから一つ選べ．

① 電波法第17条第1項の規定により［A］の変更又は無線設備の変更の工事の許可を受けた免許人は，総務大臣の検査を受け，当該変更又は工事の結果が**同条同項の許可の内容**に適合していると認められた後でなければ，［B］してはならない．ただし，総務省令で定める場合は，この限りでない．

② ①の検査は，①の検査を受けようとする者が，当該検査を受けようとする無線設備について登録検査等事業者（注1）又は登録外国点検事業者（注2）が総務省令で定めるところにより行った当該登録に係る**点検**の結果を記載した書類を総務大臣に提出した場合においては，その［C］を省略することができる．

注1　登録検査等事業者とは，電波法第24条の2（検査等事業者の登録）第1項の登録を受けた者をいう．

注2　登録外国点検事業者とは，電波法第24条の13（外国点検事業者の登録等）第1項の登録を受けた者をいう．

	A	B	C
1	無線設備の設置場所	電波を発射	全部
2	無線設備の設置場所	許可に係る無線設備を運用	一部
3	通信の相手方，通信事項若しくは無線設備の設置場所	許可に係る無線設備を運用	全部
4	通信の相手方，通信事項若しくは無線設備の設置場所	電波を発射	一部

注：**太字**は，ほかの試験問題で穴あきになった用語を示す．

解答　問285→ア－7　イ－8　ウ－3　エ－9　オ－6　　問286→3　　問287→2

ミニ解説

問285　③の「第7条（申請の審査）の技術基準」は「電波法第3章（無線設備）の技術基準」と記述される問題もある．

問286　無線設備の設置場所の変更又は無線設備の変更の工事の許可を受けた免許人は，総務大臣の検査を受け，当該変更又は工事の結果が同条同項の許可の内容に適合していると認められた後でなければ，許可に係る無線設備を運用してはならない．ただし，総務省令で定める場合は，この限りでない．

問 289

正解 完璧 直前CHECK

次の記述は，無線局の落成後の検査等について述べたものである．電波法（第10条及び第11条）の規定に照らし，［　　］内に入れるべき最も適切な字句の組合せを下の1から4までのうちから一つ選べ．

① 電波法第8条の予備免許を受けた者は，工事が落成したときは，その旨を総務大臣に届け出て，その無線設備，無線従事者の**資格及び員数**並びに時計及び書類（以下「無線設備等」という．）について検査を受けなければならない．

② ①の検査は，①の検査を受けようとする者が，当該検査を受けようとする無線設備等について電波法第24条の2第1項又は第24条の13第1項の登録を受けた者が総務省令で定めるところにより行った当該登録に係る点検の結果を記載した書類を添えて①の届出をした場合においては，その［A］を省略することができる．

③ 電波法第8条第1項第1号の工事落成の期限（同条第2項の規定による期限の延長があったときは，その期限）経過後［B］以内に①の届出がないときは，総務大臣は，その無線局の［C］ならない．

	A	B	C
1	全部	3箇月	免許を拒否しなければ
2	全部	2週間	予備免許を取り消さなければ
3	一部	2週間	免許を拒否しなければ
4	一部	3箇月	予備免許を取り消さなければ

問 290

正解 完璧 直前CHECK

無線局の予備免許を受けた者が，指定された工事落成の期限（期限の延長があったときは，その期限）経過後2週間以内に工事が落成した旨の届出をしないとき，総務大臣は，どのような処分を行うか．電波法（第11条）の規定に照らし，正しいものを下の1から4までのうちから一つ選べ．

1 その無線局の免許を拒否する．
2 その無線局の予備免許を取り消す．
3 速やかに当該工事を落成するよう指示する．
4 当該工事落成の期限の延長を申請するよう指示する．

注：**太字**は，ほかの試験問題で穴あきになった用語を示す．

問 291

正解 □ 完璧 □ 直前CHECK □

次の記述は，免許状の訂正について述べたものである．無線局免許手続規則（第22条）の規定に照らし，□内に入れるべき最も適切な字句の組合せを下の1から4までのうちから一つ選べ．

① 免許人は，免許状の訂正を受けようとするときは，総務大臣又は総合通信局長（沖縄総合通信事務所長を含む．以下同じ．）に対し，［A］を付して，その旨を申請するものとする．
② ①の申請があった場合において，総務大臣又は総合通信局長は，新たな免許状の交付による訂正を行うことがある．
③ 総務大臣又は総合通信局長は，①の申請による場合のほか，職権により免許状の訂正を行うことがある．
④ 免許人は，②の新たな免許状の交付を受けたときは，遅滞なく旧免許状を［B］．

	A	B
1	事由及び訂正すべき箇所	廃棄しなければならない
2	事由及び訂正すべき箇所	返さなければならない
3	訂正すべき箇所	廃棄しなければならない
4	訂正すべき箇所	返さなければならない

問 292

正解 □ 完璧 □ 直前CHECK □

アマチュア局の免許状の訂正に関する次の記述のうち，無線局免許手続規則（第22条）の規定に照らし，正しいものを1，誤っているものを2として解答せよ．

ア 免許人は，免許状の訂正を受けようとするときは，総合通信局長（沖縄総合通信事務所長を含む．）に対し，事由及び訂正すべき箇所を付して，その旨を申請するものとする．
イ 免許人からの免許状の訂正の申請があった場合において，総合通信局長（沖縄総合通信事務所長を含む．）は，新たな免許状の交付による訂正を行うことがある．
ウ 免許人は，新たな免許状の交付による訂正を受けたときは，遅滞なく旧免許状を廃棄しなければならない．
エ 総合通信局長（沖縄総合通信事務所長を含む．）は，免許人からの訂正の申請による場合のほか，職権により免許状の訂正を行うことがある．
オ 免許人は，氏名を変更したときは，適宜免許状の氏名又は名称欄を訂正し，総合通信局長（沖縄総合通信事務所長を含む．）に報告しなければならない．

解答 問288→2　問289→3　問290→1

▼解答

問 293　正解□　完璧□　直前CHECK□

無線局の免許人は，免許状に記載された住所に変更を生じたときは，どうしなければならないか．電波法（第21条）の規定に照らし，正しいものを下の1から4までのうちから一つ選べ．

1　10日以内に，総務大臣にその旨を届け出なければならない．
2　その免許状を総務大臣に提出し，訂正を受けなければならない．
3　その免許状を訂正し，その写しを添えて総務大臣に報告しなければならない．
4　総務大臣にその旨を届け出るとともに，最近の検査の際に免許状の訂正を受けなければならない．

問 294　正解□　完璧□　直前CHECK□

次の記述は，社団（公益法人を除く．）であるアマチュア局の免許人が行わなければならない事項について，電波法施行規則（第43条の4）の規定に沿って述べたものである．□内に入れるべき字句の正しい組合せを下の1から5までのうちから一つ選べ．

免許人は，その［A］及び理事に関し［B］ときは，［C］総合通信局長（沖縄総合通信事務所長を含む．）に**届け出**なければならない．

	A	B	C
1	代表者	変更があった	直ちに
2	構成員	変更があった	遅滞なく
3	構成員	変更しようとする	あらかじめ
4	定款	変更があった	遅滞なく
5	定款	変更しようとする	あらかじめ

注：**太字**は，ほかの試験問題で穴あきになった用語を示す．

問題

問 295 正解 □ 完璧 □ 直前CHECK □

次の記述は，アマチュア無線局の廃止等について述べたものである．電波法（第22条から第24条まで，第78条，第113条及び第116条）の規定に照らし，［　　］内に入れるべき最も適切な字句を下の1から10までのうちからそれぞれ一つ選べ．なお，同じ記号の［　　］内には，同じ字句が入るものとする．

▼解答

① 免許人は，その無線局を［ア］ときは，**その旨を総務大臣に届け出なければ**ならない．
② 免許人が無線局を廃止したときは，免許は，その効力を失う．
③ 無線局の免許がその効力を失ったときは，免許人であった者は，［イ］以内にその免許状を［ウ］しなければならない．
④ 無線局の免許がその効力を失ったときは，免許人であった者は，遅滞なく［エ］の撤去その他の総務省令で定める電波の発射を防止するために必要な措置を講じなければならない．
⑤ ①の規定に違反して届出をしない者及び③の規定に違反して免許状を［ウ］しない者は，30万円以下の過料に処する．
⑥ ④**の規定**に違反した者は，［オ］に処する．

1	100万円以下の罰金	2	10日	3	1箇月	4	廃止する
5	廃止した	6	返納	7	30万円以下の罰金		
8	廃棄	9	空中線	10	送信装置		

注：**太字**は，ほかの試験問題で穴あきになった用語を示す．

解答
問291→2　問292→ア−1　イ−1　ウ−2　エ−1　オ−2
問293→2　問294→5

問 296

正解 □ 完璧 □ 直前CHECK □

次の記述は，無線局の再免許の申請について述べたものである．無線局免許手続規則（第16条の2及び第17条）の規定に照らし，□内に入れるべき最も適切な字句の組合せを下の1から4までのうちから一つ選べ．

① 再免許の申請がアマチュア局（人工衛星に開設するアマチュア局及び人工衛星に開設するアマチュア局の無線設備を遠隔操作するアマチュア局を除く．以下同じ．）に関するものであるときは，再免許申請書に次の各号に掲げる事項を記載するものとする．

(1) 免許の番号

(2) [A]

(3) 免許の年月日及び有効期間満了の期日

(4) 希望する免許の有効期間

(5) 申請の際における無線局事項書及び工事設計書の内容

② 再免許の申請は，アマチュア局にあっては免許の有効期間満了前 [B] において行わなければならない．

	A	B
1	識別信号	1箇月以上1年を超えない期間
2	識別信号	3箇月以上6箇月を超えない期間
3	無線設備の設置場所	1箇月以上1年を超えない期間
4	無線設備の設置場所	3箇月以上6箇月を超えない期間

問 297

正解 □ 完璧 □ 直前CHECK □

次の記述は，送信設備に使用する電波の質について述べたものである．電波法（第28条）の規定に照らし，□内に入れるべき最も適切な字句の組合せを下の1から4までのうちから一つ選べ．

送信設備に使用する電波の [A]，[B] 電波の質は，総務省令で定めるところに適合しなければならない．

	A	B
1	周波数の偏差及び幅	空中線電力の偏差等
2	周波数の偏差及び幅	高調波の強度等
3	周波数の偏差及び安定度	高調波の強度等
4	周波数の偏差及び安定度	空中線電力の偏差等

問 298 正解 □ 完璧 □ 直前CHECK □

次の記述は，アマチュア無線局の受信設備の条件について述べたものである．電波法（第29条）及び無線設備規則（第24条及び第25条）の規定に照らし，____内に入れるべき正しい字句の組合せを下の1から4までのうちから一つ選べ．なお，同じ記号の____内には，同じ字句が入るものとする．

① 受信設備は，その副次的に発する**電波**又は高周波電流が，総務省令で定める限度を超えて［A］を与えるものであってはならない．

② ①に規定する副次的に発する電波が［A］を与えない限度は，受信空中線と［B］の等しい**擬似空中線回路**を使用して測定した場合に，その回路の電力が**4ナノワット**以下でなければならない．ただし，無線設備規則第24条（副次的に発する電波等の限度）の第2項から第21項までの規定において別に定めるものについては，その定めによるものとする．

③ その他の条件として受信設備は，なるべく次に適合するものでなければならない．

(1) **内部雑音**が小さいこと．

(2) 感度が十分であること．

(3) 選択度が適正であること．

(4) ［C］が十分であること．

	A	B	C
1	他の無線設備の機能に支障	電気的常数	了解度
2	他の無線設備の機能に支障	利得及び能率	安定度
3	重要無線通信に混信	電気的常数	安定度
4	重要無線通信に混信	利得及び能率	了解度

注：**太字**は，ほかの試験問題で穴あきになった用語を示す．

解答 問295→ア−4 イ−3 ウ−6 エ−9 オ−7　問296→1　問297→2

問 299

正解 □ 完璧 □ 直前CHECK □

次に掲げる事項のうち，送信空中線の指向特性を定める事項に該当しないものはどれか．無線設備規則（第22条）の規定に照らし，下の1から4までのうちから一つ選べ．

1　空中線の利得
2　水平面の主輻(ふく)射の角度の幅
3　空中線を設置する位置の近傍にあるものであって電波の伝わる方向を乱すもの
4　給電線よりの輻(ふく)射

問 300

正解 □ 完璧 □ 直前CHECK □

次の記述は，アマチュア無線局における周波数測定装置の備付けについて述べたものである．電波法（第31条）及び電波法施行規則（第11条の3）の規定に照らし，[　　]内に入れるべき最も適切な字句を下の1から10までのうちからそれぞれ一つ選べ．

① アマチュア無線局の送信設備であって総務省令で定めるものには，その誤差が使用周波数の許容偏差の[ア]以下である周波数測定装置を備え付けなければならない．

② ①の総務省令で定める送信設備は，次に掲げる送信設備以外のものとする．

(1) [イ]周波数の電波を利用するもの
(2) 空中線電力[ウ]以下のもの
(3) ①の周波数測定装置を備え付けている相手方の無線局によってその使用電波の周波数が測定されることとなっているもの
(4) 当該送信設備の無線局の免許人が別に備え付けた①の周波数測定装置をもってその使用電波の周波数を随時測定し得るもの
(5) 当該送信設備から発射される電波の[エ]を[オ]以内の誤差で測定することにより，その電波の占有する周波数帯幅が，当該無線局が動作することを許される周波数帯内にあることを確認することができる装置を備え付けているもの

1　26.175MHzを超える	2　割当周波数	3　特性周波数
4　4分の1	5　0.025パーセント	6　26.175MHz以下の
7　50ワット	8　10ワット	9　2分の1
10　0.25パーセント		

問 301

正解 □ 完璧 □ 直前CHECK □

次の記述は，送信空中線の型式及び構成等について述べたものである．無線設備規則（第20条及び第22条）の規定に照らし，[　　]内に入れるべき最も適切な字句を下の1から10までのうちから一つ選べ．

① 送信空中線の型式及び構成は，次に適合するものでなければならない．
　(1) 空中線の利得及び能率がなるべく大であること．
　(2) [ア]であること．
　(3) 満足な[イ]が得られること．
② 空中線の指向特性は，次に掲げる事項によって定める．
　(1) 主輻（ふく）射方向及び副輻（ふく）射方向
　(2) [ウ]の主輻（ふく）射の角度の幅
　(3) 空中線を設置する位置の近傍にあるものであって電波の伝わる方向を[エ]もの
　(4) [オ]よりの輻（ふく）射

1 水平面	2 妨げる	3 接地線	4 調整が容易
5 放射効率	6 垂直面	7 乱す	8 給電線
9 指向特性	10 整合が十分		

問 302

正解 □ 完璧 □ 直前CHECK □

次の記述は，「空中線の利得」の定義について電波法施行規則（第2条）の規定に沿って述べたものである．[　　]内に入れるべき字句を下の1から10までのうちからそれぞれ一つ選べ．なお，[　　]内の同じ記号は，同じ字句を示す．

「空中線の利得」とは，[ア]空中線の[イ]に供給される電力に対する，[ア]方向において，同一の距離で同一の[ウ]を生ずるために，[エ]の[イ]で必要とする電力の[オ]をいう．この場合において，別段の定めがないときは，空中線の利得を表す数値は，主輻（ふく）射の方向における利得を示す．

1 給電線	2 既定の	3 効果	4 与えられた	5 基準空中線
6 入力部	7 利得	8 電界	9 指向性空中線	10 比

解答　問298→1　問299→1　問300→ア−9 イ−1 ウ−8 エ−3 オ−5

問題

問 303

正解 □ 完璧 □ 直前CHECK □

次の記述は，「周波数の許容偏差」の定義について，電波法施行規則（第2条）の規定に沿って述べたものである．[　　]内に入れるべき適切な字句を下の1から10までのうちからそれぞれ一つ選べ．なお，同じ記号の[　　]内には，同じ字句が入るものとする．

「周波数の許容偏差」とは，発射によって占有する周波数帯の[ア]の周波数の[イ]周波数からの許容することができる[ウ]の偏差又は発射の[エ]周波数の[オ]周波数からの許容することができる[ウ]の偏差をいい，**百万分率又はヘルツ**で表す．

1　割当	2　中央	3　最大	4　占有	5　下限
6　特性	7　指定	8　発振	9　基準	10　最小

問 304

正解 □ 完璧 □ 直前CHECK □

次に掲げる用語の定義のうち，電波法施行規則（第2条）の規定に照らし，誤っているものを下の1から4までのうちから一つ選べ．

1 「空中線電力」とは，空中線に供給される電力に，与えられた方向における空中線の相対利得を乗じたものをいう．
2 「尖（せん）頭電力」とは，通常の動作状態において，変調包絡線の最高尖（せん）頭における無線周波数1サイクルの間に送信機から空中線系の給電線に供給される平均の電力をいう．
3 「平均電力」とは，通常の動作中の送信機から空中線系の給電線に供給される電力であって，変調において用いられる最低周波数の周期に比較して十分長い時間（通常，平均の電力が最大である約10分の1秒間）にわたって平均されたものをいう．
4 「搬送波電力」とは，変調のない状態における無線周波数1サイクルの間に送信機から空中線系の給電線に供給される平均の電力をいう．ただし，この定義は，パルス変調の発射には適用しない．

注：**太字**は，ほかの試験問題で穴あきになった用語を示す．

問 305 正解 完璧 直前CHECK

次に掲げる用語の定義のうち，電波法施行規則（第2条）の規定に照らし，誤っているものを下の1から4までのうちから一つ選べ．

1 「割当周波数」とは，無線局に割り当てられた周波数帯の中央の周波数をいう．
2 「特性周波数」とは，与えられた発射において容易に識別し，かつ，測定することのできる周波数をいう．
3 「基準周波数」とは，割当周波数に対して，固定し，かつ，特定した位置にある周波数をいう．この場合において，この周波数の割当周波数に対する偏位は，特性周波数が発射によって占有する周波数帯の中央の周波数に対してもつ偏位と同一の絶対値及び同一の符号をもつものとする．
4 「占有周波数帯幅」とは，その上限の周波数を超えて輻(ふく)射され，及びその下限の周波数未満において輻(ふく)射される平均電力がそれぞれ与えられた発射によって輻(ふく)射される全平均電力の1パーセントに等しい上限及び下限の周波数帯幅をいう．ただし，周波数分割多重方式の場合，テレビジョン伝送の場合等1パーセントの比率が占有周波数帯幅及び必要周波数帯幅の定義を実際に適用することが困難な場合においては，異なる比率によることができる．

▼解答

解答
問301→ア−10 イ−9 ウ−1 エ−7 オ−8
問302→ア−4 イ−6 ウ−8 エ−5 オ−10
問303→ア−2 イ−1 ウ−3 エ−6 オ−9 問304→1

ミニ解説
問304 「空中線電力」とは，尖頭電力，平均電力，搬送波電力又は規格電力をいう．「実効輻(ふく)射電力」とは，空中線に供給される電力に，与えられた方向における空中線の相対利得を乗じたものをいう．

問題

問 306　正解□　完璧□　直前CHECK□

次の記述は，「周波数の許容偏差」及び「占有周波数帯幅」の定義について述べたものである．電波法施行規則（第2条）の規定に照らし，□内に入れるべき最も適切な字句の組合せを下の1から4までのうちから一つ選べ．なお，同じ記号の□内には，同じ字句が入るものとする．

① 「周波数の許容偏差」とは，発射によって占有する周波数帯の中央の周波数の割当周波数からの許容することができる最大の偏差又は発射の特性周波数の［A］からの許容することができる最大の偏差をいい，百万分率又はヘルツで表す．

② 「占有周波数帯幅」とは，その上限の周波数を超えて輻（ふく）射され，及びその下限の周波数未満において輻（ふく）射される平均電力がそれぞれ与えられた発射によって輻（ふく）射される全平均電力の［B］に等しい上限及び下限の周波数帯幅をいう．ただし，周波数分割多重方式の場合，テレビジョン伝送の場合等［B］の比率が占有周波数帯幅及び必要周波数帯幅の定義を実際に適用することが困難な場合において，異なる比率によることができる．

	A	B
1	割当周波数	1 パーセント
2	割当周波数	0.5パーセント
3	基準周波数	1 パーセント
4	基準周波数	0.5パーセント

問題

問 307 正解 □ 完璧 □ 直前CHECK □

次の記述は，電波の型式の表示について述べたものである．電波法施行規則（第4条の2）の規定に照らし，□内に入れるべき正しい字句の組合せを下の1から4までのうちから選べ．

① 「A1A」は，主搬送波の変調の型式が振幅変調で両側波帯，主搬送波を変調する信号の性質がデジタル信号である単一チャネルのものであって変調のための副搬送波を使用しないもの及び伝送情報の型式が電信であって［A］を目的とするもの
② 「H3E」は，主搬送波の変調の型式が振幅変調で［B］による単側波帯，主搬送波を変調する信号の性質がアナログ信号である単一チャネルのもの及び伝送情報の型式が電話（音響の放送を含む.）のもの
③ 「G7D」は，主搬送波の変調の型式が角度変調で［C］，主搬送波を変調する信号の性質が［D］である**2以上**のチャネルのもの及び伝送情報の型式がデータ伝送，遠隔測定又は遠隔指令のもの

	A	B	C	D
1	聴覚受信	抑圧搬送波	振幅変調	アナログ信号
2	聴覚受信	全搬送波	位相変調	デジタル信号
3	自動受信	抑圧搬送波	位相変調	アナログ信号
4	自動受信	全搬送波	振幅変調	デジタル信号

注：**太字**は，ほかの試験問題で穴あきになった用語を示す．

解答 **問305→4**　**問306→4**

ミニ解説 **問305**　誤っているか所は「1パーセント」（2か所），正しくは「0.5パーセント」．

問題

問 308 解説あり! ▶P.206 正解 □ 完璧 □ 直前CHECK □

次の表のアからオまでの各欄の記述は，それぞれ電波の型式の記号表示と主搬送波の変調の型式，主搬送波を変調する信号の性質及び伝送情報の型式に分類して表す電波の型式を示したものである．電波法施行規則（第4条の2）の規定に照らし，電波の型式の記号表示と電波の型式の内容が適合するものを1，適合しないものを2として解答せよ．

区分	電波型式の記号	電波の型式		
		主搬送波の変調の型式	主搬送波を変調する信号の性質	伝送情報の型式
ア	F 1 B	角度変調で周波数変調	デジタル信号である単一チャネルのものであって変調のための副搬送波を使用しないもの	電信であって自動受信を目的とするもの
イ	C 3 F	振幅変調で残留側波帯	アナログ信号である単一チャネルのもの	テレビジョン（映像に限る.）
ウ	G 7 D	角度変調で位相変調	デジタル信号である２以上のチャネルのもの	データ伝送，遠隔測定又は遠隔指令
エ	A 2 A	振幅変調で両側波帯	デジタル信号である単一チャネルのものであって変調のための副搬送波を使用しないもの	電信であって聴覚受信を目的とするもの
オ	H 3 E	振幅変調で低減搬送波による単側波帯	アナログ信号である単一チャネルのもの	電話（音響の放送を含む.）

問 309 解説あり! ▶P.206 正解 □ 完璧 □ 直前CHECK □

次の表は，記号をもって表示する電波の型式とその内容について示したものである．電波法施行規則（第4条の2）の規定に照らし，各記号とその内容の組合せが誤っているものを下の表の番号の下の1から4までのうちから一つ選べ．

番号	電波の型式の記号	電波の型式の内容		
		主搬送波の変調の型式	主搬送波を変調する信号の性質	伝送情報の型式
1	A 3 C	振幅変調であって両側波帯	アナログ信号である単一チャネルのもの	ファクシミリ
2	F 2 A	角度変調であって周波数変調	デジタル信号である単一チャネルのものであって変調のための副搬送波を使用するもの	電信であって聴覚受信を目的とするもの
3	G 1 E	角度変調であって位相変調	デジタル信号である単一チャネルのものであって変調のための副搬送波を使用しないもの	電話（音響の放送を含む.）
4	J 3 F	振幅変調で低減搬送波による単側波帯	アナログ信号である単一チャネルのもの	テレビジョン（映像に限る.）

問 310 解説あり! ▶P.206 正解 完璧 直前CHECK

次の表は，記号をもって表示する電波の型式とその内容について示したものである．電波法施行規則（第4条の2）の規定に照らし，各記号とその内容の組合せが誤っているものを表の番号の1から4までのうちから一つ選べ．

番号	電波の型式の記号	電波の型式の内容		
		主搬送波の変調の型式	主搬送波を変調する信号の性質	伝送情報の型式
1	A 1 A	振幅変調であって両側波帯	デジタル信号である単一チャネルのものであって変調のための副搬送波を使用しないもの	電信であって聴覚受信を目的とするもの
2	C 3 F	振幅変調であって残留側波帯	アナログ信号である単一チャネルのもの	テレビジョン（映像に限る．）
3	F 2 B	角度変調であって周波数変調	デジタル信号である単一チャネルのものであって変調のための副搬送波を使用するもの	電信であって自動受信を目的とするもの
4	H 3 E	振幅変調で低減搬送波による単側波帯	アナログ信号である単一チャネルのもの	ファクシミリ

問 311 正解 完璧 直前CHECK

次の記述は，アマチュア局の送信設備の空中線電力の表示について述べたものである．電波法施行規則（第4条の4第1項）の規定に照らし，正しいものを1，誤っているものを2として解答せよ．

ア　A1A電波を使用する送信設備については，尖（せん）頭電力をもって表示する．
イ　A3E電波を使用する送信設備については，搬送波電力をもって表示する．
ウ　J3E電波を使用する送信設備については，尖（せん）頭電力をもって表示する．
エ　F2A電波を使用する送信設備については，平均電力をもって表示する
オ　F3E電波を使用する送信設備については，搬送波電力をもって表示する．

解答　問307→2　問308→ア−1　イ−1　ウ−1　エ−2　オ−2　問309→4

問題

問 312

正解 □ 完璧 □ 直前CHECK □

次の表は，上欄に電波の型式を，下欄にその電波の型式を使用するアマチュア局（散乱波によって通信を行うものを除く.）の発射電波の占有周波数帯幅の許容値を示すものである．無線設備規則（第6条）の規定に照らし，□内に入れるべき正しい数値の組合せを下の1から4までのうちから一つ選べ．

電波の型式	A1A	A3E	J3E	F1B，F1D	F2A，F2B，F2D
占有周波数帯幅の許容値	A kHz	6 kHz	B kHz	C kHz	**3** kHz

	A	B	C
1	0.5	3	2
2	0.5	2	3
3	0.25	3	3
4	0.25	2	2

問 313

正解 □ 完璧 □ 直前CHECK □

次の表は，上欄に電波の型式を，下欄にその電波の型式を使用するアマチュア局の送信設備（規格電力をもって空中線電力を表示するものを除く.）の空中線電力の表示を掲げたものである．電波法施行規則（第4条の4）の規定に照らし，□内に入れるべき字句の組合せを下の1から4までのうちから一つ選べ．

電波の型式	A1A	A3E	J3E	F2A	F3E
空中線電力の表示	A 電力	**平均**電力	B 電力	C 電力	**平均**電力

	A	B	C
1	平均	尖(せん)頭	平均
2	平均	搬送波	尖(せん)頭
3	尖(せん)頭	平均	搬送波
4	尖(せん)頭	尖(せん)頭	平均

注：**太字**は，ほかの試験問題で穴あきになった用語を示す．

解説 →問308 →問309 →問310

電波の型式の表示

第1字目（主搬送波の変調の型式）

A：振幅変調であって両側波帯
C：振幅変調であって残留側波帯
F：角度変調であって周波数変調
G：角度変調であって位相変調
H：振幅変調であって全搬送波による単側波帯
J：振幅変調であって抑圧搬送波による単側波帯

第2字目（主搬送波を変調する信号の性質）

1：デジタル信号である単一チャネルのものであって変調のための副搬送波を使用しないもの
2：デジタル信号である単一チャネルのものであって変調のための副搬送波を使用するもの
3：アナログ信号である単一チャネルのもの
7：デジタル信号である2以上のチャネルのもの
8：アナログ信号である2以上のチャネルのもの
9：デジタル信号の1又は2以上のチャネルとアナログ信号の1又は2以上のチャネルを複合したもの

第3字目（伝送情報の型式）

A：電信であって聴覚受信を目的とするもの
B：電信であって自動受信を目的とするもの
C：ファクシミリ
D：データ伝送，遠隔測定又は遠隔指令
E：電話（音響の放送を含む.）
F：テレビジョン（映像に限る.）
W：A～F（一部略）までの型式の組合せのもの

解答 問310→4　問311→ア－1　イ－2　ウ－1　エ－1　オ－2　問312→1
問313→4

問題

問 314　正解□　完璧□　直前CHECK□

次の記述は，送信装置の周波数の安定のための条件について述べたものである．無線設備規則（第15条）の規定に照らし，□内に入れるべき最も適切な字句の組合せを下の1から4までのうちから一つ選べ．

① 周波数をその許容偏差内に維持するため，送信装置は，できる限り[A]の変化によって[B]ものでなければならない．
② 周波数をその許容偏差内に維持するため，発振回路の方式は，できる限り[C]の変化によって[D]ものでなければならない．

	A	B	C	D
1	外囲の温度若しくは湿度	影響を受けない	電源電圧又は負荷	発振周波数に影響を与えない
2	外囲の温度若しくは湿度	発振周波数に影響を与えない	電源電圧又は負荷	影響を受けない
3	電源電圧又は負荷	影響を受けない	外囲の温度若しくは湿度	発振周波数に影響を与えない
4	電源電圧又は負荷	発振周波数に影響を与えない	外囲の温度若しくは湿度	影響を受けない

問題

問 315　正解□　完璧□　直前CHECK□

次の記述は，送信装置の周波数の安定のための条件について述べたものである．無線設備規則（第15条）の規定に照らし，□内に入れるべき最も適切な字句の組合せを下の1から4までのうちから一つ選べ．

① 周波数をその許容偏差内に維持するため，送信装置は，できる限り［A］によって［B］ものでなければならない．
② 移動局（移動するアマチュア局を含む．）の送信装置は，実際上起こり得る［C］によっても周波数をその許容偏差内に維持するものでなければならない．

	A	B	C
1	外囲の温度若しくは湿度の変化	影響を受けない	振動又は衝撃
2	外囲の温度若しくは湿度の変化	発振周波数に影響を与えない	電源電圧又は負荷の変化
3	電源電圧又は負荷の変化	影響を受けない	外囲の温度若しくは湿度の変化
4	電源電圧又は負荷の変化	発振周波数に影響を与えない	振動又は衝撃

解答　問314→4

問 316

正解 □ 完璧 □ 直前CHECK □

次の記述は，送信装置の変調について述べたものである．無線設備規則（第18条）の規定に照らし，□内に入れるべき最も適切な字句の組合せを下の1から4までのうちから一つ選べ．

① 送信装置は，音声その他の周波数によって搬送波を変調する場合には，変調波の尖頭値において（±）［A］を超えない範囲に維持されるものでなければならない．

② アマチュア局の送信装置は，［B］．

	A	B
1	80パーセント	直線的に変調することができるものでなければならない
2	100パーセント	通信に秘匿性を与える機能を有してはならない
3	80パーセント	通信に秘匿性を与える機能を有してはならない
4	100パーセント	直線的に変調することができるものでなければならない

問 317

正解 □ 完璧 □ 直前CHECK □

次の記述は，送信装置の水晶発振回路に使用する水晶発振子について，無線設備規則（第16条）の規定に沿って述べたものである．□内に入れるべき字句の正しい組合せを下の1から4までのうちから一つ選べ．

水晶発振回路に使用する水晶発振子は，周波数をその許容偏差内に維持するため，次の条件に適合するものでなければならない．

(1) 発振周波数が［A］の水晶発振回路により又は［B］によりあらかじめ試験を行って決定されているものであること．

(2) 恒温槽を有する場合は，恒温槽は水晶発振子の［C］その温度変化の許容値を正確に維持するものであること．

	A	B	C
1	当該送信装置	その精度を確かめる試験機器	温度係数にかかわらず
2	当該送信装置	これと同一の条件の回路	温度係数に応じて
3	試験用	その精度を確かめる試験機器	温度係数に応じて
4	試験用	これと同一の条件の回路	温度係数にかかわらず

問 318

正解 完璧 直前CHECK

次の記述は，電波の強度に対する安全施設について述べたものである．電波法施行規則（第21条の3）の規定に照らし，[ ]内に入れるべき最も適切な字句の組合せを下の1から4までのうちから一つ選べ．

① 無線設備には，当該無線設備から発射される電波の強度（[A]をいう．以下同じ．）が電波法施行規則別表第2号の3の2（電波の強度の値の表）に定める値を超える場所（人が通常，集合し，通行し，その他出入りする場所に限る．）に取扱者のほか容易に出入りすることができないように，施設をしなければならない．ただし，次に掲げる無線局の無線設備については，この限りでない．

(1) [B]以下の無線局の無線設備

(2) [C]の無線設備

(3) 地震，台風，洪水，津波，雪害，火災，暴動その他非常の事態が**発生し，又は発生するおそれがある場合**において，臨時に開設する無線局の無線設備

(4) (1) から (3) までに掲げるもののほか，この規定を適用することが不合理であるものとして総務大臣が別に告示する無線局の無線設備

② ①の電波の強度の算出方法及び測定方法については，総務大臣が別に告示する．

	A	B	C
1	電界強度，磁界強度及び電力束密度	規格電力が50ミリワット	移動しない無線局
2	電界強度，磁界強度及び電力束密度	平均電力が20ミリワット	移動する無線局
3	電界強度及び磁界強度	規格電力が50ミリワット	移動する無線局
4	電界強度及び磁界強度	平均電力が20ミリワット	移動しない無線局

注：**太字**は，ほかの試験問題で穴あきになった用語を示す．

解答 問315→4　問316→2　問317→2

問題

問 319　正解 □　完璧 □　直前CHECK □

次の記述は，高圧電気に対する安全施設について述べたものである．電波法施行規則（第22条及び第25条）の規定に照らし，［　］内に入れるべき最も適切な字句の組合せを下の1から4までのうちから一つ選べ．なお，同じ記号の［　］内には，同じ字句が入るものとする．

送信設備の空中線，給電線若しくはカウンターポイズであって高圧電気（高周波若しくは交流の電圧**300ボルト**又は直流の電圧［A］を超える電気をいう．）を通ずるものは，その高さが人の歩行その他起居する平面から［B］以上のものでなければならない．ただし，次に掲げる場合は，この限りでない．

(1) ［B］に満たない高さの部分が，人体に容易に**触れない**構造である場合又は人体が容易に触れない位置にある場合

(2) 移動局であって，その移動体の構造上困難であり，かつ，［C］以外の者が出入りしない場所にある場合

	A	B	C
1	750ボルト	2.5メートル	無線従事者
2	750ボルト	3メートル	取扱者
3	900ボルト	2.5メートル	取扱者
4	900ボルト	3メートル	無線従事者

注：**太字**は，ほかの試験問題で穴あきになった用語を示す．

問 320

正解 □ 完璧 □ 直前CHECK □

次の記述は，高圧電気に対する安全施設について述べたものである．電波法施行規則（第22条）の規定に照らし，[　　]内に入れるべき最も適切な字句の組合せを下の1から4までのうちから一つ選べ．

高圧電気（高周波若しくは交流の電圧[A]又は直流の電圧**750ボルト**を超える電気をいう．）を使用する電動発電機，変圧器，ろ波器，整流器その他の機器は，外部より容易に触れることができないように，絶縁遮（しゃ）へい体又は[B]の内に収容しなければならない．ただし，[C]のほか出入できないように設備した場所に装置する場合は，この限りでない．

	A	B	C
1	350ボルト	接地された金属遮（しゃ）へい体	無線従事者
2	350ボルト	金属遮（しゃ）へい体	取扱者
3	300ボルト	接地された金属遮（しゃ）へい体	取扱者
4	300ボルト	金属遮（しゃ）へい体	無線従事者

問 321

正解 □ 完璧 □ 直前CHECK □

次の記述は，空中線等の保安施設について述べたものである．電波法施行規則（第26条）の規定に照らし，[　　]内に入れるべき最も適切な字句の組合せを下の1から4までのうちから一つ選べ．

無線設備の空中線系には[A]を，また，カウンターポイズには**接地装置**をそれぞれ設けなければならない．ただし，[B]周波数を使用する無線局の無線設備及び陸上移動局又は携帯局の無線設備の空中線については，この限りでない．

	A	B
1	避雷器又は接地装置	26.175MHzを超える
2	避雷器又は接地装置	26.175MHz以下の
3	避雷器	26.175MHzを超える
4	避雷器	26.175MHz以下の

注：**太字**は，ほかの試験問題で穴あきになった用語を示す．

解答 問318→2　問319→1

問題

問 322　正解 □　完璧 □　直前CHECK □

次の記述は，無線従事者の免許を与えないことができる場合について述べたものである．電波法（第42条）の規定に照らし，□内に入れるべき最も適切な字句の組合せを下の1から4までのうちから一つ選べ．なお，同じ記号の□内には，同じ字句が入るものとする．

総務大臣は，次のいずれかに該当する者に対しては，無線従事者の免許を与えないことができる．

(1) 電波法第9章（罰則）の罪を犯し［A］に処せられ，その執行を終わり，又はその執行を受けることがなくなった日から［B］を経過しない者
(2) 電波法第79条（無線従事者の免許の取消し等）第1項第1号又は第2号の規定により無線従事者の免許を取り消され，取消しの日から［B］を経過しない者
(3) ［C］欠陥があって無線従事者たるに適しない者

	A	B	C
1	懲役又は禁こ	1年	著しく心身に
2	懲役又は禁こ	2年	身体に
3	罰金以上の刑	1年	身体に
4	罰金以上の刑	2年	著しく心身に

問題

問 323

正解 完璧 直前CHECK

次の記述は，無線従事者の免許証について述べたものである．電波法施行規則（第38条）及び無線従事者規則（第50条及び第51条）の規定に照らし，これらの規定に適合するものを1，適合しないものを2として解答せよ．

ア　無線従事者は，住所に変更を生じたときは，所定の様式の申請書に免許証及び住所の変更の事実を証する書類を添えて総務大臣又は総合通信局長（沖縄総合通信事務所長を含む．）に提出し，免許証の訂正を受けなければならない．

イ　無線従事者は，免許証を失ったために免許証の再交付を受けようとするときは，所定の様式の申請書に写真1枚を添えて総務大臣又は総合通信局長（沖縄総合通信事務所長を含む．）に提出しなければならない．

ウ　無線従事者は，免許の取消しの処分を受けたときは，その処分を受けた日から1箇月以内にその免許証を総務大臣又は総合通信局長（沖縄総合通信事務所長を含む．）に返納しなければならない．

エ　無線従事者は，免許証の再交付を受けた後失った免許証を発見したときは，発見した日から10日以内にその免許証を総務大臣又は総合通信局長（沖縄総合通信事務所長を含む．）に返納しなければならない．

オ　無線従事者は，その業務に従事しているときは，免許証を携帯していなければならない．

問 324

正解 完璧 直前CHECK

次に掲げる場合のうち，無線従事者規則（第51条）の規定に照らし，無線従事者の免許証を総務大臣又は総合通信局長（沖縄総合通信事務所長を含む．）に返納しなければならない場合に該当するものを1，該当しないものを2として解答せよ．

ア　無線従事者がその免許取得後5年を経過したとき．

イ　無線従事者がその免許の取消しの処分を受けたとき．

ウ　無線従事者が刑法の罪を犯し懲役以上の刑に処せられたとき．

エ　無線従事者が無線設備の操作に引き続き10年以上従事しなかったとき．

オ　無線従事者がその免許証の再交付を受けた後失った免許証を発見したとき．

解答　問320→3　問321→1　問322→4

問題

問 325　正解□　完璧□　直前CHECK□

次の記述は，無線従事者の免許証の再交付及び返納について述べたものである．無線従事者規則（第50条及び第51条）の規定に照らし，□内に入れるべき最も適切な字句の組合せを下の1から4までのうちから一つ選べ．

① 無線従事者は，氏名に変更を生じたとき又は免許証を［A］に免許証の再交付を受けようとするときは，所定の様式の申請書に次に掲げる書類を添えて総務大臣又は総合通信局長（沖縄総合通信事務所長を含む．以下同じ．）に提出しなければならない．
(1) 免許証（免許証を失った場合を除く．）
(2) 写真［B］
(3) 氏名の変更の事実を証する書類（氏名に変更を生じたときに限る．）

② 無線従事者は，免許の取消しの処分を受けたときは，その処分を受けた日から［C］にその免許証を総務大臣又は総合通信局長に返納しなければならない．免許証の再交付を受けた後失った免許証を発見したときも同様とする．

③ 無線従事者が死亡し，又は失そうの宣告を受けたときは，戸籍法（昭和22年法律第224号）による死亡又は失そう宣告の届出義務者は，遅滞なく，その免許証を総務大臣又は総合通信局長に返納しなければならない．

	A	B	C
1	破り，若しくは失ったため	1枚	1箇月以内
2	破り，若しくは失ったため	2枚	10日以内
3	汚し，破り，若しくは失ったため	1枚	10日以内
4	汚し，破り，若しくは失ったため	2枚	1箇月以内

問 326 正解 ☐ 完璧 ☐ 直前CHECK ☐

次の記述は，無線従事者の免許証の再交付について述べたものである．無線従事者規則（第50条）の規定に照らし，[　　]内に入れるべき最も適切な字句の組合せを下の1から4までのうちから一つ選べ．なお，同じ記号の[　　]には，同じ字句が入るものとする．

無線従事者は，[　A　]に変更を生じたとき又は免許証を[　B　]ために免許証の再交付を受けようとするときは，所定の様式の申請書に次に掲げる書類を添えて総務大臣又は総合通信局長（沖縄総合通信事務所長を含む．）に提出しなければならない．

(1) 免許証（免許証を失った場合を除く．）
(2) 写真[　C　]
(3) [　A　]の変更の事実を証する書類（[　A　]に変更を生じたときに限る．）

	A	B	C
1	住所	破り，又は失った	1枚
2	住所	汚し，破り，若しくは失った	2枚
3	氏名	汚し，破り，若しくは失った	1枚
4	氏名	破り，又は失った	2枚

解答
問323→ア−2 イ−1 ウ−2 エ−1 オ−1
問324→ア−2 イ−1 ウ−2 エ−2 オ−1　問325→3

ミニ解説
問323 ア　住所に変更を生じたときは，手続きをしなくてよい．
ウ　誤っているか所は「1箇月以内」，正しくは「10日以内」．

問題

問 327 正解 完璧 直前CHECK

次の記述は，アマチュア無線局の免許状の記載事項の遵守について述べたものである．電波法（第53条，第54条及び第110条）の規定に照らし，[　　]内に入れるべき最も適切な字句の組合せを下の1から4までのうちから一つ選べ．

① 無線局を運用する場合においては，[A]，識別信号，電波の型式及び周波数は，免許状に記載されたところによらなければならない．ただし，遭難通信については，この限りでない．

② 無線局を運用する場合においては，空中線電力は，次に定めるところによらなければならない．ただし，遭難通信については，この限りでない．

(1) 免許状に記載された[B]であること．

(2) 通信を行うため**必要最小のもの**であること．

③ [C]の規定に違反して無線局を運用した者は，1年以下の懲役又は100万円以下の罰金に処する．

	A	B	C
1	無線設備の設置場所	ものの範囲内	①又は②の（1）
2	無線設備の設置場所	ところによるもの	①又は②の（2）
3	無線設備の工事設計	ものの範囲内	①又は②の（2）
4	無線設備の工事設計	ところによるもの	①又は②の（1）

法規　無線従事者／運用

注：**太字**は，ほかの試験問題で穴あきになった用語を示す．

問題

問 328　正解□　完璧□　直前CHECK□

次の記述は，無線局の目的外使用の禁止等について，電波法（第52条から第55条まで及び第110条）の規定に沿って述べたものである．□内に入れるべき字句の正しい組合せを下の1から4までのうちから一つ選べ．

① 無線局は，免許状に記載された目的又は［A］の範囲を超えて運用してはならない．ただし，次に掲げる通信については，この限りでない．
　(1) 遭難通信　(2) 緊急通信　(3) 安全通信　(4) **非常通信**
　(5) 放送の受信　(6) その他総務省令で定める通信

② 無線局を運用する場合においては，［B］，**識別信号**，電波の型式及び周波数は，免許状又は登録状（以下「免許状等」という．）に記載されたところによらなければならない．ただし，遭難通信については，この限りでない．

③ 無線局を運用する場合においては，空中線電力は，次に定めるところによらなければならない．ただし，遭難通信については，この限りでない．
　(1) 免許状等に記載された**ものの範囲内**であること．
　(2) 通信を行うため［C］**のもの**であること．

④ 無線局は，免許状に記載された運用許容時間内でなければ，運用してはならない．ただし，①の (1) から (6) までに掲げる通信を行う場合及び総務省令で定める場合は，この限りでない．

⑤ ［D］に違反して無線局を運用した者は，**1年以下の懲役**又は**100万円以下の罰金**に処する．

	A	B	C	D
1	通信の相手方若しくは通信事項	無線設備	最適	①，②，③の (2) 又は④の規定
2	通信の相手方若しくは通信事項	無線設備の設置場所	必要最小	①，②，③の (1) 又は④の規定
3	通信事項	無線設備	必要最小	①，②，③の (2) 又は④の規定
4	通信事項	無線設備の設置場所	最適	①，②，③の (1) 又は④の規定

注：**太字**は，ほかの試験問題で穴あきになった用語を示す．

解答 問326→3　問327→1

問題

問 329　正解□　完璧□　直前CHECK□

次の記述は，非常通信について述べたものである．電波法（第52条）の規定に照らし，□内に入れるべき最も適切な字句の組合せを下の1から4までのうちから一つ選べ．

非常通信とは，地震，台風，洪水，津波，雪害，火災，暴動その他非常の事態が発生し，又は発生するおそれがある場合において，［A］を利用することができないか又はこれを利用することが著しく困難であるときに人命の救助，［B］，交通通信の確保又は［C］のために行われる無線通信をいう．

	A	B	C
1	電気通信業務の通信	財貨の保全	秩序の維持
2	電気通信業務の通信	災害の救援	電力供給の確保
3	有線通信	災害の救援	秩序の維持
4	有線通信	財貨の保全	電力供給の確保

問 330　正解□　完璧□　直前CHECK□

次の記述は，無線通信の秘密の保護について，電波法（第59条及び第109条）の規定に沿って述べたものである．□内に入れるべき適切な字句を下の1から10までのうちからそれぞれ一つ選べ．なお，同じ記号の□内には，同じ字句が入るものとする．

① 何人も法律に別段の定めがある場合を除くほか，［ア］相手方に対して行われる無線通信（電気通信事業法第4条第1項又は第164条第2項の通信であるものを除く．以下同じ．）を傍受してその**存在若しくは内容**を漏らし，又はこれを［イ］してはならない．

② 無線局の取扱中に係る無線通信の秘密を漏らし，又は［イ］した者は，1年以下の懲役又は50万円以下の罰金に処する．

③ ［ウ］がその［エ］に関し知り得た②の秘密を漏らし，又は［イ］したときは，［オ］に処する．

1　3年以下の懲役又は150万円以下の罰金　　2　特定の　　3　不特定の
4　通信　　5　無線従事者　　6　2年以下の懲役又は100万円以下の罰金
7　無線通信の業務に従事する者　　8　他人の用に供　　9　業務
10　窃用

注：**太字**は，ほかの試験問題で穴あきになった用語を示す．

問 331

正解 □ 完璧 □ 直前CHECK □

次の記述は，無線通信の秘密の保護について電波法（第59条）の規定に沿って述べたものである．□内に入れるべき字句の正しい組合せを下の1から4までのうちから一つ選べ．

① [A]無線通信（電気通信事業法第4条第1項又は第164条第2項の通信であるものを除く．以下同じ．）を傍受してその存在若しくは内容を漏らし，又はこれを窃用してはならない．

② [B]の秘密を漏らし，又は窃用した者は，1年以下の懲役又は50万円以下の罰金に処する．

③ [C]がその業務に関し知り得た②の秘密を漏らし，又は窃用したときは，2年以下の懲役又は100万円以下の罰金に処する．

	A	B	C
1	何人も，特定の相手方に対して行われる	無線通信	無線通信の業務に従事する者
2	何人も，特定の相手方に対して行われる	無線局の取扱中に係る無線通信	無線従事者
3	何人も法律に別段の定めがある場合を除くほか，特定の相手方に対して行われる	無線通信	無線従事者
4	何人も法律に別段の定めがある場合を除くほか，特定の相手方に対して行われる	無線局の取扱中に係る無線通信	無線通信の業務に従事する者

解答 問328→2　問329→3　問330→ア−2　イ−10　ウ−7　エ−9　オ−6

ミニ解説

問330 電気通信事業法は携帯電話等の電気通信事業者（公衆通信事業会社）の通信に適用される．
事業法第4条　電気通信事業者の取扱中に係る通信の秘密は，侵してはならない．

問 332 解説あり! 正解 □ 完璧 □ 直前CHECK □

次のアからオまでに掲げる無線電信通信に使用するQ符号とその意義との組合せが，無線局運用規則（第13条及び別表第2号）の規定に照らし対応しているものを1，対応していないものを2として解答せよ．

	Q符号	意義
ア	QRH？	こちらの周波数は，変化しますか．
イ	QRK？	こちらの伝送は，混信を受けていますか．
ウ	QRM？	そちらは，空電に妨げられていますか．
エ	QRU？	そちらは，こちらへ伝送するものがありますか．
オ	QRZ？	そちらは，通信中ですか．

問 333 解説あり! 正解 □ 完璧 □ 直前CHECK □

次の記述は，モールス無線通信に使用するQ符号及びその意義の組合せを掲げたものである．無線局運用規則（第13条及び別表第2号）の規定に照らし，Q符号及びその意義が適合するものを1，適合しないものを2として解答せよ．

	Q符号	意義
ア	QRA？	貴局名は，何ですか．
イ	QRK？	こちらの伝送は，混信を受けていますか．
ウ	QRM？	そちらは，空電に妨げられていますか．
エ	QRO？	こちらは，送信機の電力を増加しましょうか．
オ	QTH？	緯度及び経度で示す（又は他の表示による．）そちらの位置は，何ですか．

解説 → 問332 → 問333

これまでに出題されたQ符号とその意義

QRA？	貴局名は，何ですか．
QRH？	こちらの周波数は，変化しますか．
QRI？	こちらの発射の音調は，どうですか．
QRK？	こちらの信号（又は……（名称又は呼出符号）の信号）の明りよう度は，どうですか．
QRL？	そちらは，通信中ですか．
QRM？	こちらの伝送は，混信を受けていますか．
QRN？	そちらは，空電に妨げられていますか．
QRO？	こちらは，送信機の電力を増加しましようか．
QRP？	こちらは，送信機の電力を減少しましようか．
QRQ？	こちらは，もつと速く送信しましようか．
QRS？	こちらは，もつとおそく送信しましようか．
QRU？	そちらは，こちらへ伝送するものがありますか．
QRZ？	誰かこちらを呼んでいますか．
QSB？	こちらの信号には，フエージングがありますか．
QSD？	こちらの信号は，切れますか．
QSM？	こちらは，そちらに送信した最後の電報（又は以前の電報）を反復しましようか．
QSY？	こちらは，他の周波数に変更して伝送しましようか．
QTH？	緯度及び経度で示す（又は他の表示による．）そちらの位置は，何ですか．

解答
問331→4　問332→ア－1　イ－2　ウ－2　エ－1　オ－2
問333→ア－1　イ－2　ウ－2　エ－1　オ－1

問 334

正解 □ 完璧 □ 直前CHECK □

無線局は，相手局を呼び出そうとする場合において，他の通信に混信を与えるおそれがあるときは，どうしなければならないか．無線局運用規則（第19条の2）の規定に照らし，正しいものを下の1から4までのうちから一つ選べ．

1　その通信が終了した後でなければ呼出しをしてはならない．
2　空中線電力を低下した後でなければ呼出しをしてはならない．
3　できる限り短時間に呼出しを終わらせるようにしなければならない．
4　他の無線局から停止の要求がないかどうかに注意して呼出しをしなければならない．

問 335

正解 □ 完璧 □ 直前CHECK □

次の記述は，無線局のモールス無線通信における電波の発射前の措置について述べたものである．無線局運用規則（第19条の2）の規定に照らし，□内に入れるべき最も適切な字句の組合せを下の1から4までのうちから一つ選べ．

無線局は，相手局を呼び出そうとするときは，電波を発射する前に，[A]に調整し，[B]その他必要と認める周波数によって[C]し，他の通信に混信を与えないことを確かめなければならない．ただし，遭難通信，緊急通信，安全通信及び電波法第74条第1項に規定する通信を行う場合並びに海上移動業務以外の業務において他の通信に混信を与えないことが確実である電波により通信を行う場合は，この限りでない．

	A	B	C
1	受信機を最良の感度	発射可能な電波の型式及び周波数	試験電波を発射
2	受信機を最良の感度	自局の発射しようとする電波の周波数	聴守
3	送信機を通常の動作状態	発射可能な電波の型式及び周波数	聴守
4	送信機を通常の動作状態	自局の発射しようとする電波の周波数	試験電波を発射

問 336

正解 □ 完璧 □ 直前CHECK □

次の記述は，自局の呼出しが他の通信に混信を与える旨の通知を受けた場合について，無線局運用規則（第22条）の規定に沿って述べたものである．［　　］内に入れるべき字句の正しい組合せを下の1から5までのうちから一つ選べ．

① 無線局は，自局の呼出しが他の既に行われている通信に混信を与える旨の通知を受けたときは，直ちに［ A ］．

② ①の通知をする無線局は，その通知をするに際し，［ B ］を示すものとする．

	A	B
1	その呼出しを中止しなければならない	混信の強さの程度
2	その呼出しを中止しなければならない	分で表す概略の待つべき時間
3	空中線電力を低下させなければならない	混信の強さの程度
4	空中線電力を低下させなければならない	分で表す概略の待つべき時間
5	周波数を変更しなければならない	変更すべき周波数

問 337

正解 □ 完璧 □ 直前CHECK □

無線局は，自局に対するモールス無線電信による呼出しを受信した場合において，呼出局の呼出符号が不確実であるときは，どうしなければならないか．無線局運用規則（第26条）の規定に照らし，下の1から4までのうちから一つ選べ．

1 応答事項のうち「DE」及び自局の呼出符号を送信して，直ちに応答しなければならない．

2 その呼出しが反復され，かつ，呼出局の呼出符号が確実に判明するまで応答してはならない．

3 応答事項のうち相手局の呼出符号の代わりに「QRZ？」を使用して，直ちに応答しなければならない．

4 応答事項のうち相手局の呼出符号の代わりに「QRA？」を使用して，直ちに応答しなければならない．

解答 問334→1　問335→2

問題

問 338

次の記述は，混信等の防止について述べたものである．電波法（第56条）の規定に照らし，［　　］内に入れるべき最も適切な字句の組合せを下の1から4までのうちから一つ選べ．

無線局は，［ A ］又は電波天文業務（注）の用に供する受信設備その他の総務省令で定める受信設備（無線局のものを除く．）で総務大臣が指定するものに**その運用を阻害するような混信その他の**［ B ］ならない．ただし，［ C ］については，この限りでない．

注　電波天文業務とは，宇宙から発する電波の受信を基礎とする天文学のための当該電波の受信の業務をいう．

	A	B	C
1	他の無線局	妨害を与えない機能を備えなければ	遭難通信
2	他の無線局	妨害を与えないように運用しなければ	遭難通信，緊急通信，安全通信及び非常通信
3	重要無線通信を行う無線局	妨害を与えない機能を備えなければ	遭難通信，緊急通信，安全通信及び非常通信
4	重要無線通信を行う無線局	妨害を与えないように運用しなければ	遭難通信

問 339

無線局は，自局に対する呼出しを受信した場合において，呼出局の呼出符号が不確実であるときは，どうしなければならないか．無線局運用規則（第14条，第18条及び第26条）の規定に照らし，下の1から4までのうちから一つ選べ．

1　その呼出しが反復され，かつ，呼出局の呼出符号が確実に判明するまで応答してはならない．
2　応答事項のうち「こちらは」及び自局の呼出符号を送信して，直ちに応答しなければならない．
3　応答事項のうち相手局の呼出符号の代わりに「誰かこちらを呼びましたか」を使用して，直ちに応答しなければならない．
4　応答事項のうち相手局の呼出符号の代わりに「貴局名は何ですか」を使用して，直ちに応答しなければならない．

注：**太字**は，ほかの試験問題で穴あきになった用語を示す．

問 340　正解 □　完璧 □　直前CHECK □

次の記述は，アマチュア局がモールス無線電信により通信可能な範囲内にあるアマチュア局を一括して呼び出そうとするとき順次送信すべき事項を，無線局運用規則（第127条の3）の規定に沿って掲げたものである．□内に入れるべき字句の正しい組合せを下の1から5までのうちから一つ選べ．

① CQ　　A
② DE　　1 回
③ 自局の呼出符号　　B
④ K　　1 回

	A	B
1	2回以下	1回
2	2回以下	2回以下
3	3回以下	3回以下
4	3回	3回
5	3回	3回以下

解答　問336→2　問337→3　問338→2　問339→3

ミニ解説

問337　電話の略語にすると，
「DE」は「こちらは」
「QRZ？」は「誰がこちらを呼んでいますか．」
「QRA？」は，「貴局名は，何ですか．」の意義

問 341

正解 □ 完璧 □ 直前CHECK □

次の記述は，アマチュア局がモールス無線通信により2以上の特定の無線局を一括して呼び出そうとするとき，順次送信すべき事項を無線局運用規則（第127条の3及び第261条）の規定に沿って掲げたものである．□内に入れるべき字句の正しい組合せを下の1から5までのうちから一つ選べ．

① 相手局の呼出符号　[A]
② DE　1回
③ 自局の呼出符号　[B]
④ K　1回

	A	B
1	それぞれ3回以下	3回
2	それぞれ3回以下	2回以下
3	それぞれ2回以下	3回以下
4	それぞれ2回以下	1回
5	それぞれ1回	1回

問 342

正解 □ 完璧 □ 直前CHECK □

次の記述は，モールス無線電信による通信中において，混信の防止その他の必要により使用電波の型式又は周波数の変更の要求を受けた無線局が，これに応じようとするときにとらなければならない措置について述べたものである．無線局運用規則（第35条）の規定に照らし，□内に入れるべき正しい字句の組合せを下の1から4までのうちから一つ選べ．

通信中において，混信の防止その他の必要により使用電波の型式又は周波数の変更の要求を受けた無線局は，これに応じようとするときは，「[A]」を送信し（通信状態等により必要と認めるときは，「[B]」及び変更によって使用しようとする周波数（又は電波の型式及び周波数）1回を続いて送信する.），直ちに周波数（又は電波の型式及び周波数）を変更しなければならない．

	A	B
1	K	QSW
2	K	QSX
3	R	QSW
4	R	QSX

問 343

正解 □　完璧 □　直前CHECK □

次の記述は，モールス無線電信による試験電波の発射について述べたものである．無線局運用規則（第39条）の規定に照らし，[　　]内に入れるべき最も適切な字句を下の1から10までのうちから一つ選べ．なお，同じ記号の[　　]内には，同じ字句が入るものとする．

▼解答

① 無線局は，無線機器の試験又は調整のため電波の発射を必要とするときは，発射する前に自局の発射しようとする電波の[　ア　]によって聴守し，他の無線局の通信に混信を与えないことを確かめた後，次の（1）から（3）までの符号を順次送信しなければならない．

（1） EX　　3回

（2） DE　　1回

（3） 自局の呼出符号　　[　イ　]

② 更に[　ウ　]聴守を行い，他の無線局から停止の請求がない場合に限り，「VVV」の連続及び自局の呼出符号1回を送信しなければならない．この場合において，「VVV」の連続及び自局の呼出符号の送信は，[　エ　]を超えてはならない．

③ ①及び②の試験又は調整中は，しばしばその電波の周波数により聴守を行い，[　オ　]を確かめなければならない．

④ ②の規定にかかわらず，海上移動業務以外の業務の無線局にあっては，必要があるときは，[　エ　]を超えて「VVV」の連続及び自局の呼出符号の送信をすることができる．

1　1回　　2　10秒間　　3　1分間

4　周波数及びその他必要と認める周波数　　5　周波数　　6　3回

7　20秒間　　8　3分間　　9　他の無線局の通信に混信を与えないこと

10　他の無線局から停止の要求がないかどうか

解答　問340→5　問341→3　問342→3

ミニ解説

問340　電話の略語にすると「CQ」は「各局」，「DE」は「こちらは」，Kは「どうぞ」．

問342　「QSW」は「こちらは，この周波数（又は……kHz（若しくはMHz））で（種別……の発射で）送信しましょう．」の意義．

問 344

正解 □ 完璧 □ 直前CHECK □

次の記述は，モールス無線電信の通信中において，アマチュア局が混信の防止その他の必要により使用電波の型式又は周波数の変更を要求しようとするときに順次送信すべき事項を掲げたものである．無線局運用規則（第34条）の規定に照らし，□内に入れるべき最も適切な字句の組合せを下の1から4までのうちから一つ選べ．

① QSU又はQSW若しくは[A]　1回
② 変更によって使用しようとする周波数（又は電波の型式及び周波数）　1回
③ ？（「[B]」を送信したときに限る.）　1回

	A	B
1	QSY	QSW
2	QSY	QSU
3	QRX	QSW
4	QRX	QSU

問 345

正解 □ 完璧 □ 直前CHECK □

次の記述は，モールス無線通信において，無線局が無線機器の試験又は調整のため電波の発射を必要とするときに順次送信すべき事項を掲げたものである．無線局運用規則（第39条）の規定に照らし，□内に入れるべき最も適切な字句の組合せを下の1から4までのうちから一つ選べ．

① [A]　3回
② [B]　1回
③ [C]　3回

	A	B	C
1	VVV	CQ	QRK？
2	VVV	DE	自局の呼出符号
3	EX	CQ	QSA？
4	EX	DE	自局の呼出符号

問 346 正解□ 完璧□ 直前CHECK□

無線局は，無線機器の試験又は調整のため電波の発射を必要とするときは，電波の発射する前にどうしなければならないか．無線局運用規則（第39条）の規定に照らし，最も適切なものを下の1から4までのうちから一つ選べ．

1　発射しようとする電波の空中線電力が最も適当な値となるように送信機の出力を調整しなければならない．
2　自局の発射しようとする電波の周波数及びその他必要と認める周波数によって聴守し，他の無線局の通信に混信を与えないことを確かめなければならない．
3　発射しようとする電波の周波数をあらかじめ測定しておかなければならない．
4　自局の発射しようとする電波の周波数に隣接する周波数において他の周波数が重要な通信を行っていないことを確かめなければならない．

▼解答

問 347 正解□ 完璧□ 直前CHECK□

次の記述は，アマチュア局の運用について述べたものである．無線局運用規則（第258条及び第259条）の規定に照らし，□内に入れるべき最も適切な字句の組合せを下の1から4までのうちから一つ選べ．

① アマチュア局は，自局の発射する電波が［A］支障を与え，若しくは与える虞（おそれ）があるときは，速やかに当該周波数による電波の発射を中止しなければならない．ただし，遭難通信，緊急通信，安全通信及び電波法第74条（非常の場合の無線通信）第1項に規定する通信を行う場合は，この限りでない．
② アマチュア局の送信する通報は，［B］であってはならない．

	A	B
1	他の無線局の運用又は放送の受信に	他人の依頼によるもの
2	他の無線局の運用又は放送の受信に	長時間継続するもの
3	重要無線通信を行う無線局の運用に	長時間継続するもの
4	重要無線通信を行う無線局の運用に	他人の依頼によるもの

解答 問343→ア−4　イ−6　ウ−3　エ−2　オ−10　問344→1　問345→4

ミニ解説

問344　「QSU」は「その周波数（又は……kHz（若しくはMHz））で（種別……の発射で）送信又は応答してください．」
「QSW？」は「そちらは，この周波数（又は……kHz（若しくはMHz））で（種別……の発射で）送信してくれませんか．」
「QSY」は「他の周波数（又は……kHz（若しくはMHz））に変更して伝送してください．」の意義

問345　電話の略語にすると「EX」は「ただいま試験中」，「VVV」は「本日晴天なり」．

問題

問 348 解説あり！ ▶P.236 正解 □ 完璧 □ 直前CHECK □

次の記述のうち，TOKYHARUMIをモールス符号で表したものはどれか．無線局運用規則（第12条及び別表第1号）の規定に照らし，下の1から4までのうちから一つ選べ．

1　－　－－－　－・・－　－・－－　・・・　・－　・－－・　・・・－　－－　・・
2　－　－－－　－・－　－－・－　・・・　－・　・－・　・・・－　－－　・・・
3　－　－－－　－・－　－・－－　・・・・　・－　・－・　・・－　－－　・・
4　－　－－－　－・・－　－－・－　・・・・　－・　・－－・　・・－　－－　・・・

注　モールス符号の点，線の長さ及び間隔は，簡略化してある．

問 349 解説あり！ ▶P.236 正解 □ 完璧 □ 直前CHECK □

次の記述のうち，6SWEPCZV37をモールス符号で表したものはどれか．無線局運用規則（第12条及び別表第1号）の規定に照らし，下の1から4までのうちから一つ選べ．

1　・・・・－　・・・　・－－－　・　・－・　－・－・　－－・・　・・・－　－－－・・　・・－－－
2　－・・・・　・・・　・－－　・　・－－・　－・－・　－－・・　・・・－　・・・－－　－－・・・
3　・・・・－　・・・・　・－－　・　・－－・　－・－・　－－・・　－・・・　－－－・・　・・－－－
4　－・・・・　・・・・　・－－－　・　・－・　－・－・　－－・・　－・・・　・・・－－　－－・・・

注　モールス符号の点，線の長さ及び間隔は，簡略化してある．

問 350 解説あり！ ▶P.236 正解 □ 完璧 □ 直前CHECK □

次の記述のうち，JZPVKTXW35をモールス符号で表したものはどれか．無線局運用規則（第12条及び別表第1号）の規定に照らし，下の1から4までのうちから一つ選べ．

1　・－－－　－－・・　・－－・　・・・－　－・－　－　－・・－　－－・　・・・－－　・・・・・
2　・－－－　－－・・　・－－・　・・－　－・－　－　－・・－　・－－　・・・－－　・・・・・
3　・－－－　－－・・　・－－・　・・・－　－・－　－　－・・－　・－－　・・・－－　・・・・・
4　・－－－　－－・・　・－－・　・・・－　－・－　－　－・・－　・－－　－－・・・　・・・・・

注　モールス符号の点，線の長さ及び間隔は簡略化してある．

問 351 解説あり! ▶P.236 正解 □ 完璧 □ 直前CHECK □

次の記述のうち，BSLVJFWG73をモールス符号で表したものはどれか．無線局運用規則（第12条及び別表第1号）の規定に照らし，下の1から4までのうちから一つ選べ．

1　－・・・　・・・　・・－・　・・・－　－－・　・－・・　・－－　－－・　・・・－－　－－・・・
2　・・・－　・・　・・－・　－・・・　－－・　・－・・　－－・　・－－・　－－・・・　・・・－－
3　－・・・　・・・　・－・・　・・・－　・－－－　・・－・　・－－　－－・　－－・・・　・・・－－
4　－・・・　・・・　・－・・　・・・－　・－－－　・・－・　・－－　－－・　－－－－・　・・－－－

注　モールス符号の点，線の長さ及び間隔は簡略化してある．

問 352 解説あり! ▶P.236 正解 □ 完璧 □ 直前CHECK □

次の記述は，アルファベットの字句及びモールス符号の組合せを掲げたものである．無線局運用規則（第12条及び別表第1号）の規定に照らし，アルファベットの字句及びそのモールス符号の組合せが適合するものはどれか．下の1から4までのうちから一つ選べ．

	字句	モールス符号
1	IRELAND	・・　・－・　・　・・－・　・－　－・　－・・
2	GERMANY	－－・　・　－・－　－－　・－　－・　－・－－
3	BELGIUM	－・・・　・　・－・・　－－・　・・・　・・－　－－
4	FRENCH	・・－・　・－・　・　－・　－・－・　・・・・

注　モールス符号の点，線の長さ及び間隔は簡略化してある．

問 353 解説あり! ▶P.236 正解 □ 完璧 □ 直前CHECK □

次の記述は，アルファベットの字句及びモールス符号の組合せを掲げたものである．無線局運用規則（第12条及び別表第1号）の規定に照らし，アルファベットの字句及びそのモールス符号の組合せが適合するものはどれか．下の1から4までのうちから一つ選べ．

	字句	モールス符号
1	AMERICA	・－　－－　・　・－・・　・・　－・－・　・－
2	MEXICO	－－　・　－－・・　・・　－・－・　－－－
3	DOMINICA	－・・　－－－　－・　・・　－－　・・　－・－・　・－
4	ECUADOR	・　－・－・　・・－　・－　－・・　－－－　・－・

注　モールス符号の点，線の長さ及び間隔は簡略化してある．

解答　問346→2　問347→1　問348→3　問349→2　問350→3

問 354 解説あり! ▶P.236 正解 □ 完璧 □ 直前CHECK □

次の記述は，アルファベットの字句及びそのモールス符号の組合せを掲げたものである．無線局運用規則（第12条及び別表第1号）の規定に照らし，アルファベットの字句及びそのモールス符号が適合するものを1，適合しないものを2として解答せよ．

	字句	モールス符号
ア	UNIFORM	・・－　－・　・・　・・－・　－－－　・－・　－－
イ	VICTOR	・・・－　・・　－－・－　－　－－－　・－・
ウ	WHISKEY	・－－　・・・・　・・　・・・　－・－　・　－・－－
エ	YANKEE	－・－－　・－　－・　－・－　・　・
オ	ZULU	－・・－　・・－　・－・・　・・－

注　モールス符号の点，線の長さ及び間隔は，簡略化してある

問 355 解説あり! ▶P.236 正解 □ 完璧 □ 直前CHECK □

次の記述は，アルファベットの字句及びモールス符号の組合せを掲げたものである．無線局運用規則（第12条及び別表第1号）の規定に照らし，アルファベットの字句及びそのモールス符号が適合するものを1，適合しないものを2として解答せよ．

	字句	モールス符号
ア	FOXTROT	・・－・　－－－　－・－　－　・－・　－－－　－
イ	GOLF	－－・　－－－　・－・・　・・－・
ウ	HOTEL	・・・・　－－－　－　・・　・－・・
エ	INDIA	・・　・－　－・・　・・　－・
オ	JULIETT	・－－－　・・－　・－・・　・・　・　－　－

注 モールス符号の点，線の長さ及び間隔は，簡略化してある．

問 356 解説あり! ▶P.236 正解 □ 完璧 □ 直前CHECK □

次の記述は，アルファベットの字句及びモールス符号の組合せを掲げたものである．無線局運用規則（第12条及び別表第1号）の規定に照らし，アルファベットの字句及びそのモールス符号が適合するものを1，適合しないものを2として解答せよ．

	字句	モールス符号
ア	BRAVO	－・・・　・－・・　・－　・・・－　－－－
イ	CHARLIE	－・－・　・・・・　・－　・－・　・・－・　・・　・
ウ	XRAY	－・・－　・－・　・－　－・－－
エ	NOVEMBER	－・　－－－　・・・－　・　－・　－・・・　・　・－・
オ	WHISKEY	・－－　・・・・　・・　・・・　－・－・　・　－・－－

注　モールス符号の点，線の長さ及び間隔は，簡略化してある．

法規　運用

問 357 解説あり! ▶P.236 正解 □ 完璧 □ 直前CHECK □

次の記述のうち，モールス無線通信において，「そちらの信号の強さは，かなり強いです.」を示すQ符号をモールス符号で表したものはどれか．無線局運用規則（第12条及び第13条並びに別表第1号及び別表第2号）の規定に照らし，下の1から4までのうちから一つ選べ．

1　－－・－　・－・　－・－　・・・・・
2　－－・－　・－・　－・　・・・－－
3　－－・－　・・・　・－　・・・・・
4　－－・－　・・・　・－　・・・－－

注　モールス符号の点，線の長さ及び間隔は，簡略化してある．

問 358 解説あり! ▶P.236 正解 □ 完璧 □ 直前CHECK □

次の記述のうち，モールス無線通信において，「こちらは，通信中です．妨害しないでください.」を示すQ符号をモールス符号で表したものはどれか．無線局運用規則（第12条及び第13条並びに別表第1号及び別表第2号）の規定に照らし，下の1から4までのうちから一つ選べ．

1　－－・－　・－・　－・
2　－－・－　・－・　・－・・
3　－－・－　・・・　－－－
4　－－・－　・・・　－・

注　モールス符号の点，線の長さ及び間隔は簡略化してある．

問 359 解説あり! ▶P.236 正解 □ 完璧 □ 直前CHECK □

次の記述のうち，モールス無線通信において，「そちらの伝送は，混信を受けていません.」を示すQ符号をモールス符号で表したものはどれか．無線局運用規則（第12条及び第13条並びに別表第1号及び別表第2号）の規定に照らし，下の1から4までのうちから一つ選べ．

1　－－・－　・－・　－－　・・・・・
2　－－・－　・－・　－－　・－－－－
3　－－・－　・・・　－・・・　・－－－－
4　－－・－　・・・　－・　・・・・・

注　モールス符号の点，線の長さ及び間隔は簡略化してある．

解答
問351→3　問352→4　問353→4
問354→ア－1　イ－2　ウ－1　エ－1　オ－2
問355→ア－2　イ－1　ウ－2　エ－2　オ－1
問356→ア－2　イ－2　ウ－1　エ－2　オ－2

問 360 解説あり! ▶P.236 正解 □ 完璧 □ 直前CHECK □

次の記述は，モールス無線通信における通報の反復について述べたものである．無線局運用規則（第12条，第13条及び第32条並びに別表第1号及び別表第2号）の規定に照らし，□内に入れるべき略符号及びそのモールス符号の組合せを下の1から4までのうちから一つ選べ．

相手局に対し通報の反復を求めようとするときは，「□」の次に反復する箇所を示すものとする．

	略符号	モールス符号
1	RPT	・－・　・－－・　－
2	RPT	－・・　－－・－　－－
3	REF	・－・　・－－・　－
4	REF	－・・　－－・－　－－

注　モールス符号の点，線の長さ及び間隔は，簡略化してある．

問 361 解説あり! ▶P.236 正解 □ 完璧 □ 直前CHECK □

次の記述のうち，欧文によるモールス無線通信において，「送信の待機を要求する符号」を示す略符号をモールス符号で表したものはどれか．無線局運用規則（第12条及び第13条並びに別表第1号及び別表第2号）の規定に照らし，下の1から4までのうちから一つ選べ．

1　・－・－・
2　・－・・・
3　・・・・
4　－・・・・－

注　モールス符号の点，線の長さ及び間隔は簡略化してある．

問 362 解説あり! ▶P.236 正解 □ 完璧 □ 直前CHECK □

次の記述のうち，欧文によるモールス無線通信において，「同一の伝送の異なる部分を分離する符号」を示す略符号をモールス符号で表したものはどれか．無線局運用規則（第12条及び第13条並びに別表第1号及び別表第2号）の規定に照らし，下の1から4までのうちから一つ選べ．

1　－・・・　－・－
2　－　・・－
3　・・・－・－
4　－・・・－

注　モールス符号の点，線の長さ及び間隔は簡略化してある．

解説→問348～362

欧文モールス符号表（抜粋）

文字	符号と合調語		文字	符号と合調語	
A	・－	亜鈴	N	－・	ノート
B	－・・・	棒倒す	O	－－－	応急法
C	－・－・	チャートルーム	P	・－－・	play ball
D	－・・	道徳	Q	－－・－	救急至急
E	・	絵	R	・－・	レコード
F	・・－・	古道具	S	・・・	進め
G	－－・	強情だ	T	－	ティー
H	・・・・	ハイカラ	U	・・－	疑ごー
I	・・	石	V	・・・－	ビクトリー
J	・－－－	自衛方法	W	・－－	和洋風
K	－・－	警視庁	X	－・・－	Xray
L	・－・・	流浪する	Y	－・－－	養子孝行
M	－－	メーデー	Z	－－・・	ざーざー雨

文字	符号	文字	符号
1	・－－－－	送信終了符号$\overline{\mathrm{AR}}$	・－・－・
2	・・－－－	通信完了符号$\overline{\mathrm{VA}}$	・・・－・－
3	・・・－－	訂正符号$\overline{\mathrm{HH}}$	・・・・・・・・
4	・・・・－	送信の待機$\overline{\mathrm{AS}}$	・－・・・
5	・・・・・	送信の中断BK	－・・・　－・－
6	－・・・・	分離符号$\overline{\mathrm{BT}}$	－・・・－
7	－－・・・		
8	－－－・・		
9	－－－－・		
0	－－－－－		

■合調語法によるモールス符号の覚え方

例　Aのモールス符号は「・－」である．「ア」は短いので「・」であり，「レー」は長く「－」であるので「A」は「アレー」＝「・－」と覚える．

解答　問357→4　問358→2　問359→2　問360→1　問361→2　問362→4

問題

問 363　正解　完璧　直前CHECK

次の記述は，周波数等の変更に関する電波法（第71条）の規定について述べたものである．□内に入れるべき字句の正しい組合せを下の1から4までのうちから一つ選べ．なお，□内の同じ記号は，同じ字句を示す．

総務大臣は，[A]必要があるときは，無線局の[B]に支障を及ぼさない範囲内に限り，当該無線局（登録局を除く．）の[C]の指定を変更し，又は登録局の[C]若しくは[D]の無線設備の設置場所の変更を**命ずる**ことができる．

	A	B	C	D
1	混信の除去その他特に	目的の遂行	電波の型式若しくは周波数	人工衛星局
2	混信の除去その他特に	運用	周波数若しくは空中線電力	無線局
3	電波の規整その他公益上	目的の遂行	周波数若しくは空中線電力	人工衛星局
4	電波の規整その他公益上	運用	電波の型式若しくは周波数	無線局

法規　監督

注：**太字**は，ほかの試験問題で穴あきになった用語を示す．

問 364

正解 □ 完璧 □ 直前CHECK □

次の記述は，電波の発射の停止について述べたものである．電波法（第72条及び第110条）の規定に照らし，□内に入れるべき最も適切な字句を下の1から10までのうちからそれぞれ一つ選べ．なお，同じ記号の□内には，同じ字句が入るものとする．

① 総務大臣は，無線局の発射する［ア］が総務省令で定めるものに適合していないと認めるときは，当該無線局に対して［イ］電波の発射の停止を命ずることができる．
② 総務大臣は，①の命令を受けた無線局からその発射する［ア］が総務省令の定めるものに適合するに至った旨の申出を受けたときは，その無線局に［ウ］させなければならない．
③ 総務大臣は，②の規定により発射する［ア］が総務省令で定めるものに適合しているときは，直ちに［エ］しなければならない．
④ ①の電波の発射を停止された無線局を運用した者は，［オ］又は100万円以下の罰金に処する．

1	その旨を通知	2	職員を派遣し，検査	3	電波の型式及び周波数
4	①の停止を解除	5	電波を試験的に発射	6	3箇月以内の期間を定めて
7	電波の質	8	臨時に	9	1年以下の懲役
10	2年以下の懲役				

問 365

正解 □ 完璧 □ 直前CHECK □

次に掲げる記述のうち，総務大臣が無線局に対して臨時に電波の発射の停止を命ずることができるときに該当するものはどれか．電波法（第72条）の規定に照らし，下の1から4までのうちから一つ選べ．

1 無線局の発射する電波が重要無線通信に妨害を与えていると認めるとき．
2 無線局の発射する電波の質が総務省令で定めるものに適合していないと認めるとき．
3 無線局の免許人が免許状に記載された空中線電力の範囲を超えて運用していると認めるとき．
4 無線局の免許人が免許状に記載された周波数以外の周波数を使用して運用していると認めるとき．

解答 問363→3

問題

問 366　正解□　完璧□　直前CHECK□

次の記述は，総務大臣がその職員をアマチュア無線局に派遣し，その無線設備，無線従事者の資格及び員数並びに時計及び書類（以下「無線設備等」という.）を検査させることができる場合について述べたものである．電波法（第73条）の規定に照らし，□内に入れるべき最も適切な字句の組合せを下の1から4までのうちから一つ選べ．なお，同じ記号の□内には，同じ字句が入るものとする．

総務大臣は，無線局の発射する[A]が総務省令で定めるものに適合していないと認め，当該無線局に対して[B]電波の発射の停止を命じたとき，当該電波の発射の停止を命じられた無線局からその発射する[A]が総務省令の定めるものに適合するに至った旨の申出を受けたとき，その他[C]**の施行を確保するため**特に必要があるときは，その職員を無線局に派遣し，その無線設備等を検査させることができる．

	A	B	C
1	電波の質	臨時に	電波法
2	電波の質	3箇月以内の期間を定めて	電波法又は放送法
3	電波の型式及び周波数	臨時に	電波法又は放送法
4	電波の型式及び周波数	3箇月以内の期間を定めて	電波法

法規　監督

注：**太字**は，ほかの試験問題で穴あきになった用語を示す．

問題

問 367　正解□ 完璧□ 直前CHECK□

次の記述は，無線局の免許の取消し等について述べたものである．電波法（第76条）の規定に照らし，□内に入れるべき最も適切な字句を下の1から10までのうちからそれぞれ一つ選べ．

① 総務大臣は，免許人が電波法又は電波法に基づく命令に違反したときは，3箇月以内の期間を定めて［ア］の停止を命じ，又は期間を定めて［イ］を制限することができる．

② 総務大臣は，免許人（包括免許人を除く．以下同じ．）が次の各号のいずれかに該当するときは，その免許を取り消すことができる．

(1) 正当な理由がないのに，無線局の運用を引き続き［ウ］以上休止したとき．

(2) 不正な手段により無線局の免許若しくは電波法第17条（変更等の許可）の許可を受け，又は同法第19条（申請による周波数等の変更）の規定による指定の変更を行わせたとき．

(3) ①の命令又は制限に従わないとき．

(4) 免許人が［エ］に規定する罪を犯し**罰金以上の刑**に処せられ，その執行が終わり，又はその執行を受けることがなくなった日から［オ］を経過しない者に該当するに至ったとき．

1	無線局の運用	2	電波の発射	3	電波の型式及び周波数
4	運用許容時間，周波数若しくは空中線電力			5	6箇月
6	1年	7	刑法	8	電波法又は放送法
9	2年	10	3年		

注：**太字**は，ほかの試験問題で穴あきになった用語を示す．

解答 問364→ア－7　イ－8　ウ－5　エ－4　オ－9　問365→2　問366→1

問題

問 368 正解 完璧 直前CHECK

次の記述のうち，アマチュア無線局の免許人が電波法，放送法若しくはこれらの法律に基づく命令又はこれに基づく処分に違反したとき，総務大臣が当該アマチュア無線局に対して行うことがある処分に該当するものはどれか．電波法（第76条）の規定に照らし，1から4までのうちから一つ選べ．

1　再免許を拒否する．
2　3箇月以内の期間を定めて無線局の運用の停止を命ずる．
3　6箇月以内の期間を定めて電波の型式を制限する．
4　3箇月以内の期間を定めて通信の相手方又は通信事項を制限する．

問 369 正解 完璧 直前CHECK

次の記述のうち，無線従事者がその免許を取り消されることがある場合に該当しないものはどれか．電波法（第79条）の規定に照らし，下の1から4までのうちから一つ選べ．

1　1年間継続して業務に従事しなかったとき．
2　不正な手段により無線従事者の免許を受けたとき．
3　電波法若しくは電波法に基づく命令又はこれらに基づく処分に違反したとき．
4　著しく心身に欠陥があって無線従事者たるに適しない者に該当するに至ったとき．

問 370 正解 完璧 直前CHECK

次に掲げるもののうち，無線従事者が電波法若しくは電波法に基づく命令又はこれらに基づく処分に違反したとき，電波法（第79条）の規定により総務大臣から受けることがある処分を下の1から4までのうちから一つ選べ．

1　3箇月以内の期間を定めた無線設備の操作範囲の制限
2　6箇月間の無線従事者国家試験の受験停止
3　6箇月間の無線従事者の業務の従事停止
4　無線従事者の免許の取消し

問 371

正解 完璧 直前CHECK

次の記述は，無線従事者の免許の取消し等について述べたものである．電波法（第79条）の規定に照らし，［　　］内に入れるべき最も適切な字句の組合せを下の1から4までのうちから一つ選べ．

総務大臣は，無線従事者が次の（1）から（3）までのいずれかに該当するときは，その免許を取り消し，又は［ A ］以内の期間を定めてその［ B ］することができる．
（1）電波法若しくは電波法に基づく命令又はこれらに基づく処分に違反したとき．
（2）不正な手段により免許を受けたとき．
（3）［ C ］に欠陥があって無線従事者たるに適しない者に該当するに至ったとき．

	A	B	C
1	6箇月	操作の範囲を制限	著しく心身
2	6箇月	業務に従事することを停止	身体
3	3箇月	操作の範囲を制限	身体
4	3箇月	業務に従事することを停止	著しく心身

問 372

正解 完璧 直前CHECK

無線従事者が電波法に違反したときに総務大臣が行うことがある処分はどれか．電波法（第79条）の規定に照らし，下の1から4までのうちから一つ選べ．

1　3箇月以内の期間を定めて無線設備の操作範囲を制限する．
2　3箇月以内の期間を定めてその業務に従事することを停止する．
3　6箇月以内の期間を定めてその業務に従事することを停止する．
4　6箇月以内の期間を定めてその業務に従事する無線局の運用を制限する．

解答　問367→ア－1　イ－4　ウ－5　エ－8　オ－9　問368→2　問369→1
問370→4

問題

問 373 正解 □ 完璧 □ 直前CHECK □

次の記述は，アマチュア無線局の免許人が行う総務大臣への報告について述べたものである．電波法（第80条及び第81条）の規定に照らし，□内に入れるべき最も適切な字句の組合せを下の1から4までのうちから一つ選べ．

① 無線局の免許人は，次に掲げる場合は，総務省令で定める手続により，総務大臣に報告しなければならない．
 (1) [A] を行ったとき．
 (2) 電波法又は [B] の規定に違反して運用した無線局を認めたとき．
 (3) 無線局が外国において，あらかじめ総務大臣が告示した以外の運用の制限をされたとき．
② 総務大臣は，[C] その他無線局の適正な運用を確保するため必要があると認めるときは，免許人に対し，無線局に関し報告を求めることができる．

	A	B	C
1	非常通信	電波法に基づく命令	無線通信の秩序の維持
2	非常通信	電気通信事業法	混信の除去
3	非常通信又は電波法第74条（非常の場合の無線通信）第1項に規定する訓練のために行う通信	電波法に基づく命令	混信の除去
4	非常通信又は電波法第74条（非常の場合の無線通信）第1項に規定する訓練のために行う通信	電気通信事業法	無線通信の秩序の維持

問 374　正解□　完璧□　直前CHECK□

次の記述は，免許等を要しない無線局及び受信設備に対する監督について述べたものである．電波法（第82条）の規定に照らし，□内に入れるべき最も適切な字句の組合せを下の1から4までのうちから一つ選べ．

① 総務大臣は，電波法第4条（無線局の開設）第1号から第3号までに掲げる無線局（以下「免許等を要しない無線局」という．）の無線設備の発する電波又は受信設備が副次的に発する電波若しくは高周波電流が[A]ときは，その設備の所有者又は占有者に対し，その障害を除去するために[B]を命ずることができる．

② 総務大臣は，免許等を要しない無線局の無線設備について又は放送の受信を目的とする受信設備以外の受信設備について①の措置をとるべきことを命じた場合において特に必要があると認めるときは，[C]ことができる．

	A	B	C
1	他の無線設備の機能に継続的かつ重大な障害を与える	その使用を中止する措置をとるべきこと	その措置の内容について，文書で報告させる
2	他の無線設備の機能に継続的かつ重大な障害を与える	必要な措置をとるべきこと	その職員を当該設備のある場所に派遣し，その設備を検査させる
3	電気通信業務の用に供する無線局の無線設備に継続的かつ重大な障害を与える	その使用を中止する措置をとるべきこと	その職員を当該設備のある場所に派遣し，その設備を検査させる
4	電気通信業務の用に供する無線局の無線設備に継続的かつ重大な障害を与える	必要な措置をとるべきこと	その措置の内容について，文書で報告させる

▼解答

解答　問371→4　問372→2　問373→1

問 375

正解 完璧 直前CHECK

次の記述は，免許等を要しない無線局及び受信設備に対する監督について述べたものである．電波法（第82条）の規定に照らし，［　　］内に入れるべき最も適切な字句を下の1から10までのうちからそれぞれ一つ選べ．

① 総務大臣は，電波法第4条第1号から第3号までに掲げる無線局（以下「免許等を要しない無線局」という．）の無線設備の発する電波又は受信設備が副次的に発する［ア］が他の無線設備の機能に［イ］な障害を与えるときは，その設備の［ウ］に対し，その障害を除去するために必要な措置をとるべきことを命ずることができる．

② 総務大臣は，免許等を要しない無線局の無線設備について又は放送の受信を目的とする［エ］について①の措置をとるべきことを命じた場合において特に必要があると認めるときは，その職員を当該設備のある場所に派遣し，その設備を［オ］させることができる．

1 電波　2 電波若しくは高周波電流　3 施設者又は利用者
4 受信設備　5 検査　6 撤去　7 受信設備以外の受信設備
8 所有者又は占有者　9 継続的かつ重大　10 重大

問 376

正解 完璧 直前CHECK

次の記述は，非常の場合の無線通信について述べたものである．電波法（第74条）の規定に照らし，［　　］内に入れるべき最も適切な字句の組合せを下の1から4までのうちから一つ選べ．なお，同じ記号の［　　］内には，同じ字句が入るものとする．

① 総務大臣は，地震，台風，洪水，津波，雪害，火災，暴動その他非常の事態が発生し，又は発生するおそれがある場合においては，人命の救助，［A］，交通通信の確保又は［B］のために必要な通信を［C］に行わせることができる．

② 総務大臣が①の規定により［C］に通信を行わせたときは，国は，その通信に要した実費を弁償しなければならない．

	A	B	C
1	財貨の保全	電力の供給の確保	無線局
2	災害の救援	秩序の維持	無線局
3	災害の救援	電力の供給の確保	電気通信事業者
4	財貨の保全	秩序の維持	電気通信事業者

問 377　正解□　完璧□　直前CHECK□

次の記述は，非常の場合の無線通信について述べたものである．電波法（第74条及び第110条）の規定に照らし，□内に入れるべき正しい字句の組合せを下の1から4までのうちから一つ選べ．

① 総務大臣は，地震，台風，洪水，津波，雪害，火災，暴動その他非常の事態が発生し，又は発生するおそれがある場合においては，人命の救助，災害の救援，［A］又は秩序の維持のために必要な通信を［B］に行わせることができる．

② ①の規定による処分に違反した者は，［C］以下の懲役又は100万円以下の罰金に処する．

	A	B	C
1	交通通信の確保	電気通信事業者	2年
2	交通通信の確保	無線局	1年
3	電力の供給の確保	電気通信事業者	1年
4	電力の供給の確保	無線局	2年

▼解答

解答　**問374→2**　**問375→ア−2　イ−9　ウ−8　エ−7　オ−5**　**問376→2**

ミニ解説

問376　「**非常通信**」は，「地震，台風，洪水，津波，雪害，火災，暴動その他非常の事態が発生し，又は発生するおそれがある場合において，**有線通信を利用することができないか又はこれを利用することが著しく困難であるときに**人命の救助，災害の救援，交通通信の確保又は秩序の維持のために行われる無線通信をいう．」（電波法第52条）

「**非常の場合の無線通信**」は，「**総務大臣は**，地震，台風，洪水，津波，雪害，火災，暴動その他非常の事態が発生し，又は発生するおそれがある場合においては，人命の救助，災害の救援，交通通信の確保又は秩序の維持のために**必要な通信を無線局に行わせることができる**．」（電波法第74条）

問 378　正解 □　完璧 □　直前CHECK □

次の記述は，電波利用料に関して述べたものである．電波法の規定に照らし，正しいものを1，誤っているものを2として解答せよ．

ア　電波利用料とは，次に掲げる事務その他の電波の適正な利用の確保に関し総務大臣が無線局全体の受益を直接の目的として行う事務の処理に要する費用の財源に充てるために免許人その他電波法第103条の2第4項に掲げる者が納付すべき金銭をいう．
(1) 電波の監視及び規正並びに不法に開設された無線局の探査
(2) 総合無線局管理ファイルの作成及び管理
(3) 電波のより能率的な利用に資する技術としておおむね5年以内に開発すべき技術に関する研究開発並びに既に開発されている電波のより能率的な利用に資する技術を用いた無線設備について無線設備の技術基準を定めるために行う試験及びその結果の分析
(4) 電波法第71条の2に規定する特定周波数変更対策業務及び特定周波数終了対策業務等
(5) 電波法第103条の2第4項第6号の補助金の交付

イ　アマチュア無線局の免許人は，電波利用料として，無線局の免許の日から起算して3箇月以内及びその後毎年その応答日（注1）から起算して3箇月以内に，当該無線局の起算日（注2）から始まる各1年の期間（注3）について，電波法に定める金額500円を国に納めなければならない．

注1　応当日とは，その無線局の免許の日に応当する日（応当する日がない場合は，その翌日）をいう．

注2　起算日とは，その無線局の免許の日又は応当日をいう．

注3　無線局の免許の日が2月29日である場合においてその期間がうるう年の前年の3月1日から始まるときは翌年の2月28日までの期間とする．

ウ　免許人は，電波利用料を納めるときは，その翌年の応当日以後の期間に係る電波利用料を前納することができる．

エ　総務大臣は電波利用料を納めない者があるときは，督促状によって，期限を指定して督促しなければならない．

オ　長期間にわたって運用を休止する無線局については，その期間に応じて電波利用料が減額される．

問 379

正解 □ 完璧 □ 直前CHECK □

次の記述は，アマチュア無線局の免許人が国に納めるべき電波利用料について述べたものである．電波法（第103条の2）の規定に照らし，[ ]内に入れるべき最も適切な字句の組合せを下の1から4までのうちから一つ選べ．なお，同じ記号の[ ]内には，同じ字句が入るものとする．

▼解答

① 免許人は，電波利用料として，無線局の免許の日から起算して[A]以内及びその後毎年その応当日（注1）から起算して[A]以内に，当該無線局の起算日（注2）から始まる各1年の期間（注3）について，電波法に定める金額[B]を国に納めなければならない．

注1 応当日とは，その無線局の免許の日に応答する日（応当する日がない場合は，その翌日）をいう．

注2 起算日とは，その無線局の免許の日又は応当日をいう．

注3 無線局の免許の日が2月29日である場合においてその期間がうるう年の前年の3月1日から始まるときは翌年の2月28日までの期間とする．

② 免許人は，①により電波利用料を納めるときには，[C]することができる．

	A	B	C
1	30日	500円	当該1年の期間に係る電波利用料を2回に分割して納入
2	30日	300円	その翌年の応当日以後の期間に係る電波利用料を前納
3	3箇月	500円	その翌年の応当日以後の期間に係る電波利用料を前納
4	3箇月	300円	当該1年の期間に係る電波利用料を2回に分割して納入

解答 問377→2　問378→ア−1 イ−2 ウ−1 エ−1 オ−2

問 380

正解 □ 完璧 □ 直前CHECK □

次に掲げる事項のうち，電波法（第60条）及び電波法施行規則（第38条）の規定に照らし，アマチュア局（人工衛星に開設するアマチュア局及び人工衛星に開設するアマチュア局の無線設備を遠隔操作するアマチュア局を除く.）に備え付けておかなければならない書類に該当するものを1，これに該当しないものを2として解答せよ.

ア　電波法及びこれに基づく命令の集録
イ　免許状
ウ　無線検査簿
エ　アマチュア局の局名録
オ　国際電気通信連合憲章に規定する無線通信規則

問 381

正解 □ 完璧 □ 直前CHECK □

アマチュア局の免許人は，無線局の検査の結果について総合通信局長（沖縄総合通信事務所長を含む．以下同じ.）から指示を受け相当な措置をしたときは，どうしなければならないか，電波法施行規則（第39条）の規定により正しいものを下の1から5までのうちから一つ選べ.

1　その措置の内容を免許状の余白に記載しておかなければならない.
2　速やかに措置した旨を担当検査職員に連絡しなければならない.
3　その措置の内容を無線局事項書の写しに記載し総合通信局長に届け出なければならない.
4　遅滞なく，措置した旨を総合通信局長に報告し，再度の検査を受けなければならない.
5　速やかにその措置の内容を総合通信局長に報告しなければならない.

問 382

正解□ 完璧□ 直前CHECK□

次の記述は，アマチュア局の免許状の備付け等について述べたものである．電波法施行規則（第38条）の規定に照らし，□内に入れるべき最も適切な字句の組合せを下の1から4までのうちから一つ選べ．

① 免許状は，[A]の見やすい箇所に掲げておかなければならない．ただし，掲示を困難とするものについては，その掲示を要しない．

② 移動するアマチュア局（人工衛星に開設するものを除く．）にあっては，①にかかわらず，その[B]に免許状を備え付け，かつ，総務大臣が別に告示するところにより，その送信装置のある場所に総務大臣又は総合通信局長（沖縄総合通信事務所長を含む．）が発給する証票を備え付けなければならない．

	A	B
1	無線局を運用する場所	免許人の住所
2	無線局を運用する場所	無線設備の常置場所
3	主たる送信装置のある場所	免許人の住所
4	主たる送信装置のある場所	無線設備の常置場所

解答 問379→2　問380→ア−2 イ−1 ウ−2 エ−2 オ−2　問381→5

ミニ解説

問380 電波法第60条　無線局には，正確な時計及び無線業務日誌その他総務省令で定める書類を備え付けておかなければならない．ただし，総務省令で定める無線局については，これらの全部又は一部の備付けを省略することができる．
アマチュア局に備え付けを要する書類は，総務省令（電波法施行規則）の規定によって，免許状のみ．

問題

問 383

正解 □ 完璧 □ 直前CHECK □

次の記述は，虚偽の通信を発した者に対する罰則について電波法（第106条）の規定に沿って述べたものである．□内に入れるべき字句の正しい組合せを下の1から4までのうちから一つ選べ．

［A］に利益を与え，又は他人に損害を加える目的で，無線設備によって虚偽の通信を発した者は，［B］に処する．

	A	B
1	自己若しくは身内の者	3年以下の懲役又は150万円以下の罰金
2	自己若しくは身内の者	5年以下の懲役又は250万円以下の罰金
3	自己若しくは他人	3年以下の懲役又は150万円以下の罰金
4	自己若しくは他人	5年以下の懲役又は250万円以下の罰金

問 384

正解 □ 完璧 □ 直前CHECK □

次の記述は，無線通信を妨害した者に対する罰則について述べたものである．電波法（第108条の2）の規定に照らし，□内に入れるべき正しい字句の組合せを下の1から4までのうちから一つ選べ．

① 電気通信業務又は［A］の業務の用に供する無線局の無線設備又は人命若しくは財産の保護，［B］，気象業務，［C］若しくは**鉄道事業に係る列車の運行**の業務の用に供する無線設備を損壊し，又はこれに物品を接触し，その他その**無線設備の機能に障害**を与えて**無線通信を妨害**した者は，5年以下の懲役又は250万円以下の罰金に処する．

② ①の未遂罪は，罰する．

	A	B	C
1	宇宙無線通信	治安の維持	ガス事業に係るガスの供給の業務
2	宇宙無線通信	災害の復旧	電気事業に係る電気の供給の業務
3	放送	治安の維持	電気事業に係る電気の供給の業務
4	放送	災害の復旧	ガス事業に係るガスの供給の業務

注：**太字**は，ほかの試験問題で穴あきになった用語を示す．

▼解答

問 385

正解 □ 完璧 □ 直前CHECK □

次の記述は，「有害な混信」の定義について述べたものである．国際電気通信連合憲章附属書（第1003号）の規定に照らし，[　　]内に入れるべき最も適切な字句の組合せを下の1から4までのうちから一つ選べ．なお，同じ記号の[　　]内には，同じ字句が入るものとする．

「有害な混信」とは，無線航行業務その他の[A]の運用を[B]し，又は無線通信規則に従って行う**無線通信業務**の運用に重大な悪影響を与え，若しくはこれを[C]し若しくは[B]する混信をいう．

	A	B	C
1	特別業務	妨害	中断
2	特別業務	制限	反覆的に中断
3	安全業務	妨害	反覆的に中断
4	安全業務	制限	中断

問 386

正解 □ 完璧 □ 直前CHECK □

次の記述は，「標準周波数報時業務」の定義に関する国際電気通信連合憲章に規定する無線通信規則の規定について述べたものである．[　　]内に入れるべき字句の正しい組合せを下の1から5までのうちから一つ選べ．

「標準周波数報時業務」とは，[A]のため，公表された高い精度の[B]周波数，報時信号又はこれらの双方の発射を行う[C]その他の目的のための無線通信業務をいう．

	A	B	C
1	一般的受信	特性	科学，技術
2	一般的受信	特定	科学，技術
3	周波数の較正	特性	科学，産業
4	周波数の較正	基準	学術，産業
5	無線測位	特定	学術，産業

注：太字は，ほかの試験問題で穴あきになった用語を示す．

解答 問382→4　問383→3　問384→3

問 387 解説あり! 正解 □ 完璧 □ 直前CHECK □

次の記述のうち，局の技術特性として国際電気通信連合憲章に規定する無線通信規則に規定されているものを1，規定されていないものを2として解答せよ．

ア　局において使用する装置は，周波数スペクトルを最も効率的に使用することが可能となる信号処理方式をできる限り使用するものとする．この方式としては，取り分け，一部の周波数帯幅拡張技術が挙げられ，特に振幅変調方式において，単側波帯技術の使用が挙げられる．

イ　発射の周波数帯幅は，スペクトルを最も効率的に使用し得るようなものでなければならない．このためには，一般的には，周波数帯幅を技術の現状及び業務の性質によって可能な最小の値に維持することが必要である．

ウ　受信局は，関係の発射の種別に適した技術特性を有する装置を使用するものとする．特に選択度特性は，発射の周波数帯幅に関する無線通信規則（第3.9号）の規定に留意して，適当なものを採用するものとする．

エ　すべての無線局について，スペクトルの効率的な使用に適する周波数帯幅拡散技術が使用されなければならない．

オ　局において使用する装置の選択度及び動作並びにそのすべての発射は，無線通信規則に適合しなければならない．

問 388 解説あり! 正解 □ 完璧 □ 直前CHECK □

次に掲げる周波数帯のうち，無線通信規則（第5条）の周波数分配表において，アマチュア業務に分配されている周波数帯を下の1から4までのうちから一つ選べ．

1　137.8kHz～ 139.8kHz
2　3,230kHz～ 3,400kHz
3　7,300kHz～ 7,400kHz
4　18,068kHz～18,168kHz

解説→問387

第3条　局の技術的特性

3.1　局において使用する装置の選択及び動作並びにそのすべての発射は，この規則に適合しなければならない．

3.4　局において使用する装置は，ITU-Rの関係勧告に従い，周波数スペクトルを最も効率的に使用することが可能となる信号処理方式をできる限り使用するものとする．この方式としては，取り分け，一部の周波数帯幅拡張技術が挙げられ，特に振幅変調方式においては，単側波帯技術の使用が挙げられる．

3.8　さらに，周波数許容偏差及び不要発射レベルを技術の現状及び業務の性質によって可能な最小の値に維持するよう努力するものとする．

3.9　発射の周波数帯幅は，スペクトルを最も効率的に使用し得るようなものでなければならない．このためには，一般的には，周波数帯幅を技術の現状及び業務の性質によって可能な最小の値に維持することが必要である．必要周波数帯幅を決定するための指針は，付録第1号に掲げる．

3.10　周波数帯幅拡張技術が使用される場合には，スペクトル電力密度は，スペクトルの効率的な使用に適する最小のものでなければならない．

3.12　受信局は，関係の発射の種別に適した技術特性を有する装置を使用するものとする．特に選択度特性は，発射の周波数帯幅に関する第3.9号の規定に留意して，適当なものを採用するものとする．

解説→問388

アマチュア業務に分配されている周波数帯（抜粋）

<table>
<tr><th>第一地域</th><th>第二地域</th><th>第三地域</th></tr>
<tr><td>1,810kHz～1,850kHz</td><td>1,800kHz～1,850kHz
1,850kHz～2,000kHz※</td><td>☆1,800kHz～2,000kHz※</td></tr>
<tr><td>3,500kHz～3,800kHz※</td><td>3,500kHz～3,750kHz
3,750kHz～4,000kHz※</td><td>3,500kHz～3,900kHz※</td></tr>
<tr><td colspan="3">7,000kHz～7,200kHz</td></tr>
<tr><td></td><td>7,200kHz～7,300kHz※</td><td></td></tr>
<tr><td colspan="3">☆10,100kHz～10,150kHz※</td></tr>
<tr><td colspan="3">☆14,000kHz～14,350kHz</td></tr>
<tr><td colspan="3">☆18,068kHz～18,168kHz</td></tr>
<tr><td colspan="3">☆21,000kHz～21,450kHz</td></tr>
<tr><td colspan="3">24,890kHz～24,990kHz</td></tr>
<tr><td colspan="3">28MHz～29.7MHz</td></tr>
<tr><td></td><td colspan="2">50MHz～54MHz※</td></tr>
<tr><td colspan="3">144MHz～146MHz</td></tr>
<tr><td colspan="3">430MHz～440MHz※</td></tr>
<tr><td colspan="3">☆1,260MHz～1,300MHz※</td></tr>
</table>

※を付した周波数は，他の業務と共用する．☆は，正しい答として出題された周波数．

解答
問385→3　問386→2
問387→ア－1　イ－1　ウ－1　エ－2　オ－1　問388→4

問 389 正解 □ 完璧 □ 直前CHECK □

次の記述のうち，局の技術特性として無線通信規則（第3条）に規定されていないものを下の1から4までのうちから一つ選べ．

1　すべての無線局について，スペクトルの効率的な使用に適する周波数帯幅拡散技術が使用されなければならない．
2　受信局は，関係の発射の種別に適した技術特性を有する装置を使用するものとする．特に選択度特性は，発射の周波数帯幅に関する無線通信規則（第3条3.9）の規定に留意して，適当なものを採用するものとする．
3　発射の周波数帯幅は，スペクトルを最も効率的に使用し得るようなものでなければならない．このため，一般的には，周波数帯幅を技術の現状及び業務の性質によって可能な最小の値に維持することが必要である．
4　局において使用する装置は，周波数スペクトルを最も効率的に使用することが可能となる信号処理方式をできる限り使用するものとする．この方式としては，取り分け，一部の周波数帯幅拡張技術が挙げられ，特に振幅変調方式においては，単側波帯技術の使用が挙げられる．

問 390 正解 □ 完璧 □ 直前CHECK □

次の記述は，無線局からの混信について述べたものである．無線通信規則（第15条）の規定に照らし，□内に入れるべき最も適切な字句を下の1から10までのうちから一つ選べ．なお，同じ記号の□内には，同じ字句が入るものとする．

① すべての局は，［ア］，過剰な信号の伝送，**虚偽の又は紛らわしい信号の伝送**，［イ］の伝送を禁止する（第19条（局の識別）に定める例外を除く．）．
② 送信局は，［ウ］を満足に行うため必要な［エ］で輻射する．
③ 混信を避けるために
　(1) 送信局の［オ］及び，**業務の性質上**可能な場合には，**受信局**の［オ］は，特に注意して選定しなければならない．
　(2) 不要な方向への輻射又は不要な方向からの受信は，業務の性質上可能な場合には，**指向性のアンテナの利点**をできる限り利用して，最小にしなければならない．

1　位置	2　十分な電力	3　業務	4　無線通信規則に定めのない略語
5　無線設備	6　識別表示のない信号	7　長時間の伝送	8　信号の識別
9　最小限の電力		10　不要な伝送	

注：**太字**は，ほかの試験問題で穴あきになった用語を示す．

問 391

正解 □ 完璧 □ 直前CHECK □

無線局からの混信に関する次の記述のうち，無線通信規則（第15条）の規定に照らし，この規定に定めるところに該当しないものはどれか．下の1から4までのうちから一つ選べ．

1　すべての局は，不要な伝送，過剰な信号の伝送，虚偽の又はまぎらわしい信号の伝送，識別表示のない信号の伝送を禁止する（第19条（局の識別）に定める例外を除く．）．
2　送信局は，業務を満足に行うため必要な最小限の電力で輻（ふく）射する．
3　混信を避けるために，送信局の無線設備及び，業務の性質上可能な場合には，受信局の無線設備は，特に注意して選定しなければならない．
4　混信を避けるために，不要な方向への輻（ふく）射又は不要な方向からの受信は，業務の性質上可能な場合には，指向性のアンテナの利点をできる限り利用して，最小にしなければならない．

▼解答

問 392

正解 □ 完璧 □ 直前CHECK □

次の記述は，国際電気通信連合憲章等に係る違反の通告について述べたものである．無線通信規則（第15条）の規定に照らし，□内に入れるべき最も適切な字句の組合せを下の1から4までのうちから一つ選べ．

① 国際電気通信連合憲章，国際電気通信連合条約又は無線通信規則の違反を認めた局は，この違反について［A］に報告する．
② 局が行った重大な違反に関する申入れは，これを認めた主管庁から［B］に行わなければならない．
③ 主管庁は，その権限が及ぶ局が国際電気通信連合条約又は無線通信規則の違反を行ったことを知った場合には，その事実を確認して責任を定め，［C］．

	A	B	C
1	その局の属する国の主管庁	この局を管轄する国の主管庁	必要な措置をとる
2	その局の属する国の主管庁	この違反を行った局	国際電気通信連合の事務総局長に通報する
3	国際電気通信連合の事務総局長	この違反を行った局	必要な措置をとる
4	国際電気通信連合の事務総局長	この局を管轄する国の主管庁	国際電気通信連合の事務総局長に通報する

解答　問389→1　問390→ア−10　イ−6　ウ−3　エ−9　オ−1

問 393

正解 完璧 直前CHECK

国際電気通信連合憲章，国際電気通信連合条約又は国際電気通信連合憲章に規定する無線通信規則の違反を認めた局は，どう措置しなければならないか．同規則（第15条）の規定に照らし，正しいものを下の1から5までのうちから一つ選べ．

1　違反した局に連絡しなければならない．
2　違反した局の属する国の主管庁に報告しなければならない．
3　国際電気通信連合に報告しなければならない．
4　違反した局の属する国の主管庁及び国際電気通信連合に報告しなければならない．
5　違反を認めた局の属する国の主管庁に報告しなければならない．

問 394

正解 完璧 直前CHECK

次の記述は電気通信の秘密に関する国際電気通信連合憲章の規定に沿って述べたものである．□内に入れるべき字句の正しい組合せを下の1から4までのうちから一つ選べ．

構成国は，国際通信の秘密を確保するため，□をとることを約束する．

1　使用される無線通信のシステムを改善する措置
2　技術開発の状況が許す限り，技術的に可能な措置
3　使用される電気通信のシステムに適合するすべての可能な措置
4　電波の監視の強化等無線通信の秩序の維持に必要な措置

問 395　正解□　完璧□　直前CHECK□

次の記述は，通信の秘密について述べたものである．国際電気通信連合憲章（第37条）及び無線通信規則（第17条）の規定に照らし，□内に入れるべき最も適切な字句を下の1から10までのうちから一つ選べ．

① 構成国は，[ア]の秘密を確保するため，使用される電気通信のシステムに適合する[イ]をとることを約束する．

② 主管庁は，[ウ]を適用するに当たり，次の事項を[エ]するために必要な措置をとることを約束する．

(1) 公衆の一般的利用を目的としていない無線通信を許可なく傍受すること．

(2) (1)にいう無線通信の傍受によって得られたすべての種類の情報について，許可なく，その内容若しくは単にその存在を漏らし，又はそれを[オ]こと．

1 禁止　2 公衆通信　3 国際通信　4 公表若しくは利用する
5 すべての可能な措置　6 その属する国の法令
7 技術的に可能な措置　8 禁止し，及び防止　9 他人の用に供する
10 国際電気通信連合憲章及び国際電気通信連合条約の関連規定

▼解答

解答 問391→3　問392→1　問393→5　問394→3

ミニ解説

問391 誤っている選択肢を正しくすると，
混信を避けるために，送信局の位置及び，業務の性質上可能な場合には，受信局の位置は，特に注意して選定しなければならない．

問393 国際電気通信連合憲章，国際電気通信条約又は国際電気通信連合憲章に規定する無線通信規則の違反は，これを認めた局の主管庁に報告する．

問 396

正解 □ 完璧 □ 直前CHECK □

次の記述は，アマチュア業務について述べたものである．無線通信規則（第25条）の規定に照らし，□内に入れるべき最も適切な字句を下の1から10までのうちからそれぞれ一つ選べ．

① 異なる国のアマチュア局相互間の伝送は，地上コマンド局とアマチュア衛星業務の宇宙局との間で交わされる制御信号は除き，［ア］されたものであってはならない．
② アマチュア局は，［イ］に限って，［ウ］の伝送を行うことができる．主管庁は，その管轄下にあるアマチュア局への本条項の適用について決定することができる．
③ アマチュア局の最大電力は，［エ］が定める．
④ 国際電気通信連合憲章，国際電気通信連合条約及び無線通信規則の［オ］一般規定は，アマチュア局に適用する．

1 伝送効率を高めるために高速化　　2 意味を隠すために暗号化
3 通信回線のふくそう時　　4 緊急時及び災害救助時
5 アマチュア局以外の局との国際通信　　6 第三者のために国際通信
7 関係主管庁　　8 国際電気通信連合
9 すべての　　10 技術特性に関する

問 397

正解 □ 完璧 □ 直前CHECK □

次の記述は，許可書について述べたものである．無線通信規則（第18条）の規定に照らし，□内に入れるべき最も適切な字句を下の1から10までのうちからそれぞれ一つ選べ．

① 送信局は，その属する国の政府が適当な様式で，かつ，［ア］許可書がなければ，個人又はいかなる団体においても，［イ］ことができない．ただし，無線通信規則に定める例外の場合を除く．
② 許可書を有する者は，［ウ］に従い，［エ］を守ることを要する．更に許可書には，局が受信機を有する場合には，受信することを許可された無線通信以外の通信の傍受を禁止すること及びこのような通信を偶然に受信した場合には，これを再生し，［オ］に通知し，又はいかなる目的にも使用してはならず，その存在さえも漏らしてはならないことを明示又は参照の方法により記載していなければならない．

1 第三者　　2 無線通信の規律　　3 無線設備を所有する
4 無線通信規則に従って発給する　　5 その属する国の法令
6 利害関係者　　7 電気通信の秘密　　8 設置し，又は運用する
9 その属する国の法令に従って発給し，又は承認した
10 国際電気通信連合憲章及び国際電気通信連合条約の関連規定

問 398　正解□　完璧□　直前CHECK□

次の記述は，送信局の許可書について述べたものである．無線通信規則（第18条）の規定に照らし，同規則に規定されていないものを下の1から4までのうちから一つ選べ．

1　送信局は，その属する国の政府が適当な様式で，かつ，無線通信規則に従って発給する許可書がなければ，個人又はいかなる団体においても，設置し，又は運用することができない．ただし，無線通信規則に定める例外の場合を除く．

2　送信局の属する国の政府は，その送信局の通信の相手方である受信局の設置者又は運用者に，必要に応じて許可書を発給することができる．

3　許可書を有する者は，国際電気通信連合憲章及び国際電気通信連合条約の関連規定に従い，電気通信の秘密を守ることを要する．

4　許可書には，局が受信機を有する場合には，受信することを許可された無線通信以外の通信の傍受を禁止すること及びこのような通信を偶然に受信した場合には，これを再生し，第三者に通知し，又はいかなる目的にも使用してはならず，その存在さえも漏らしてはならないことを明示又は参照の方法により記載していなければならない．

解答
問395→ア－3　イ－5　ウ－10　エ－8　オ－4
問396→ア－2　イ－4　ウ－6　エ－7　オ－9
問397→ア－4　イ－8　ウ－10　エ－7　オ－1

問 399 解説あり! 正解 □ 完璧 □ 直前CHECK □

次の記述は，局の識別について述べたものである．無線通信規則（第19条）の規定に照らし，誤っているものを1から4までのうちから一つ選べ．

1　虚偽の又は紛らわしい識別表示を使用する伝送はすべて禁止する．
2　アマチュア業務においては，すべての伝送は，識別信号を伴うものとする．
3　アマチュア局は，特別取決めにより国際符字列に基づかない呼出符号を持つことができる．
4　識別信号を伴う伝送については，局が容易に識別されるため，各局は，その伝送（試験，調整又は実験のために行うものを含む．）中にできる限りしばしばその識別信号を伝送しなければならない．

問 400 正解 □ 完璧 □ 直前CHECK □

次の記述は，アマチュア業務について述べたものである．無線通信規則（第25条）の規定に照らし，□内に入れるべき最も適切な字句の組合せを下の1から4までのうちから一つ選べ．

① 国際電気通信連合憲章，国際電気通信連合条約及び無線通信規則の A 一般規定は，アマチュア局に適用する．
② アマチュア局は，その伝送中 B 自局の呼出符号を伝送しなければならない．
③ 主管庁は， C にアマチュア局が準備できるよう，また，通信の必要性を満たせるよう，必要な措置をとることが奨励される．

	A	B	C
1	すべての	30分を標準として	緊急時
2	すべての	短い間隔で	災害救助時
3	技術特性に関する	30分を標準として	災害救助時
4	技術特性に関する	短い間隔で	緊急時

解説 → 問399

第19条　局の識別

第Ⅰ節　総則

19.1　すべての伝送は，識別信号その他の手段によって識別され得るものでなければならない．

19.2　1)　虚偽の又はまぎらわしい識別表示を使用する伝送は，すべて禁止する．

19.4　3)　次の業務においては，すべての伝送は，第19.13号から第19.15号までに定められるものを除き，識別信号を伴うものとする．

19.5　a)　アマチュア業務

19.17　識別信号を伴う伝送については，局が容易に識別されるため，各局は，その伝送（試験，調整又は実験のために行うものを含む．）中にできる限りしばしばその識別信号を伝送しなければならない．もっとも，この伝送中，識別信号は，少なくとも1時間ごとに，なるべく毎時（UTC）の5分前から5分後までの間に伝送しなければならない．ただし，通信の不当な中断を生じさせる場合は，この限りでなく，この場合には，識別表示は，伝送の始めと終わりに示さなければならない．

第Ⅱ節　呼出符号の構成

19.45　§21.　(1)　アルファベットの26文字及び次に掲げる場合のアラビア数字は，呼出符号の組立てに使用することができる．ただし，アクセント符号を付けた文字を除く．

19.46　(2)　もっとも，次の組合せは，呼出符号として使用してはならない．

19.47　a)　遭難信号又は他の同種の信号と混同しやすい組合せ．

19.48　b)　無線通信業務で使用する略語のために保留されているITU-R勧告M.1172の中の組合せ．

19.67　アマチュア局及び実験局

19.68　§30.　(1)
- 1文字（B, F, G, I, K, M, N, R又はWの場合），1桁の数字（0又は1以外），4文字以下のグループ名が続き，最後は文字であること．　又は，
- 2文字，1桁の数字（0又は1以外），4文字以下のグループ名が続き，最後は文字であること．

19.68　1A)　特別な場合，一時的に使用するために，主管庁は第19. 68号で規定された4文字以上の呼出符号の使用を許可することができる．

19.69　(2)　もっとも，0及び1アラビア数字の使用の禁止は，アマチュア局には適用しない．

解答　問398→2　問399→3　問400→2

【著者紹介】

吉川忠久（よしかわ・ただひさ）

学　歴　東京理科大学物理学科卒業

職　歴　郵政省関東電気通信監理局

日本工学院八王子専門学校

中央大学理工学部兼任講師

明星大学理工学部非常勤講師

(株)QCQ 企画 主催「一・二アマ」国家試験 直前対策講習会講師

合格精選 400 題

第一級アマチュア無線技士 試験問題集

2012 年 10 月 20 日　第 1 版 1 刷発行　　ISBN 978-4-501-32880-1 C3055

2017 年 11 月 20 日　第 1 版 5 刷発行

著　者　吉川忠久

発行所　学校法人 東京電機大学　〒120-8551　東京都足立区千住旭町 5 番

東京電機大学出版局　〒101-0047　東京都千代田区内神田 1-14-8

Tel. 03-5280-3433(営業) 03-5280-3422(編集)

Fax. 03-5280-3563　振替口座 00160-5-71715

http://www.tdupress.jp/

編集：(株)QCQ 企画

印刷：三美印刷(株)　　製本：渡辺製本(株)　　装丁：齋藤由美子

落丁・乱丁本はお取り替えいたします。　　Printed in Japan